电站锅炉金属失效典型案例分析

湖南省湘电试验研究院有限公司　组编
龙会国　龙贝蕾　编著

中国电力出版社
CHINA ELECTRIC POWER PRESS

内 容 提 要

本书对电站锅炉结构、金属材料、典型案例及评价技术进行系统阐述，重点介绍了电站锅炉金属典型失效规律，涵盖了电站锅炉设计、制造、安装、维修、改造及运行等环节典型案例类型、失效规律、失效分析方法及其预防措施。本书共分六章，主要内容包括电站锅炉概述、电站锅炉金属材料、电站锅炉基建阶段典型案例分析、在役锅炉典型共性失效案例分析、在役锅炉典型特性案例分析、电站锅炉新型检测评价技术。

本书内容阐述简明、案例丰富，既提供了大量解决电站锅炉复杂疑难技术问题的分析方法和典型案例分析详解实例，又汇集了国内外大量新资料，实际应用性较强，适用于从事电站锅炉设计、制造、安装、运行检修、检验检测、焊接等工作的广大专业技术人员使用，也可以作为高校相关专业的教材。

图书在版编目（CIP）数据

电站锅炉金属失效典型案例分析 / 龙会国，龙贝蕾编著；湖南省湘电试验研究院有限公司组编．—北京：中国电力出版社，2019.10

ISBN 978-7-5198-3806-5

Ⅰ.①电… Ⅱ.①龙… ②龙… ③湖… Ⅲ.①火电厂—锅炉—金属材料—失效分析—案例
Ⅳ.① TM621.2

中国版本图书馆 CIP 数据核字（2019）第 246268 号

出版发行：中国电力出版社
地　　址：北京市东城区北京站西街 19 号（邮政编码 100005）
网　　址：http//www.cepp.sgcc.com.cn
责任编辑：孙　芳
责任校对：黄　蓓　李　楠
装帧设计：郝晓燕
责任印制：吴　迪

印　刷：三河市万龙印装有限公司印刷
版　次：2019 年 12 月第一版
印　次：2019 年 12 月北京第一次印刷
开　本：787 毫米 ×1092 毫米　16 开本
印　张：12.75
字　数：309 千字
印　数：0001—2000 册
定　价：80.00 元

前　言

实施电能替代是优化能源结构、减少大气污染的重要举措，电能在终端能源消费占比越来越重，而电站锅炉作为我国最主要的发电方式，其安全、稳定、可靠供电已经成为影响国民经济健康稳定发展的一个关键因素。

电站锅炉从亚临界向超（超）临界快速发展，蒸汽压力及温度越来越高，材料、结构及运行环境越来越复杂，长期运行过程中易产生新的问题，而亚临界机组锅炉正日益面临长期运行老化、超期服役等问题，必将带来更大失效事故风险。因此，如何提前预控并有效监督，这些都是从事电站锅炉设计、制造、安装、运行、检修、检验检测、焊接等相关技术人员共同关心的问题。

本书编者在参考了近六十余年来国内外电站锅炉结构、材料及典型金属失效故障等公开资料的基础上，总结了近十余年电站金属监督经验，获得了电站锅炉金属典型失效规律，包括基建阶段、在役阶段（过热、材质或焊缝劣化、磨损、吹损、腐蚀、结构问题）典型案例及电站锅炉典型失效案例等，针对电站锅炉类型、结构、材料、累积运行时间等特点，提出了利用金属失效规律预控检测；针对各类规律性的典型案例提出了重点部位、检测方法及不同阶段如设计、制造、安装、维修改造及运行等环节采取的综合保障措施和方法，达到了对电站锅炉金属失效问题的预先控制，极大地提高了锅炉安全可靠性。在此，对资料提供者、专家等一并表示感谢！

限于编者水平，再加上时间仓促，书中难免存在不足和疏漏之处，恳请读者指正。

编　者

2019 年 9 月于长沙

目　录

第一章　电站锅炉概述

第一节　电站锅炉发展历程、现状和趋势

人类可持续发展主要涉及人口、资源、环境、经济和社会发展五个领域，其中资源是可持续发展的起点和条件，随着经济的增长，人口急速增加，人口与资源矛盾也越来越突出，解决人口与资源之间的矛盾越加紧迫。目前，全国主要能源消耗用于电力，电力具有清洁、安全、便捷等优势，实施电能替代是优化能源结构、控制煤炭消费总量、减少大气污染的重要举措，对落实国家能源战略、促进能源清洁化意义重大，随着“以电代煤、以电代油”的有力实施，电能在终端能源消费占比越来越重，因此，电力能否得到合理有效的供给已经成为国民经济健康、稳定发展的一个关键因素。

2018 年全国一次能源生产总量为 37.7 亿 t 标准煤，其中原煤 36.8 亿 t，原油 18910.6 万 t，天然气 1602.7 亿 m^3，可见，我国的能源发展政策依然是煤为主体。2018 年全国发电装机容量为 189967 万 kW，其中火力发电占 60%，火力发电依然是我国主要发电方式，如图 1–1 所示。

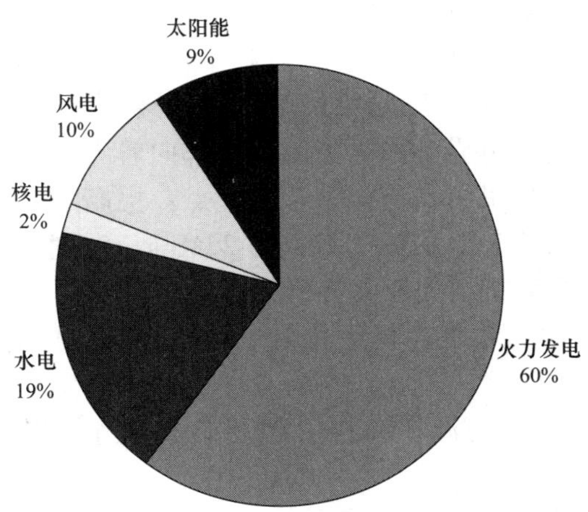

图 1–1　2018 年全国发电装机容量

2018 年全国发电量为 71117.7 亿 kW· h，其中火电发电量为 50738.6 亿 kW· h，占总发电量的 71.34%，由图 1–2 可见，我国发电仍然以火力发电为主，水电、核电和新能源为辅，我国电力以煤为主要燃料的格局在今后相当长的时期内不会改变。

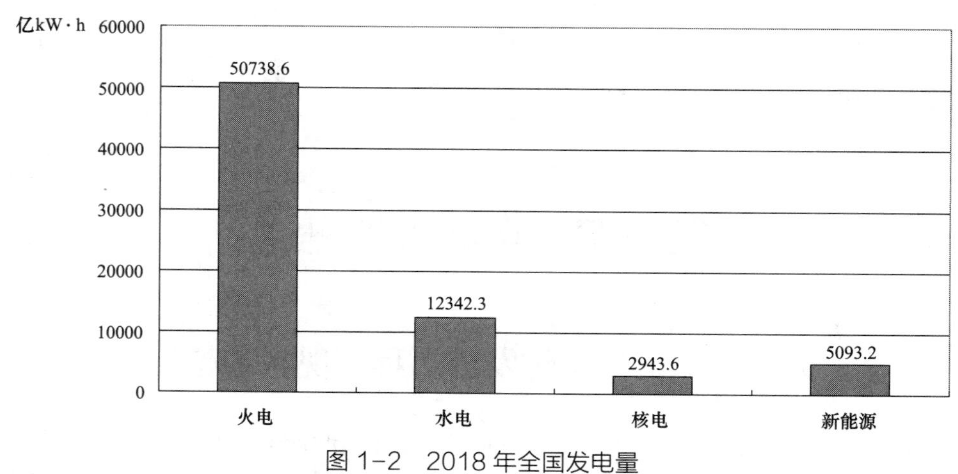

图 1-2 2018 年全国发电量

发展燃煤发电机组，必定要带来巨大的环境压力。排放的烟气中含有 SO_x、NO_x 和 CO_2，并排出大量的灰渣和污水，给人类带来四大环境问题：温室效应、酸雨、臭氧层破坏和大气污染。因此，"十一五"期间，国家发展和改革委员会指定的电力发展总方针为"大力开发水电，优化发展煤电，积极推进核电建设，适度发展天然气发电，加快新能源发电"。优化发展煤电目标体现在以下方面：加强电源结构调整，限制小火电发展。新建火力发电站一般都要使用单机容量在 600MW 及以上的高参数、高效率的机组；发展坑口电站，变输煤为输煤与输电并举，减轻运输压力；在港口、路口、负荷中心建设电站，适应电网安全稳定运行的需要，提高供电的可靠性，支持鼓励发展热电联产、开发环保技术，促进脱硫等环保设备的国产化，开展洁净煤技术的试验和示范工程；适当发展燃气－蒸汽联合循环电站，提高效率，减轻环境污染。

从火力发电站的设计、制造和实际运行过程中，人们已经认识到只有提高蒸汽参数（压力和温度），才能有效地提高机组的热效率，降低煤耗，减少 CO_2 排放量，满足环境保护和节约能源的要求，因此，世界各国的电站锅炉都向着大容量和高参数的方向发展。与亚临界机组相比较，超超临界机组具有如下主要优点：更高的机组效率提高，热效率可提高 6% 以上；更低的机组煤耗，如主蒸汽参数为 27MPa、温度 600℃的超超临界机组煤耗与亚临界机组相比，超超临界机组比亚临界机组供电单位煤耗降低了 46g/（kW·h）；更低的排放，有利于环保，使用超超临界机组相对于亚临界机组可有效减少污染物 SO_2、NO_x 及粉尘的排放量。

因此，大容量、高参数（高温、高压）超超临界机组代表了未来电站锅炉发展的趋势。

在这种趋势下，在发电设备需求的强劲拉动下，近几年电站锅炉行业迎来了前所未有的发展机遇，尤其大容量、高参数机组的设计、制造、安装及运行检修等，取得了长足的进步。大容量、高参数超临界机组（按主蒸汽出口压力分类，压力大于 22.0MPa 为超临界压力锅炉）、超超临界机组（国际上通常把主蒸汽压力在 28MPa 以上或主蒸汽、再热蒸汽温度在 580℃以上的机组定义为超超临界机组）代表了未来电站锅炉发展的趋势。美国已运行的超临界机组有 170 多台，正在研究用于 700℃的超（超）临界机组的锅炉材料；日本的超临界机组首先引进美国和欧洲的技术，进行二次开发，现在跃居世界发展超临界技术的先进国家行列，日本450MW以上的火力发电机组全部采用超临界或者超（超）临界机组，总数有60余台，其容量占总装机容量的61%，日本在1995年就已将火力发电机组的主蒸汽参数提高到593℃、31MPa，而日本各制造公司正着手对参数为34.5MPa/620℃/650℃、31MP/593℃/593℃/593℃和34.4MPa/649℃/593℃/593℃的超（超）临界机组进行全面的研究，力求其相对热效率提高10%以上；俄罗斯300MW以上容量机组全部采用超临界参数，共有超临界机组280余台；欧洲也将在目前超超临界机组主蒸汽温度为600℃、压力为30MPa的基础上，进一步发展超超临界机组，并计划在2012年建成主蒸汽温度为700℃、压力为37.5MPa的超超临界机组，欧洲COST522计划开发应用铁素体钢的蒸汽参数为29.4MPa/620/650℃的超（超）临界机组，"Thermie700℃计划"旨在开发蒸汽参数达37.5MPa/700℃/700℃的超（超）临界机组，其效率可达52%~55%，美国的目标则更高，结合考虑美国燃煤腐蚀等问题将蒸汽温度定为760℃。我国也不例外，自从1955年我国生产出第一台6MW火力发电机组（主蒸汽温度为450℃、压力为3.82MPa）以来，经过50多年的不懈努力，也将火力发电机组的主蒸汽参数提高到600℃、26.5MPa，我国火力发电机组蒸汽参数发展趋势如图1-3所示，我国主蒸汽温度按下列的发展过程获得较大的进步，完成从350℃→435℃→535℃→538℃→545℃→566℃→600℃的过渡，其中仅用两年，就从超临界迈向了超超临界。采用超超临界机组配烟气净化装置已经成为优化煤电结构的主要方向。预计在未来10年左右，我国火力发电机组蒸汽参数还将从目前600℃、26.5MPa提高到630~650℃、30MPa，甚至更高。

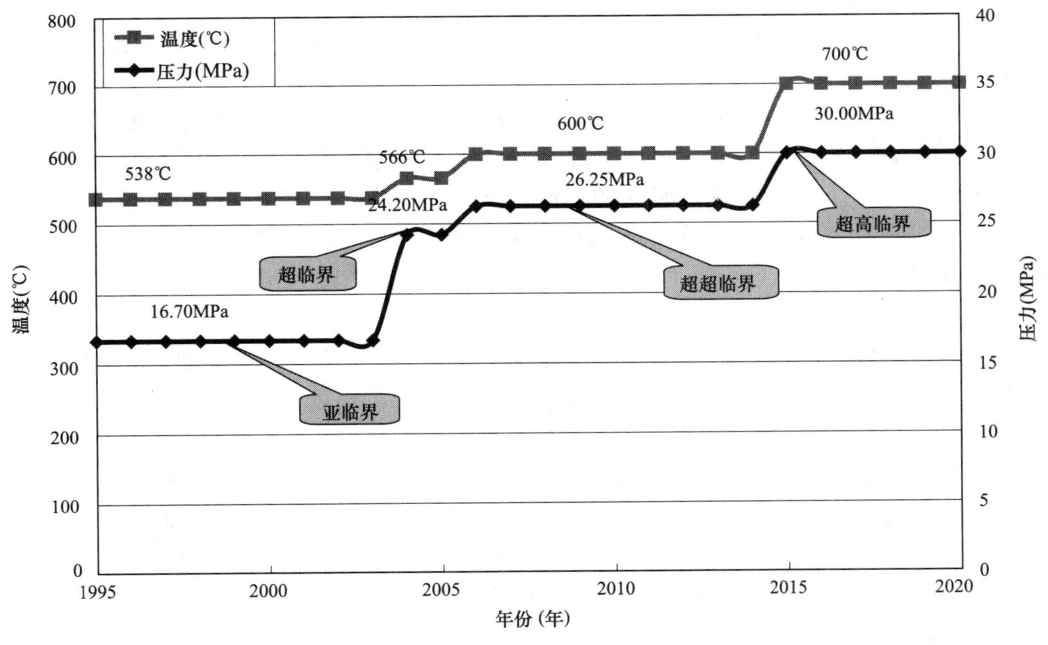

图1-3　我国火力发电机组蒸汽参数发展趋势

第二节　电站锅炉系统组成

一、电站锅炉工作原理

电站锅炉是指与一定容量的汽轮发电机组匹配，向汽轮机提供规定参数和质量蒸汽的大中型锅炉，主要用于发电，也可以兼作对外供热之用。

（一）循环流化床锅炉

循环流化床锅炉是在鼓泡床锅炉（沸腾炉）的基础上发展起来的，因此鼓泡床的一些理论和概念可以用于循环流化床锅炉，但是它们又有很大的差别。早期的循环流化床锅炉流化速度比较高，因此称作快速循环床锅炉。快速床的基本理论也可以用于循环流化床锅炉。鼓泡床和快速床的基本理论已被研究了很长时间，要了解循环流化床的原理，必须了解鼓泡床和快速床的理论以及物料在鼓泡床－湍流床－快速床各种状态下的动力特性、燃烧特性以及传热特性。

1. 流态化

当固体颗粒中有流体通过时，随着流体速度逐渐增大，固体颗粒开始运动，且固体颗粒之间的摩擦力也越来越大，当流速达到一定值时，固体颗粒之间的摩擦力与它们的重力相等，每个颗粒可以自由运动，所有固体颗粒表现出类似流体状态的现象，这种现象称为流态化。

对于液固流态化的固体颗粒来说，颗粒均匀地分布于床层中，称为“散式”流态化。而对于气固流态化的固体颗粒来说，气体并不均匀地流过床层，固体颗粒分成群体作紊流运动，床层中的空隙率随位置和时间的不同而变化，这种流态化称为“聚式”流态化。循环流化床锅炉属于“聚式”流态化。固体颗粒（床料）、流体（流化风）以及完成流态化过程的设备称为流化床。

2. 临界流化速度

对于由均匀粒度的颗粒组成的床层，在固定床通过的气体流速很低时，随着风速的增加，床层压降成正比例增加，并且当风速达到一定值时，床层压降达到最大值，该值略大于床层静压，如果继续增加风速，固定床会突然解锁，床层压降降至床层的静压。如果床层由宽筛分颗粒组成，其特性为在大颗粒尚未运动前，床内的小颗粒已经部分流化，床层从固定床转变为流化床的解锁现象并不明显，而往往会出现分层流化的现象。床层从静止状态转变为流态化所需的最低速度称为临界流化速度。随着风速的进一步增大，床层压降几乎不变。循环流化床锅炉一般的流化风速是 2~3 倍的临界流化速度。

（二）电站煤粉锅炉

室燃炉又称煤粉炉。原煤经筛选、破碎和研磨成大部分粒径小于 0.1mm 的煤粉后，经燃烧器喷入炉膛作悬浮状燃烧。煤粉喷入炉膛后能很快着火，烟气能达到 1500℃左右的高温。但煤粉和周围气体间的相对运动很微弱，因为煤粉在较大的炉膛内停留 2~3s 才能基本上烧完，故煤粉炉的炉膛容积常比同蒸发量的层燃炉炉膛大 1 倍。这种锅炉的优点为能燃烧各种煤且燃烧较完全，因此，锅炉容量可做得很大，适用于大、中型及特大型锅炉。

锅炉效率一般可达 90%~92%。其缺点为附属机械多，自动化水平要求高，锅炉给水须经过处理，基建投资大。

二、锅炉主要布置形式

电站锅炉的本体结构类型主要取决于燃料特性、锅炉容量和蒸汽参数等因素，大容量电站锅炉的总体布置形式主要有 3 种，即 Π 形、塔形和箱形。

Π 形适用于各种容量的锅炉和燃料，锅炉的高度相对其他类型锅炉低，受热面布置方便，风机和除尘设备可放在地面上，但占地面积大。烟气由炉膛经水平烟道进入尾部烟道，再在尾部烟道通过各受热面后排出。其主要优点是锅炉高度较低，尾部烟道烟气向下流动有自身吹灰作用，各受热面易于布置成逆流形式，对传热有利；主要缺点是烟气流经水平烟道和转弯烟室，引起灰分的浓缩集中，使尾部受热面的局部磨损加重，燃烧器布置比较困难，烟气分布的不均匀性较大，水平烟道中的受热面垂直布置疏水困难，炉膛前后墙结构差别大，后墙水冷壁布置比较复杂等。我国电站锅炉普遍采用这种布置方式。

塔形锅炉使用于燃用多烟煤和褐煤的锅炉，无转弯通道，可减轻飞灰对受热面的局部磨损，且占地面积较小，但炉高，安装和检修复杂。塔式布置是将所有承压对流受热面布置在炉膛上部，烟气一路向上流经所有受热面后再折向后部烟道，流经空气预热器后排出。这种布置方式的最大优点是烟气温度比较均匀、对流受热面的磨损较轻、对流受热面水平布置易于疏水、水冷壁布置比较方便、穿墙管大大减少等，因而在大型锅炉中采用更为优越，在欧洲得到广泛的采用。

箱形适用于容量较大的燃油和燃气锅炉，炉膛以上烟道分为两部分，一部分直接接在炉膛出口，另一部分烟气下流，其优点是结构紧凑、占地面积小、锅炉与汽轮机连接方便，但制造工艺复杂、检修困难。

三、循环方式

电站锅炉蒸发系统内介质的循环分为自然循环、辅助循环、直流和复合循环。

（1）自然循环是指依靠蒸发系统的下降管和上升管中工质的密度差建立循环，超高压以下的锅炉普遍采用自然循环方式，亚临界锅炉也可采用自然循环方式。

（2）辅助循环与自然循环的主要差别是在蒸发系统的下降管和上升管之间装有循环泵，循环推动力除了靠工质密度差之外，还加上循环泵的压力，因此蒸发面的布置比较自由，汽包直径也可以较小，主要用于亚临界锅炉。

（3）直流锅炉中没有汽包，给水依靠给水泵压力通过各级受热面最终全面变成过热蒸汽输出，直流锅炉因没有汽包，采用小直径管子，锅炉中汽水和金属的蓄热量比较小，也不能靠排污去除随给水进入锅炉的盐分，因此对自动控制和水处理要求高，直流锅炉广泛应用于超（超）临界压力参数。

（4）复合循环在直流锅炉汽水系统中增设循环泵，把直流锅炉与辅助循环两者结合起来。复合循环锅炉的汽水系统有多种布置方案。在高负荷时，循环泵作为增压泵，系统按直流锅炉方式运行。当低于一定负荷投入再循环时，通过水冷壁的流量为给水流量和再循环流量之和。这种系统的特点是减小了高、低负荷下水冷壁中流速的差值，有利于低负荷运行，且高负荷时的流动阻力也不致太大。同纯直流锅炉相比，低倍率循环锅炉的蒸发系统的阻力较小，更适于变压运行，而且所用分离器的直径远小于一般的汽包。

四、电站锅炉基本构成

（一）汽水系统

锅炉的“锅”即泛指汽水系统，是水和蒸汽流经的许多设备组成的系统，是与过热汽的产生有关的系统。

1. 省煤器

锅炉给水首先进入省煤器。省煤器是预热设备，其任务是利用烟气的热量给未饱和的给水升温，在自然循环蒸发设备中，从省煤器出来的水送入汽包、下降管、集箱和水冷壁组成的自然水循环蒸发设备中。省煤器的分类有多种方式，可按如下几种方式分类：

（1）按给水被加热的程度可分为非沸腾式和沸腾式两种。

（2）按制造材料可分为铸铁和钢管省煤器两种。非沸腾式省煤器多采用铸铁制成的，但也有用钢管制成的，而沸腾式省煤器只能用钢管制成。铸铁省煤器多应用于压力小于或等于 2.5MPa 的锅炉。当压力超过 2.5MPa 时，应当采用钢管制成的省煤器。

（3）按装置的形式分为立式和卧式两种。

（4）按排烟与给水的相对流向分为顺流式、逆流式和混合式 3 种。

（5）按结构形式分为光管省煤器和翅片式省煤器。翅片式省煤器包括 H 形省煤器（用得较多）和螺旋翅片省煤器。

（6）按导热形式分为直接传导和间接传导。直接传导是利用锅炉尾气直接辐射预热锅炉用水，间接传导是通过导热介质间接预热锅炉用水。

2. 水冷壁系统

水冷壁是锅炉的蒸发受热面，水在水冷壁中继续吸收炉膛内高温火焰和烟气的辐射热，进一步被加热升温成饱和水，并使部分水变成饱和水蒸气，汽水混合物向上流动流入汽包。

（1）按结构形式，水冷壁主要有光管式、膜式和刺管式 3 类。光管式水冷壁由一整排无缝钢管组成，结构最为简单；膜式水冷壁是把许多轧制好的水冷壁鳍片管用点焊互相焊接在一起，使其成为一密封的组合受热面，既可提高炉膛的气密性、减少漏风，又能更好地保护炉墙，使炉墙质量减轻、结构简化；刺管式水冷壁是在水冷壁管上焊接许多长 20~25mm、直径 6~12mm 的销钉，然后敷上铬矿砂耐火塑料，以减少水冷壁该部位的吸热量，提高燃烧区温度，适用于燃料着火特别困难的场合或某些液态排渣炉。

（2）按布置方式主要有螺旋管圈水冷壁和垂直水冷壁两种形式，目前这两种水冷壁结构形式均已成功运行。

螺纹管圈水冷壁布置形式分为两段，在折焰角下方水冷壁螺旋上升，这是在炉膛的高热负荷区，管圈中每根管子能同样地绕过炉膛的各个壁面，因而每根管子的吸热量相同，管间的热偏差最小。再通过中间混合集箱或分叉管过渡到热负荷较低的炉膛上部垂直管水冷壁。螺纹管圈的主要优点是可以自由地选择管子的尺寸和数量，因而能选择较大的管径和较高的质量流速，适用于变压运行，得到了广泛的应用，至今仍是超（超）临界锅炉水冷壁的主要结构形式。其缺点是螺旋管圈制造安装支承困难，流动阻力大且吹灰困难。

3. 过热器

过热器的任务是将饱和蒸汽加热成为一定温度、压力的过热蒸汽，由过热器出来的过热蒸汽经蒸汽管道送往汽轮机高压缸做功。过热器按传热方式可分为对流式、辐射式和半辐射式；按结构特点可分为蛇形管式、屏式、墙式和包墙式。

电站锅炉的过热器一般采用多级布置，严格控制每一级的焓升，以防止热偏差过大，基本采用辐射－对流组合式，包括顶棚、包覆、低温过热器、分隔屏过热器、后屏过热器和高温过热器等部分。顶棚和包覆布置在低温区域，吸热少，传热效果差。低温过热器一般布置在尾部烟道中分墙后部，由水平和立式两部分组成，顺列布置、横向节距较大，以控制烟气流速，减少对管子的磨损。屏式过热器布置在炉顶前部，悬吊在炉膛前上方，起到分隔炉膛烟气、减少烟气出口残余扭转的作用。后屏过热器布置在炉膛上部的后半部分，高温过热器布置在水平烟道后部，一般在低温过热器和屏式过热器后布置 2~3 级减温水，以控制主蒸汽温度，消除热偏差，保护过热器的安全。

4. 再热器

为了提高锅炉－汽轮机组的循环热效率的安全性，锅炉压力在 13.7MPa 及以上时，一般要用蒸汽再热即采用再热循环。这样的锅炉汽水系统中还有再热器，再热器的任务是将汽轮机高压缸中做过功，温度已经降低的中压过热蒸汽进一步提高温度，然后送入汽轮机再次做功。再热器的作用有两个：一是降低水蒸气的湿度，有利于保护汽轮机叶片；二是可以提高汽轮机的相对内效率和绝对内效率。再热器的布置形式遵循过热器的布置形式，有对流式、辐射式和半辐射式 3 种。为了提高大型发电机组循环热效率，广泛采用中间再热循环。从锅炉过热器出来的主蒸汽在汽轮机高压缸做功后，送到再热器中再加热以提高温度，然后送入汽轮机中压缸继续膨胀做功，称为一次中间再热循环，可相对提高循环效率 4%~5%。有些大型机组，在中压缸后再次将排汽送回锅炉加热，称为两次中间再热循环，可再相对提高循环效率的 2% 左右。个别试验机组甚至采用三次中间再热循环。

再热器一般采用两段布置，低温再热器布置在尾部烟道中分墙前部，高温再热器布置在水平烟道后部，大多数机组布置在高温过热器后面。在级间有喷水减温器，以防止蒸汽温度过高烧坏再热器，但是减温水不能作为调节再热蒸汽温度的手段，再热蒸汽温度调节由摆动燃烧器摆角和调节烟气挡板实现。

在超临界机组中，采用两次再热，可以进一步提高热效率，但是管路系统复杂，成本加大，因此，当前在一般超超临界机组中基本上都采用一次再热。但是二次再热是一种发展趋势，国外的锅炉生产厂商均倾向于在大容量超超临界锅炉上使用二次再热，丹麦的两台超超临界机组采用两次再热，使用深海冷却水可以使热效率达到 47%，是当前世界上效率最高的超超临界机组。

（二）燃烧系统

燃烧系统即为“炉”，其任务是使燃料在锅炉炉膛内快速、稳定、完全地燃烧，放出热量，产生高温火焰和烟气，燃烧系统主要由炉膛、燃烧器、空气预热器和烟、风、煤（煤粉）管道等组成。燃烧系统应根据燃用燃料的类型、电站锅炉的类型和燃烧方式，合理选择工艺流程，决定设备和管道的规格、数量，充分考虑必要的裕度，使锅炉和燃烧系统在最安全和经济的情况下运行。因此，燃烧系统的好坏将直接影响到锅炉的热效率。

电站锅炉一般都配备先进的燃烧系统，无论是直流燃烧器切圆燃烧还是旋流燃烧器前后墙对冲布置，都能达到预防结渣、降低 NO_x 排放和飞灰可燃物含量的目的。

切圆燃烧中四角火焰的相互支持，一、二次风的混合便于控制，其煤种适应性更强，可以燃用各种低挥发分和高灰分的煤种，适合我国燃煤电站锅炉煤种多变和煤质逐渐变差的特点，因而采用直流燃烧器切圆燃烧方式更适合我国的国情，目前投运 600MW 以上的超（超）临界机组绝大多数采用切圆燃烧方式。同时为了防止大容量锅炉切圆燃烧炉膛出口烟气流存在残余旋转，使炉膛出口烟气温度及烟量分布偏差加剧，导致炉膛出口过热器与再热器区域烟气温度偏大，阿尔斯通电力公司（ALSTOM-CE）率先使用了单炉膛反向双切圆燃烧技术，后来三菱重工引进了这种燃烧技术的专利，设计了多台超临界和超超临界机组。由于双切圆燃烧技术增加了燃烧器数量，降低了单只燃烧器的负荷，可以有效防止结渣，保证燃尽，使炉膛内热负荷分布均匀，炉膛出口烟气温度偏差降低。因此，采用单炉膛双切圆燃烧技术已成为 Π 形布置切圆燃烧锅炉超大型化后的发展趋势。

直流燃烧器和旋流燃烧器均普遍使用了煤粉浓淡分离技术，利用风粉混合物通过入口分离器分成浓淡两股，分别通过浓相和淡相两个喷嘴通道进入炉膛。浓相煤粉浓度高，所需着火热量少，利于着火和稳燃；由淡相补充后期所需的空气利于煤粉的燃尽。同时，浓淡燃烧均偏离了 NO_x 生成量高的化学当量燃烧区，大大降低了 NO_x 生成量。

电站锅炉一般采用分级供氧方式，一次风设计风率一般为 15%~25%，二次风设计风率为 60%~70%，二次风喷嘴围绕燃烧器相间布置，在最底部通常有一个风量较小的二次风喷嘴，以托起火焰，防止未燃尽的煤粉落入冷灰斗。此外，在燃烧器最顶部设置大约为 15% 的燃尽风（OFA），以实现二级燃烧，控制 NO_x 生成。这种布置方式可以实现燃料燃烧分三个阶段完成，避免高温和高氧浓度这两个条件同时出现，以抑制 NO_x 和 SO_2 的生成量。燃烧过程中煤粉气流首先与少量根部二次风混合，浓相煤粉迅速、稳定燃烧，但这部分空气只能使挥发分基本燃尽和焦炭被点燃，其后与二次风迅速混合，强烈燃烧使火焰中心形成，但是火焰中心区域的氧浓度有限，前面两个阶段进入的总空气量略小于理论空气量，还处于一定的还原气氛，使 NO_x 具有良好的裂变还原条件。最后是燃尽风助燃，使前两阶段未能燃尽的可燃物燃尽，此时，虽然氧浓度较高，但燃烧已处于火焰中心区域之外，温度低而 NO_x 生成量较少。

（三）辅助系统

辅助系统包括燃料供应系统、煤粉制备系统、给水系统、通风系统、除尘除灰系统、吹灰系统、水处理系统、测量及控制系统、烟气脱硫系统和仪器仪表安全附件等。各个辅助系统都配有相应的附属设备和控制装置，保证锅炉安全可靠运行。

第三节　电站锅炉结构特点

一、电站锅炉炉型及燃烧系统配置方式

电站锅炉整体多采用 Π 形布置、塔式布置等结构。燃烧方式采用正压直吹反向双切圆、四角切圆方式燃烧，前后墙对冲燃烧，W 形火焰燃烧等方式。这几种布置形式和燃烧方式在世界上都有成功的经验，但随着锅炉蒸汽温度、压力参数的提高及容量的增大，锅

炉运行状态下高温高压部件温度场、应力场分布状态和特点均呈现明显变化，应加强研究沿炉膛宽度方向热负荷及烟气温度分布状况及其对锅炉部件温度和应力的影响规律，充分考虑低负荷稳燃和高效燃烧、炉膛结渣、水冷壁高温腐蚀、低 NO_x 排放、尾部受热面的磨损等方面问题，同时，应研究应对锅炉运行对煤种变化和煤质变差趋势的适应能力、负荷调节能力等方面的问题。

二、受压部件结构设计

电站锅炉尤其是超（超）临界锅炉容量大（炉膛宽、炉身高）、参数高（压力大、温度高），从而在运行过程中膨胀量大、膨胀应力大。设计上未考虑消除大膨胀问题，从而易引起膨胀系统出现普遍拉裂的现象，如出口侧水冷壁集箱管座焊缝大量裂纹、包墙集箱管座焊缝大量裂纹及鳍片撕裂等现象大量出现，严重影响机组安全运行。

超（超）临界机组锅炉炉膛变长、变宽，使整个锅炉钢结构的长度、宽度均发生改变，设计时如考虑不充分，则可能造成炉顶大板梁挠度超标。

变压运行超（超）临界直流锅炉水冷壁有 2 种形式，即炉膛上部用垂直管、下部用螺旋管圈及内螺纹垂直管屏。螺旋管圈水冷壁锅炉也有 2 种形式，一种是光管，另一种是内螺纹管。当超（超）临界机组锅炉下部水冷壁采用垂直管或采用光管时，尤其在机组偏离设计负荷运行时，水冷壁管内蒸汽单位面积流量低，易造成水冷壁管过热，形成热疲劳裂纹。炉膛烟气温度偏差、水冷壁管内介质流速和温度偏差、水冷壁管圈吸热不均会产生温度偏差应力，频繁变化引起承压件上出现疲劳破坏。同时，常发生水冷壁运行状态下的高温腐蚀和磨损、炉膛结焦等。

超（超）临界机组锅炉水冷壁进口侧节流孔采用 2 种形式，一种是在集箱内部管口侧；另一种采用三叉管，在水冷壁三叉管与集箱短接管相连部位的采用节流孔圈，三叉管一分为二，部分在三叉管后再分别接三叉管，使集箱短接管节流后的流量一分为四。当采用三叉管节流方式时，由于节流孔圈、三叉管制造工艺的偏差，且在后续三叉管中蒸汽容量、流量的减少，易造成后续四根水冷壁管内介质流量分布不均，从而造成吸热不均，长期运行中优先在介质流量小水冷壁管的热负荷高区域出现疲劳裂纹等。

过热器、再热器常出现由于屏间烟气流速变化造成管屏间温差和同一管屏内偏差，导致过热爆管和磨损泄漏，为控制管屏间温差和同一管屏内偏差，过热器、再热器进口集箱设计节流孔，往往由于异物或氧化皮堵塞引起超温爆管。

三、锅炉承压部件材料特性

电站锅炉设备使用材料复杂，根据锅炉参数、部件等不同，使用材料等级不同，即包含碳钢、低合金钢、中合金钢及高合金钢，不同部件间材料、同一部件材料等可能存在差异，因此，针对不同材料的焊接工艺复杂，稍有不慎，就留有安全隐患。随着运行时间增加，材料或焊缝会出现老化，甚至失效，因此，应加强材料技术监督，确保使用过程中安全。

随着温度和压力参数的提高，超（超）临界锅炉用过热器、再热器材料，主蒸汽、再热蒸汽管道，采用了可抗高温腐蚀与蒸汽腐蚀的高等级材料，如 Super 304H、HR3C、25Cr

等奥氏体钢管和SA-213T91、SA-213T92等马氏体钢，末级过热器出口集箱与主蒸汽导管采用了含Cr量达12%的新型耐热钢P122、SA-335P91、SA-335P92等马氏体钢。超（超）临界机组由于新材料的普遍应用，导致异种钢焊接问题较多，且由于不同材质的膨胀问题，导致膨胀引起失效，特别是奥氏体耐热钢材料在过热器和再热器等部件上的应用，常发生由于氧化皮剥落堆积堵塞导致的超温爆管。同时P92/T92等材料在我国属于新材料，国际上使用经验也不多，材料使用性能将会是超（超）临界锅炉长期运行须重点关注的问题。

四、循环方式对水质要求

电站锅炉对水质要求高，锅炉给水应经过除盐处理，未经除盐处理的水含有杂质及钙、镁等阳离子和硫酸根离子、氯离子等阴离子组成溶解盐类及氧气等气体杂质，这些杂质进入锅炉中，会在汽水系统中产生严重危害：

（1）给锅炉设备及热力设备造成腐蚀。

（2）盐类物质在锅炉系统中生成水垢或水渣，导致锅炉受热面热阻增加，形成长期过热；或在水系统中形成垢下腐蚀。

（3）杂质及盐类污染蒸汽，对蒸汽系统造成腐蚀，且对汽轮机造成较大影响，严重影响机组安全经济运行。

因此，锅炉水质应经过水处理，并且按相关标准要求严格监督控制。

五、主要辅机阀门设备

电站锅炉对辅机的要求是严格的。目前我国电站锅炉给水泵、锅炉再循环水泵、高压阀门等关键辅机阀门设备基本全部进口。由于介质的温度高、压力大，对水泵、阀门的结构、材料、密封性能、高温高压平稳运行性能、可靠性和安全性能等均有较高要求。

参考文献

[1] 2018年国民经济和社会发展统计公报，国家统计局，2019.2，http: //www.stats.gov.cn/tjsj/zxfb/201902/t20190228_1651265.html.

[2] 赵钦新，朱丽慧．超临界锅炉耐热钢研究．北京：机械工业出版社，2010.

[3] 赵敩，朱兆富．动力锅炉检验及故障分析．北京：劳动人事出版社，1986.

[4] 黄焕椿．热工技术词典．上海：上海辞书出版社，1991.

[5] 山西漳泽电力股份有限公司．锅炉设备及系统．北京：中国电力出版社，2015.

[6] 王刚前，严方．锅炉运行实训，天津：天津大学出版社，2011.

[7] 严宏强，程钧培，都兴有．中国电气工程大典　第4卷　火力发电工程　上．北京：中国电力出版社，2009：882.

[8] 谢国胜．超（超）临界机组锅炉检验．北京：中国电力出版社，2015.

[9] 杨富．加快超超临界机组用新型钢开发确保超超临界机组稳步发展[A]．600MW/1000MW超超临界机组新型钢国产化研讨会报告文集[C]．北京：中国电机工程学会，2009：1-6.

[10] 肖汉才，周臻．超临界机组和超超临界机组的优势及在我国大力发展的广阔前景．电站系统工程，2004．5（20）：8.
[11] 陆燕荪．从超临界机组的发展透视研发新材料的紧迫性．发电设备，2006．3：149–151.
[12] 张顺生．电站锅炉行业现状与发展趋势分析．电器工业，2009．1：56–57.
[13] 胡平．超（超）临界火电机组锅炉材料的发展．电力建设，2005．26（6）：26–29.
[14] 周荣灿，范长信，李尧君．电站用材的现状及发展趋势．钢管，2006．35（1）：19–25.

第二章　电站锅炉金属材料

第一节　金属材料的性能

一、使用性能

电站锅炉金属材料应具备良好使用性能，以保证机械零件、设备、结构件等能正常工作。其所应具备的性能主要有力学性能（强度、塑性、硬度、冲击韧性等）、物理性能（密度、熔点、导热性、热膨胀性等）、化学性能（耐蚀性、高温下热稳定性等）。

（一）力学性能

电站锅炉金属材料长期在高温下运行，其组织结构会发生显著变化，组织结构变化必然会引起力学性能变化，因此，不仅要求电站锅炉金属材料具有良好的常温力学性能，还必须具有良好的高温力学性能、长期高温下组织稳定性。

1. 强度

金属材料的强度是指抵抗永久变形和断裂的能力。材料强度指标可以通过拉伸试验测出。拉伸试验的主要试验项目是抗拉强度（R_m）、上屈服强度、下屈服强度、断后伸长率（A）、断面收缩率（Z）等。

电站锅炉金属材料的高温性能包括蠕变极限、持久强度、热脆性、应力松弛等。

（1）蠕变即金属在一定温度和应力作用下，随着时间的增加慢慢地发生塑性变形的现象，在规定的温度和规定的时间内，试样产生规定的蠕变伸长率的应力值，称为蠕变极限。蠕变极限越大，抗蠕变能力越强。

（2）持久强度即金属材料在高温和应力的长期作用下抵抗断裂的能力，电站锅炉金属材料设计中以高温下运行10万h断裂时的应力作为持久强度。

（3）热脆性即在高温和应力的长期作用下，钢的冲击韧性产生下降的现象，其主要影响因素包括化学成分、组织特征、蠕变变形和新相的产生、运行时间等。

（4）应力松弛即在高温和应力长期作用下，如维持总变形量不变，随着时间的增加，应力逐渐降低的现象。

抗拉强度、屈服强度是评价材料强度性能的两个主要指标。一般金属材料构件都是在弹性状态下工作的，不允许发生塑性变形，所以机械设计中应采用屈服强度作为强度指标，并加上适当的安全系数。但因为抗拉强度测定较方便，数据也较准确，所以机械设计中也经常采用抗拉强度，但需使用较大的安全系数。TSG G0001—2012《锅炉安全技术监察规程》规定强度计算的安全系数：室温下的抗拉强度（R_m）的安全系数不小于2.7，设计温度下的屈服强度的安全系数不小于1.5，设计温度下持久强度极限平均值的安全系数不小于 1.5，设计温度下蠕变极限平均值的安全系数不小于 1.0。

2. 塑性

塑性是指材料在载荷作用下断裂前发生不可逆永久变形的能力。评定材料塑性的指标通常用断后伸长率（A）和断面收缩率（Z）。

拉伸试验前对试样进行标距（L_o），拉伸试验后，将断裂后的两部分试样紧密地对接在一起，保证两部分轴线位于同一直线上，测量试样断裂后的标距（L_u）。

断后伸长率 A 可用下式确定，即

$$A = [(L_u - L_o)/L_o] \times 100\%$$

拉伸试验前测量试样截面积（S_o），拉伸试验后，测量断裂后缩颈试样最小截面积（S_u），断面收缩率为

$$Z = [(S_o - S_u)/S_o] \times 100\%$$

断面收缩率不受试件标距长度的影响，因此能更可靠地反映材料的塑性。

塑性优良的材料冷压成型的性能好。此外，重要的受力元件要求具有一定塑性，原因为塑性指标较高的材料制成的元件不容易发生脆性破坏，在破坏前元件将出现较大的塑性变形，与脆性材料相比有较大的安全性。锅炉受压元件用钢的室温断后伸长率 A 应当不小于 18%。

3. 硬度

硬度是材料抵抗局部塑性变形或表面损伤的能力。硬度与强度有一定关系。一般情况下，硬度较高的材料其强度也较高，因此，可以通过测试硬度来估算材料强度。此外，硬度较高的材料耐磨性较好。

常用的硬度试验方法有布氏硬度（HBW）、洛氏硬度（HR）、维氏硬度（HV）、里氏硬度（HL）试验验方法。

（1）布氏硬度（HBW）试验方法。布氏硬度试验按 GB/T 231.1—2018《金属材料　布氏硬度试验　第 1 部分：试验方法》进行，对一定直径的硬质合金球施加试验力压入试样表面，经规定保持时间后，卸载试验力，测量试样表面压痕的直径。布氏硬度与试验力除以压痕表面积的商呈正比。

布氏硬度试验方法主要用于硬度较低的一些材料，例如经退火、正火、调质处理的钢材，以及铸铁、非铁金属等。

（2）洛氏硬度（HR）试验方法。洛氏硬度试验是采用测量压痕深度来确定硬度值的试验方法，试验按 GB/T 230.1—2018《金属材料　洛氏硬度试验　第 1 部分：试验方法》进行，洛氏硬度标尺分 A、B、C、D、E、F、F、G、H、K 共 9 类，其中锅炉用材料洛氏硬度一般以 HRB、HRC 表示为主，HRB 使用的是钢球压头，用于测量非铁金属、退火或正火钢等；HRC 使用 120° 金刚石圆锥体压头，用于测量淬火钢、硬质合金、渗碳层等。

洛氏硬度试验方法适用范围广，操作简便迅速，而且压痕较小，因此，在钢铁热处理质量检查中应用最多。

（3）维氏硬度（HV）试验方法。维氏硬度试验方法主要用于测量金属的表面硬度。试验按 GB/T 4340.1—2009《金属材料 维氏硬度试验　第 1 部分：试验方法》进行，将顶部相对面间具有规定角度的正四棱锥体金刚石压头用一定的试验力压入试样表面，保持规定时间后，卸除试验力，测量试样表面压痕对角线长度，进而计算出压痕表面积，最

后求出压痕表面积上的平均压力，即为金属的维氏硬度值，用符号 HV 表示。在实际测量中，并不需要进行计算，而是根据所测表面压痕对角线长度值，直接进行查表得到所测硬度值。

采用较低的试验力可以使维氏硬度试验的压痕非常小，这样就可以测出很小区域甚至是金相组织中不同相的硬度。

（4）里氏硬度（HL）试验方法。里氏硬度试验按 GB/T 17394.1—2014《金属材料 里氏硬度试验　第 1 部分：试验方法》进行，用规定质量的冲击体在弹力作用下以一定速度冲击试样表面，用冲头在距试样表面 1mm 处的回弹速度与冲击速度的比值计算硬度值。里氏硬度计按冲击装置的不同分为 HLD、HLDC、HLG、HLC，其中最为常用的采用 HLD，试样最小厚度不应小于 5mm，试样每个测量部位一般进行 5 次试验，数据分散不应超过平均值的 ±15HL。

里氏硬度计体积小、质量轻，操作简便，在任何方向上均可测试，因此特别适合现场使用。测量获得的信号是电压值，计算机处理十分方便，测量后可立即读出硬度值，并能即时换算为布氏硬度、洛氏硬度、维氏硬度等各种硬度值。

4. 冲击韧度

金属材料冲击试验按 GB/T 229—2007《金属材料夏比摆锤冲击试验方法》进行，焊接接头冲击试验按 GB/T 2650—2008《焊接接头冲击试验方法》进行。冲击韧度是指材料在外加冲击载荷作用下断裂时消耗能量大小的特性。冲击韧度通常是在摆锤式冲击试验机上测定的，摆锤冲断带有缺口的试样所消耗的功称为冲击吸收功，以 K 表示，试样的缺口形式有夏比 U 形和夏比 V 形两种，其冲击韧度分别用 K_U 和 K_V 表示。V 形缺口根部半径小，对冲击更敏感，承压类特种设备材料的冲击试验规定试样必须用 V 形缺口。

试样受到摆锤的突然打击而断裂时，其断裂过程是一个裂纹发生和发展过程。在裂纹发展过程中，如果塑性变形能够产生在断裂的前面，将能阻止裂纹的扩展，而裂纹继续发展就需消耗更多的能量。因此，冲击韧度的高低，取决于材料有无迅速塑性变形的能力。冲击韧性高的材料一般具有较高的塑性，但塑性指标较高的材料却不一定具有较高的冲击韧度，这是因为在静载荷下能够缓慢产生塑性变形的材料，在冲击载荷作用下不一定能迅速发生塑性变形。在材料的各项机械性能指标中，冲击韧度是对材料的化学成分、冶金质量、组织状态、内部缺陷及试验温度等比较敏感的一个质量指标，同时也是衡量材料脆性转变和断裂特性的重要指标。

5. 弯曲试验

弯曲试验是一项比较特殊的材料力学性能试验，试验方法是将试样放在支座上，然后用直径为规定数值 D（一般取 $D=3a$，a 为试样厚度）的压头压下，使试样弯曲变形至一定角度，根据焊接方法和材料的不同，弯曲角度分别取 180°、100°、90°、50° 等不同数值。试验结果的评定是以不出现长度大于一定尺寸的裂纹或缺陷为合格。

弯曲试验是焊接接头力学性能试验的主要项目，焊接工艺评定和产品焊接试板都要进行弯曲试验。按照弯曲时受拉面位置的不同，弯曲试验分为面弯、背弯、侧弯等不同类型。

弯曲试验可以考核试样的多项性能，包括判定焊缝和热影响区的塑性、暴露焊接接头内部缺陷、检查焊缝致密性，以及考核焊接接头不同区域协调变形能力。

（二）物理性能

物理性能包括密度、熔点、导热性、热膨胀性、耐磨性等，电站锅炉金属材料长期在高温、腐蚀、烟气冲刷等环境下运行，应具备高熔点、高导热性、较低的热膨胀性及良好的耐磨性。

（三）化学性能

电站锅炉金属材料在水、汽及高温腐蚀等恶劣环境下运行，要求材料应具有良好的化学性能，即耐蚀性、高温下热稳定性。电站锅炉金属腐蚀按腐蚀原理分为化学腐蚀和电化学腐蚀，金属直接与介质发生氧化或还原反应而引起的腐蚀损坏称为化学腐蚀，如锅炉材料外壁高温氧化及水蒸气测高温氧化。金属与电解质液相接触时，有电流出现的腐蚀损坏过程，称为电化学腐蚀，典型的如锅炉构件接触腐蚀等。

（四）组织性能

组织性能与力学性能相对应，组织性能的改变必然引起力学性能的变化，电站锅炉金属材料要求具有组织稳定性，即在高温下长期运行过程中组织状态不发生显著变化的性能。但是，无论哪种金属材料，在高温长期运行过程中难免会发生组织的变化，组织的变化包括珠光体球化、碳化物析出及聚集长大、石墨化（碳钢、钼钢）、合金元素在固溶体和碳化物相间重新分配等。

珠光体球化即在高温长期应力作用下，珠光体组织中片状渗碳体逐渐自发地转变为球状的渗碳体，并慢慢聚集长大的现象，球化过程是一种表面能量由高向低转变的过程。石墨化即碳钢或钼钢在长期高温应力作用下，钢中的珠光体内渗碳体分解成铁和游离石墨，游离石墨聚集长大的过程，石墨化过程严重影响强度和韧性。电站锅炉金属材料在高温下长期运行过程中，原来固溶体中的合金元素会析出转移到碳化物中，从而改变组织结构形态，导致固溶体强度降低；合金元素重新分配、迁移，势必导致晶内、晶界强度弱化。

二、工艺性能

工艺性能是指材料在被制成机械零件、设备、结构件的过程中适应各种冷、热加工的性能，例如铸造、焊接、热处理、压力加工、切削加工等方面的性能。工艺性能对制造成本、生产效率、产品质量有重要影响。因为电站锅炉金属材料经过制造、运输、安装、运行及检修等过程，所以应具备良好的加工工艺性能，即良好的机械加工性能、良好的焊接性能、良好的热处理性能等。

三、电站锅炉金属材料特性

电站锅炉的关键部件包括集箱、过热器、再热器、水冷壁、蒸汽管道、高压加热器和汽水分离器（汽包）等。电站锅炉中的耐热钢长期在高温、高压和蒸汽腐蚀中工作，将会导致钢材的组织和性能发生变化，这些变化可能使金属的高温性能明显恶化，影响设备运行的安全性。因此，要求电站锅炉管用耐热钢应具有优良的性能。

过热器管、再热器管的金属壁温比蒸汽温度高出 30℃左右，在高参数锅炉中是工作温度最高、工作环境最为恶劣的部件，所用钢材在满足持久强度、蠕变强度要求的同时，还要满足外壁抗烟气腐蚀及抗煤粉颗粒冲刷磨损的性能及内壁抗高温高压水蒸气氧化的性能，并具有良好的冷热加工工艺性能和焊接性能。

水冷壁管一般应具有一定的室温和高温强度、良好的抗疲劳性和抗腐蚀性，并要有良好的工艺性能，尤其是焊接性能。

由于集箱与联通管布置在炉外，没有烟气加热及腐蚀问题，管壁温度与蒸汽温度相近。这就要求钢材具有足够高的持久强度、蠕变强度、抗疲劳和抗蒸汽氧化的性能，还要具有良好的加工工艺和焊接性能。

综合考虑电站锅炉的运行条件和安全性，电站锅炉用耐热钢应该具有以下特征：

（1）优良的综合力学性能，即高的抗拉强度和屈服强度，良好的冲击韧性。

（2）较好的高温力学性能，即优异的高温持久强度、抗蠕变性能、组织稳定性、高温抗氧化性能及抗蒸汽腐蚀性能。

（3）优良工艺性能，即优良的热加工性能、焊接性能和热弯曲性能。

（4）具有低的热膨胀系数和良好的热导性等物理性能。

（5）良好的经济性能，具有相对低的材料价格。

第二节　典型铁素体耐热钢

一、铁素体耐热钢的发展

电站锅炉用钢可分为两大类：奥氏体耐热钢和铁素体耐热钢（包括珠光体、贝氏体和马氏体及其两相钢）。奥氏体耐热钢比铁素体耐热钢具有更高的热强性，但热膨胀系数大、导热性能差、抗应力腐蚀能力低、工艺性差，热疲劳和低周疲劳（特别是厚壁件）性能也比不上铁素体耐热钢，且成本要高。数十年的运行经验表明：Ni-Cr 奥氏体材料虽然其高温强度稳定，可是由于导热差、热膨胀系数大、热应力大，对热疲劳和应力腐蚀敏感等，机组远行不到 20 年其主蒸汽管道和集箱就因出现许多裂纹而泄漏，其中直径较小、壁厚较薄的集箱管也仅在运行 2.5 万 h、启停 77 次后，内表面开始开裂。因此，铁素体耐热钢具有价格低、导热性好、热膨胀系数小等优点，且材料具有足够的高温强度、足够的常温韧性。常温下的塑性和韧性不仅可以提供较优良的加工性能、焊接性能，还容易保证构件在加工制作、安装运输、启停检修过程中的完整性，即保证了构件在开始高温运行时是完整的，从而可以提高构件在高温下运行的安全性，提高机组出力的稳定性。因此，在能保证机组安全运行的条件下，世界各国目前都趋于尽量少用或避免使用奥氏体耐热钢，而采用铁素体耐热钢加工锅炉管、锅炉厚截面部件及汽轮机转子等，铁素体耐热钢成为锅炉管用钢的首选钢种。

铁素体耐热钢的发展可以分为两条主线，一是纵向的主要耐热合金元素 Cr 成分逐渐提高，从 2.25Cr 到 12Cr；二是横向的通过添加 V、Nb、Mo、W、Co 等合金元素，从简单的 C-Mn 钢到 9%~12%Cr 铁素体耐热钢，采用合金化和组织结构控制，通过使用不同的强化机制，使蠕变强度不断得到提高，如图 2-1 所示，600℃、1×10^5h 的蠕变断裂强度由 35 MPa 级向 60MPa 级、100MPa 级、140MPa 级、180MPa 级发展。

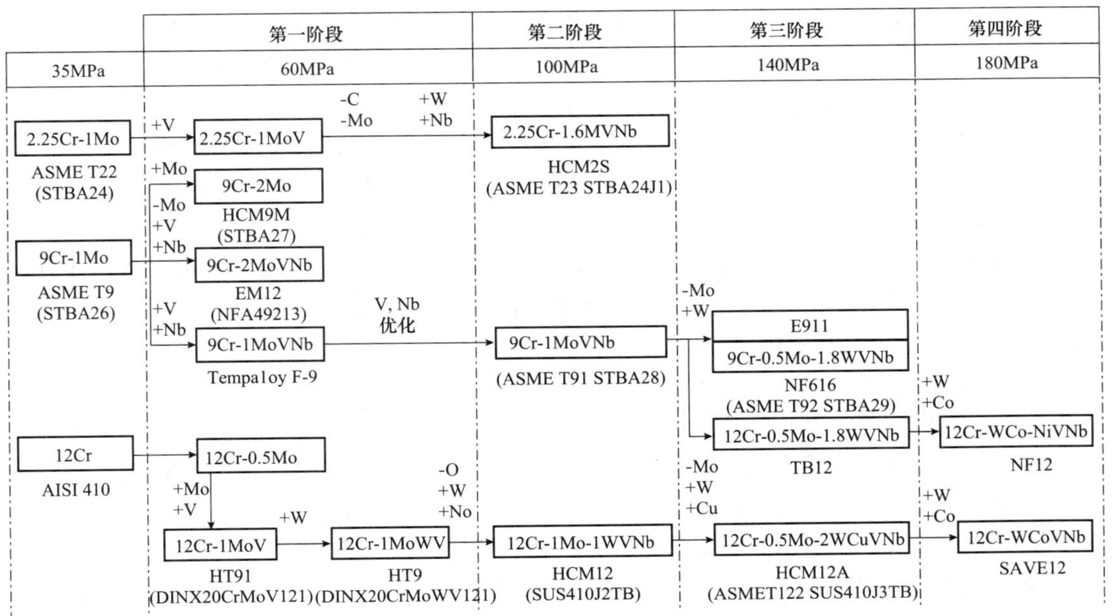

图 2-1　铁素体耐热钢的发展趋势

二、低合金耐热钢

20 世纪 50 年代，电站锅炉钢管大多采用珠光体低合金耐热钢，其含 Cr ≤ 3%、Mo ≤ 1%，其典型钢种及最高使用壁温 15Mo ≤ 530 ℃，12CrMo ≤ 540 ℃，15CrMo ≤ 540℃，12Cr1MoV ≤ 580℃，15Cr1Mo1V ≤ 580℃，10CrMo910 ≤ 580℃。

当时，当壁温超过 580℃时，一般都使用奥氏体耐热钢 TP304、TP347（≤ 700℃），然而由于其具有价格昂贵、导热系数低、热膨胀系数大、应力腐蚀产生裂纹倾向等问题，不可能被大量采用，故世界各国从 20 世纪 60 年代初开始进行了长达 30 多年的试验研究，开发适用于温度参数为 580~650℃范围内的锅炉用耐热钢，即改进型的 9Cr–1Mo 钢和 12% Cr 钢的研究。而当壁温超过 650℃时，目前还只能选用奥氏体耐热钢。

1. T23 钢

自 20 世纪 60 年代起，中国按苏联的耐热钢系列研究出了钢 102（12Cr2MoWVTiB），推荐使用温度为 620℃，经长期使用总结的经验证明，其使用温度以低于 600℃为宜。钢 102 主要用于壁温小于或等于 600℃的过热器、再热器管。

T23 钢是在 T22（2.25Cr–1Mo）钢的基础上吸收了钢 102 的优点改进的，600℃时的强度比 T22 钢高 93%，与钢 102 600℃、1×10^5h 的蠕变断裂强度相当，但由于 C 含量降低，加工性能和焊接性能优于钢 102，可以焊前不预热。运行经验表明，T23 钢焊后不热处理容易产生焊后再热裂纹，焊后应进行热处理。目前 HCM2S 已做出大口径管，性能达到小口径管的水平。

2. T24 钢

T24（7CrMoVTiB10-10）钢是在 T22 钢的基础上改进的，与 T22 钢的化学成分比较，增加了 V、Ti、B 含量，减少了 C 含量，于是降低了焊接热影响区的硬度，提高了蠕变断裂强度。T24 钢也可以焊前不预热，但焊后应进行热处理。

T23、T24 钢是超临界、超超临界锅炉水冷壁的最佳选择材料，并可应用于壁温小于或等于 600℃的过热器、再热器管；P23 可以用于壁温小于或等于 600℃的集箱。

3. WB36 钢

15NiCuMoNb5 或 WB36 钢是在 C（最大 0.18%）-Mn（1%）钢基础上加入 Ni（1.1%）、Cu（0.7%）和 Mo（0.3）及 Nb（Cb）微合金化的钢。由于合金元素的最优组合，强度值尤其是高温下增加了 200MPa。

WB36 钢已经被最优化，具有高的屈服和抗拉强度值。通过加入 Nb/Cb 使晶粒细化，获得了一种强化效果；另一种强化效果是通过 Cu 析出物的沉淀强化。在开发 WB36 钢过程中发现，为了避免在热成型过程中出现脆性，需将 Cu/Ni 比率控制在 1/2 左右。

WB36 钢一般为正火 + 回火状态。对更高强度或较大壁厚，也可采用水淬火。正常显微组织由贝氏体和铁素体组成，正常条件下，贝氏体含量为 40%~60%。正火在 900~980℃（1650~1800 ℉）进行，在此温度范围内为不含碳化铁的奥氏体组织。Nb-（Cb）化合物仅仅部分溶解，但全部铜处于固溶状态中，在冷却过程中，碳化物在贝氏体组织中析出。在 610~640℃（1130~1180 ℉）的回火，降低了贝氏体 / 铁素体组织的硬度，铜析出物处于细颗粒状态，在回火过程中，在细晶粒中形成铜沉淀物，形成硬化相。

WB36 钢具有优良的屈服强度和抗拉强度、良好的加工性和焊接性，在温度低于 450℃范围内使用最佳。与传统材料（SA106B 和 SA106C 或 EN10216-2-16Mo3）相比，可以减少设计壁厚和质量，这一点在实际使用中已经得到证明。

三、9% ~12% Cr 系

1. T91/P91 钢

20 世纪 80 年代，美国 CE 公司与橡树岭国家实验室联合成功开发 T91 钢。该钢是在 T9（9Cr1Mo）钢的基础上，限制 C 含量的上下限，添加 V、Nb、N 等元素而成的新型耐热钢，T91/P91 钢性能优于 EM12 和 F12。1983 年通过 ASME 认可，即 SA213-T91、SA335-P91。T91 钢可用于壁温小于或等于 600℃的过热器、再热器管，P91 钢可用于壁温小于或等于 600℃的集箱和蒸汽管道。

2. T92/P92 钢

20 世纪 90 年代初，日本在大量推广 T91/P91 钢的基础上，发现当使用温度超过 600℃时，T91/P91 钢已不能满足长期安全运行的要求，因此，开发一系列新的钢种，NF616（T92/P92）钢是在 T91/P91 钢的基础上加 1.5%~2.0% 的 W，降低了 Mo 含量，大大增强了固溶强化效果，600℃许用应力比 T91 高 34%，达到 TP347 的水平，是可以替代奥氏体钢的候选材料之一。

NF616（T92/P92）钢作为超临界锅炉过热器和再热器管材，不仅在 600~650℃范围内与奥氏体相当或优于奥氏体钢，且在 600℃时的许用应力是 SUS321H 的 1.26 倍、SUS347H 的 1.12 倍，完全可取代超临界和超超临界锅炉中的奥氏体过热器、再热器管，并可用于壁温小于或等于 620℃时的主蒸汽管道。

3. T122/P122 钢

T122/P122（HCM12A）钢是在德国钢号 X20CrMoV121 的基础上改进的 12%Cr 钢，添加 2% W、0.07%Nb 和 1%Cu，固溶强化和析出强化的效果都有很大增加，600 ℃ 和 650 ℃ 的许用应力分别比 X20CrMoV121 提高 113% 和 168%，具有更高的热强性和耐蚀性，比已广泛使用的 F12 钢的焊接性和高温强度有进一步改善，尤其是由于含 C 量的减少，使焊接冷裂敏感性有了改善。

4. NF12、SAVE12 钢

NF12、SAVE12 钢是为了提高超超临界锅炉效率急需开发能够用于 650℃的铁素体耐热钢。通过对 12Cr–W–Co 钢的研究，表明高的钨和低的碳含量能够提高蠕变断裂强度，而且 Co 的存在可以避免 δ 铁素体的形成。NF12 钢的蠕变断裂强度高于 P92、P91 钢和 F12 钢，这种蠕变强度优良的 NF12 钢用于 34.3MPa、650℃的超超临界锅炉中。

5. E911 钢

E911 钢是由欧洲开发出来的一种新型铁素体耐热钢，2000 年 5 月纳入 ASME，为 T911/P911 钢。E911 钢是在 P91 钢基础上添加 W、B 元素，利用 W、Mo 复合固溶强化，同时 B 能够起到填充晶间空位，强化晶界作用，且 B 还能形成碳硼化合物，具有稳定碳化物和沉淀强化效果，从而提高了钢的热强性。E911 钢中的含 W 量低于 P92 钢，因此，E911 钢的工艺性比 P92 钢更好。

四、典型铁素体耐热钢组织

电站锅炉金属材料中碳钢及锰钢热处理采用正火处理，最终组织为珠光体 + 铁素体，如图 2–2、图 2–3 所示；其余材料一般采用正火 + 高温回火，少量材料也可采用淬火 + 高温回火，组织状态与热处理方式、合金成分有关，合金成分、热处理工艺相同的合金材料，其组织状态相同。

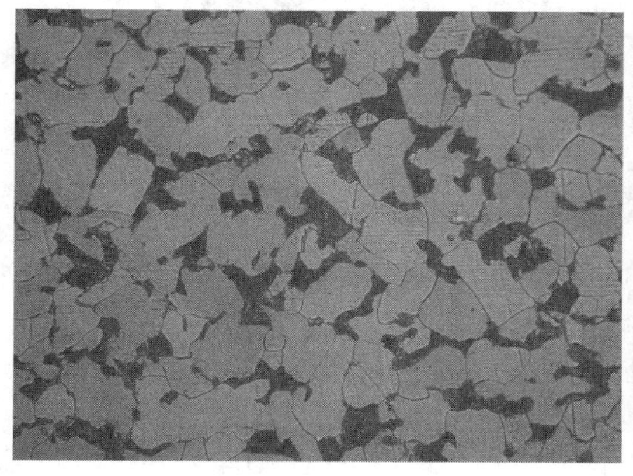

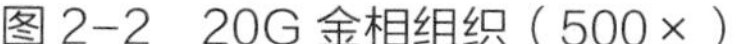

图 2–2　20G 金相组织（500×）

图 2–3　15CrMoG 金相组织（500×）

如 12Cr1MoV、10CrMo910、P22 等合金钢，其最终热处理可以为正火＋高温回火或淬火 + 高温回火，则不同热处理工艺下的最终组织可能存在差异，如图 2–4、图 2–5 所示

10CrMo910 钢采用正火 + 高温回火处理时，其组织为珠光体 + 铁素体；采用淬火 + 高温回火处理时，则组织为回火贝氏体。12Cr1MoV 钢当壁厚小于 30mm 时，采用正火 + 高温回火热处理，其组织为珠光体 + 铁素体，如图 2-6 所示；当壁厚大于或等于 30mm 时，最终热处理可能采用淬火 + 高温回火，则其组织为贝氏体，如图 2-7 所示。

图 2-4　10CrMo910 钢正火 + 高温回火组织（500×）

图 2-5　10CrMo910 淬火 + 高温回火组织（500×）

图 2-6　12Cr1MoV 钢正火 + 高温回火组织（500×）

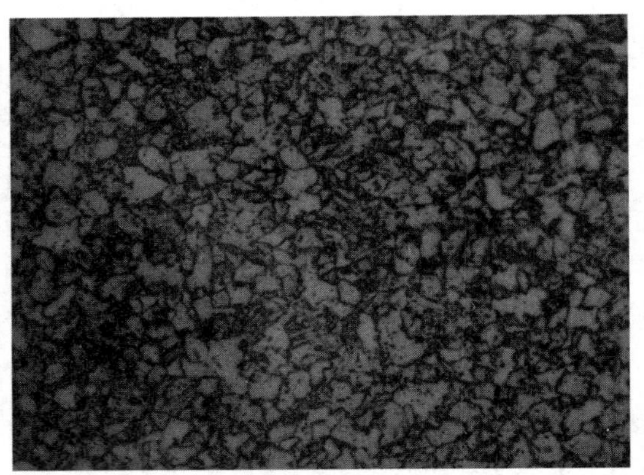

图 2-7　12Cr1MoV 淬火 + 高温回火组织（500×）

（1）15NiCuNb5-6-4（WB36 钢或 DIWA373 钢）最终热处理：正火＋高温回火，金相组织为贝氏体＋铁素体＋索氏体或贝氏体＋少量铁素体。

（2）T24（7CrMoVTiB10-10）钢最终热处理：正火＋高温回火，金相组织为贝氏体。

（3）T23（HCM2S）钢最终热处理：正火＋高温回火，金相组织为回火贝氏体。

（4）T91（10Cr9Mo1VNb）/T92（NF616）钢最终热处理：正火（1040~1090℃）＋高温回火（730~760℃），金相组织为回火马氏体或回火索氏体。

（5）T122（HCM12A）最终热处理：正火＋高温回火，金相组织为回火马氏体。

（6）E911 钢最终热处理：淬火（1060℃）＋高温回火（650℃），供货态显微组织是在马氏体基体上分布着碳化物，还有亚晶界和胞状结构，位错密度低，大的、发亮的碳化物为（Fe、Cr）（Mo、W）型碳化物（即 Laves 相），长条形、球形碳化物为 $M_{23}C_6$，分布在晶内（或亚晶界上）的小球形、小针形碳化物为 MC 型碳化物，经 650℃时效后碳化物减少、位错增多，时效 3 000h 后板条变明显了。

第三节　典型奥氏体耐热钢

一、奥氏体耐热钢发展历史

奥氏体耐热钢因具有热强性高、耐蚀性和高温力学性能优良及焊接性良好的特点，成为电站锅炉高温段重要耐热材料，按照成分和 ASME 标准习惯，将奥氏体耐热钢分为 18% Cr（以 18Cr-8Ni 为代表）和 20% ~25% Cr（以合金 800H 为代表）两大系列，图 2-8 所示为以它们为基础的新型奥氏体钢研发历程。

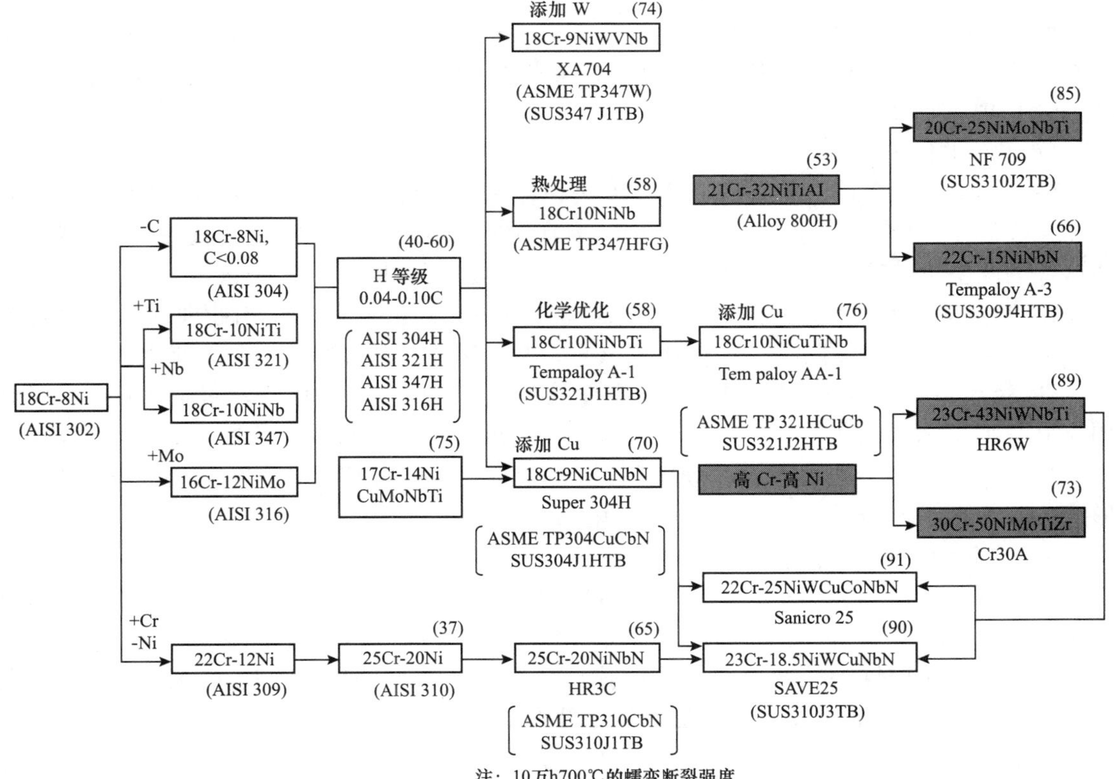

图 2-8　奥氏体体耐热钢的发展趋势

最初人们将 18-8 不锈钢当作耐热钢来使用，把它用来制作管壁温度高于 580℃的过热器、再热器。虽然 18-8 不锈钢具有热强性稳定、抗腐蚀和抗氧化性优良的特点，但蠕变断裂强度水平较低，若用它制作蒸汽管道和集箱，壁厚就会很厚。并且，其导热性差、线膨胀系数大、对应力腐蚀和热疲劳敏感等缺点也逐渐暴露出来。20 世纪 80 年代，人们不断通过添加合金成分改善这类钢的性能，利用 Ti、Nb、Mo 等形成稳定碳化物在晶内固溶析出，改善了抗晶间腐蚀能力，同时提高了强度；添加适量的 Ti、Nb、Mo 合金元素可促使析出金属间化合物进一步固溶强化奥氏体耐热钢，由此开发出了一系列新的热强度较高的奥氏体耐热。现今在火力发电站用得较多的是 H Grade 的耐热钢，其中较为常见的是 ASME TP304H、TP 347H、TP 316H。

20 世纪 90 年代末，H Grade 系列奥氏体耐热钢已经发展到热强性更高的 TP 347HFG、Tempaloy A-1、Super 304H 等钢种；而 20% ~25% Cr 系列钢在原来 800 合金的基础上发展成 NF709、HR3C、Tempaloy A-3 等钢种。

（一）18%Cr 系列

新型的 18% Cr 奥氏体耐热钢主要有 TP347H、Tempaloy A-1、TP347HFG、Super 304H 等，我国目前常用材料：

1Cr18Ni9 系列：TP304、TP304H、SUS27HTB；

1Cr18Ni11Ti 系列：TP321、TP321H、12Х18Н12Т、SUS29HTB；

1Cr19Ni11Nb（Cb、Ta）系列：TP347、TP347H、SUS347TB 等。

加入为防止晶间腐蚀加入稳定化元素 Ti、Nb；为提高蠕变强度降低 Ti、Nb 含量，加入 Cu（如 Super 304HCu 为 3%），利用富 Cu 相的细小碳化物颗粒进行弥散强化；加入 0.2% N、W 固溶强化。

1. TP 347HFG

TP 347HFG（Fine-grain）是日本住友公司在 TP 347H 基础上研发来的。虽然 TP 347H 钢，在高温下正常化固溶处理，其许用应力在 18Cr-8Ni 钢中最高，然而，高的固溶温度使这种钢产生粗晶粒结构，导致蒸汽侧抗蒸汽氧化能力降低。

TP 347HFG 制造工艺为热轧→软化处理→冷拔→固溶处理，软化处理的温度提高到 1250~1300℃，固溶处理温度为 1050~1150℃。新工艺得到的晶粒细化到 8 级以上。

TP 347HFG 钢虽然化学组成与 TP347H 没有差别，但细晶强化效果明显，NbC 固溶更加充分，细小弥散分布的 MX 型碳化物的强化效果，使得材料具有良好抗高温蠕变性能，比 TP347H 粗晶钢的许用应力高 20% 以上；晶粒细化以后有利于 Cr 穿过晶界向表面扩散，形成致密的 Cr_2O_3 保护层，防止被蒸汽氧化。

2. Super 304H

日本住友公司和三菱重工在 SA-213TP304H 基础上增加了 C 的含量，降低了 Si、Mn 的含量，同时添加了 Cu、Nb、N，从而研制出新型的奥氏体热强钢 Super 304H。

制作流程为熔炼→热轧→对管材作热挤压冲孔→软化处理→冷拉拔→固溶处理→成品，类似于 TP347H 钢，也采用了提高软化处理温度的方法来细化晶粒。

金相组织为单一的奥氏体组织，晶粒度为 7~10 级（ASTM A213/A213M《锅炉过热器和换热器用无缝铁素体和奥氏体合金钢管》中 TP304H、TP321H、TP347H 的晶粒度为 7 级或更粗。在国内实际检测到的为 3~4 级）。

600~650 ℃许用应力比 TP304H 高 30%，比 TP347H 高 20% 以上，列为 18Cr-8Ni 型奥氏体不锈钢之首；650℃抗氧化性能大大优于 TP304H、TP347H，略差于细晶 TP347H；耐蚀性优于 TP304H，略逊于 TP347H；具有良好的焊接性能、工艺性能。

在日本运行 10 年的经验，显示该钢的组织和力学性能稳定。长期时效后未见块状 σ

相（控制了 Si 含量，并加入 N），无时效脆性。

不含 Mo、W 价格便宜，是超超临界锅炉过热器、再热器的首选材料。

同 TP347HFG 一样，Super 304H 也采用高温软化处理，以获得细小晶粒，且 Nb 的碳、氮化物在软化处理过程中充分固溶，提高了材料的强度以及抗腐蚀性。另外，熔炼后的钢坯在热轧等加工后，有富 Cu 的 ε 相（金属间化合物）析出，并伴随 $M_{23}C_6$、MX 型碳化物析出，试验数据表明富 Cu 的 ε 相具有强烈的强化作用，但使蠕变断裂塑性明显降低；而 Ti、Nb 的碳、氮化物提高蠕变断裂强度的作用比富 Cu 的 ε 相弱得多，但却有改善蠕变断裂塑性的效果。Super 304H 在高温运行的时效过程中析出富 Cu 的 ε 相和 NbCrN 金属间化合物以及 Nb（C、N）、$M_{23}C_6$ 进行强化，复合提高了蠕变断裂强塑性。

（二）20%~25%Cr 系列

1. HR3C 钢

HR3C 钢是 20 世纪 80 年代初期日本住友公司在 TP310 基础上添加 Nb、N 改进的热强钢。材料经过真空感应熔炼、锻造、冷轧和在 1200℃保温 30min 的固溶处理。因为 HR3C 在苛刻烟气、蒸汽环境下具有优异的性能，所以可作为超超临界机组锅炉的候选材料。

供货状态为固溶处理，经最终固溶处理（最低固溶处理温度为 1100℃）后，金相组织为过饱和奥氏体组织，晶粒度为 7 级或更粗。

HR3C 钢具有高 Cr、Ni 和 Nb、N，使耐蚀性能、抗氧化性能大大优于 Super 304H；室温强度 HR3C 高于 Super 304H，但塑性略低；在 650℃以上，HR3C 许用应力低于 Super 304H；焊接性能中热裂敏感性与 TP347H 相同，低于 Super 304H。

通过对 HR3C 钢时效得到沉淀析出物分析，沉积于晶间的主要是碳化物 $M_{23}C_6$，而晶内则是 $M_{23}C_6$ 碳化物和 NbCrN 氮化物。NbCrN 氮化物非常细小，其长大速度相当慢，因此即使经长时间的时效也相当稳定。固溶 N 和微细的 NbCrN 氮化物强化了 HR3C，使其具有优良的持久强度。

2. NF709 钢

NF709 钢是新日铁公司在 20 世纪 80 年代中期研制的。他们在原有的 20Cr-25Ni 钢基础上严格控制杂质，对成分做了进一步完善改进，添加了 Nb、Ti、B 和 N，值得注意的是添加了数量较高的 N（0.05%~0.20%）和微量的 B。

生产流程为电炉熔炼→精炼→连铸→热轧和热挤压冲孔→冷拉拔→固溶处理→矫形→酸洗→成品，也经过了高温的软化处理和较低温度的固溶处理，获得了细小的晶粒。

NF709 钢在 700℃、1×10^5h 的持久强度达 88MPa，1×10^5h 持久强度在 730℃仍达到 69MPa。

NF709 钢焊接性能与常规的 18-8 不锈钢（如 TP347 和 TP310S）相同，焊接接头的持久强度与母材相当；抗氧化性和耐腐蚀性是 17-14CuMo 钢的 3 倍；热膨胀系数比 TP347H 低 10%~20%；在高温高压下耐蒸汽腐蚀性能比 TP347H 和 17-CuMo 好。

NF709 钢中提升了 Cr、Ni 含量，增强了钢的奥氏体稳定性，阻止了金属间化合物形成，也提高了抗蒸汽氧化性及高温抗腐蚀性，同时 Cr 增加也改善了钢抗烟气侧腐蚀能力。

NF709 钢基体中含有以下析出物：

（1）大小为 0.4~0.5μm 的块状硅的合金化合物。

（2）宽度小于 0.1μm 的针状 $M_{23}C_6$ 型碳化物。

（3）析出数量最多的是细线团状的 Cr-Nb 的氮化物。

这样就保证了高的蠕变断裂强度。

3. SAVE25

SAVE25（22.5Cr–18Ni–3Cu–1.5W–Nb–N）是由日本住友金属研发的，在 HR3C 和 Super 304H 基础上，通过利用奥氏体稳定化元素 N、Cu 取代 Ni，在 200~700℃温度范围内许用应力均大于 HR3C，SAVE25 相对于 NF709R 钢和 HR3C 钢在 700℃时具有优异的持久断裂强度，SAVE25 在 700℃时许用应力为 60MPa，比 HR3C 钢的许用应力大 36%，而比 TP347H 钢许用应力更大，约为 88%。且具有优秀的强度 / 价格比，因此，SAVE25 具有广泛的应用前景，自 1999 年已经应用于日本电站锅炉过热器和再热器。

二、典型奥氏体不锈钢组织

电站锅炉金属材料中奥氏体不锈钢最终热处理均应进行固溶处理，最终组织均为奥氏体。

参考文献

[1] 王晓雷 . 承压类特种设备无损检测相关知识 [M]. 北京：中国劳动社会保障出版社，2007.

[2] 周荣灿，范长信，李尧君 . 电站用材的现状及发展趋势 [J]. 钢管，2006. 35（1）：19–25.

[3] 严泽生，刘永长，宁保群 . 高 Cr 铁素体耐热钢相变过程及强化 [J]. 北京：科学出版社，2009：5–25.

[4] R. Viswansthan. Damage Mechanisms and Life Assessment of High–Temperature Components[J]. ASM INTERNATIONAL Metals Park. Ohio 44073，1989：5–9.

[5] 宁保群，刘永长，殷红旗，等 . 超高临界压发电厂锅炉用铁素体耐热钢的发展现状与研究前景 [J]. 材料导报 . 2006，20（12）：83–86.

[6] 马明 . 美国新的超临界机组考虑使用 T/P92 的原因 [J]. 电力建设 . 2006，27（11）：79–80.

[7] Ampornrat P，Was G S. Oxidation of ferritic–martensitic alloys T91，HCM12A and HT–9 in supercritical water[J]. Journal of Nuchlear Materials. 2007，371（1）：1–17.

[8] Yi Y，Lee B，Kim S. Corrosion and corrosion fatigue behaviors of 9Cr steel in a supercritical water condition[J]. Materials Science and Engineering A. 2006，429（1–2）：162–168.

[9] 杨富，李为民，任永宁，等 . 超（超）临界锅炉用新型铁素体耐热钢的现状与发展 [A]. 超（超）临界锅炉用钢及焊接技术论文集 [C]. 北京：中国电机工程学会，2005，31–36.

[10] 束国钢，赵彦芬，张璐 . 超（超）临界锅炉用新型奥氏体耐热钢的现状及发展 [A]. 超（超）临界锅炉用钢及焊接技术论文集 [C]，北京：中国电机工程学会，2005，37–43.

[11] 赵钦新，顾海澄，陆燕荪 . 国外电站锅炉耐热钢的一些进展 [J]. 动力工程，1997. 17：7–17.

[12] F.Masuyama. Recent Development of Heat Resistant Steels for Fossil–fired Power Plants[J]. Iron and Steel（in Japanese），1994，80（8）：7–12.

第三章　电站锅炉基建阶段典型案例分析

第一节　锅炉受热面

一、材质不良

（一）错用材料

【案例 3–1】错用材质

电力系统中对入厂材料检验要求严格，在安装现场中对合金部件及焊缝进行 100% 光谱分析，发现存在材质与设计不符现象。如某电厂 600MW 机组 1 号锅炉基建安装过程中共检测出 1218 件不符合设计要求的材料，其中更换了 27 件，代用了 1191 件。如不及时检测出来，就会造成以后爆管，从而影响机组安全稳定运行。

【案例 3–2】低温再热材质错用造成磨损泄漏

某厂 600MW 超超机组 5 号锅炉，锅炉容量为 1795t/h，过热器出口压力为 26.15MPa，2011 年 1 月投运，2011 年 9 月 30 日低温再热器第 2 层第 4 排上数第 2 根管发生泄漏，设计材质为 15CrMo，规格为 $\phi 63 \times 4$mm。通过多爆口进行宏观分析，爆口呈纵向开裂，表面具有明显磨损痕迹，爆口附近厚度约为 0.5mm，爆口中间略有张口；对原始泄漏管进行光谱分析，材质为碳钢，与设计不符。对相对应的低温再热器第 2 层通道进行检查，管屏均存在不同程度的出列现象，出列管均存在不同程度的磨损痕迹，较严重的有 18 根，最薄约 1.7mm。对磨损严重管子进行光谱分析，均为碳钢，与设计不符。

低温再热器材质与设计不符，且存在出列现象，造成局部磨损加剧，是造成此次泄漏的主要原因。

因此，加强制造设备及安装材料检验、加强原材料的入库前检验工作，谨防错用材质及不合格材质流入锅炉设备制造、安装及检修中来是材料监督中的重点之一。

（二）原材料缺陷

1. 制造（加工）、安装及检修工艺不当造成材料性能劣化

【案例 3–3】垂直水冷壁管内壁存在横向开口型缺陷

某厂 1 号超临界锅炉型号为 DG2070/25.4–II9 型，炉膛由下部螺旋盘绕上升水冷壁和上部垂直上升水冷壁两个不同的结构组成，两者间由过渡水冷壁和中间混合集箱转换连接，垂直水冷壁管子材质为 15CrMo、规格为 $\phi 31.8 \times 9$mm。

安装单位对垂直水冷壁组焊后，对焊缝进行射线检测时，发现部分管子端头母材内壁存在超标缺陷，对发现问题的该批管子端头进行割管检查与内窥镜检查，确认管子端头内

壁存在的超标缺陷为横向开口型缺陷。对该批垂直水冷壁缺陷管进行取样分析。剖开存在缺陷的管子进行宏观检查，内壁存在大量的开口型缺陷，如图 3-1 所示；对缺陷管横断面做宏观金相，内壁有明显裂纹，内、外壁组织有明显差别，共有三层组织，内壁侧最外层组织有明显的光亮带，中间层组织呈黑色，内层组织为正常的珠光体 + 铁素体组织，如图 3-2 所示，内壁开口缺陷最深向内扩展深度为 0.9mm，发现最深开口缺陷为 1.6mm，分别对外层、中间层进行能谱分析，其碳含量分别为 16%、7%，可见，内部存在明显的增碳层。内部最外层增碳严重区域组织为典型的莱氏体组织，如图 3-3 所示，中间层为珠光体 + 增碳层，内壁纵截面金相组织为珠光体 + 铁素体，组织正常，如图 3-4 所示。对该批管进行化学成分和力学性能分析，发现化学成分和抗拉强度、延伸率符合标准要求。

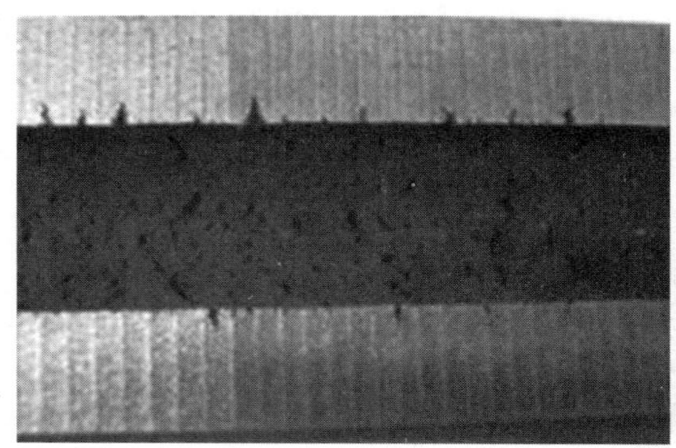

图 3-1　水冷壁管内壁缺陷形貌

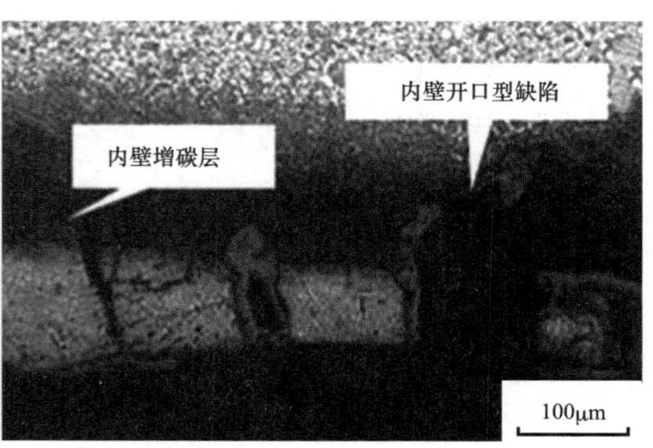

图 3-2　水冷壁管内壁缺陷侵蚀后形貌

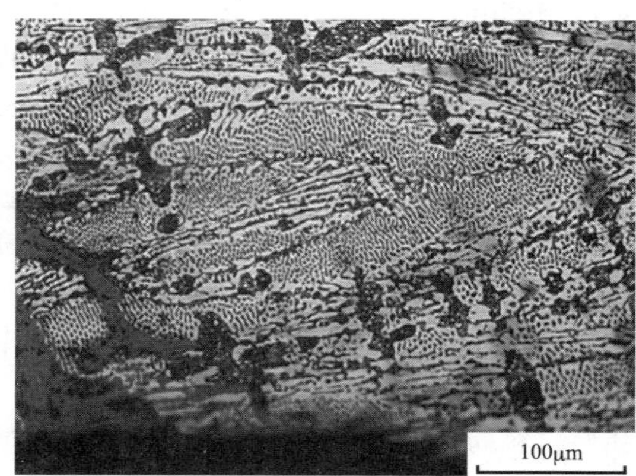

图 3-3　水冷壁管内壁增碳层、缺陷深度

图 3-4　水冷壁管内壁纵截面金相组织

对该制造厂所有材质为 15CrMo、规格为 ϕ 31.8 × 9mm 的库存水冷壁管进行清查时，发现存在问题的钢管均为某钢管厂 2008 年生产的同一批产品，内壁裂纹均出现在钢管两端 500mm 范围。经调查该批钢管制造工艺：毛坯管的第一道带芯棒冷拔及五道空拔，每道拔制之间均进行去应力退火。由于在第一道带芯棒冷拔过程中采用石墨作为润滑剂进行润滑，造成管端口部位内部石墨挤压聚集，在后续制造工艺过程未及时进行清理干净，导致内壁外层增碳严重，产生莱氏体组织，使内壁最外层莱氏体组织本身脆化，在后续加工过程中易产生横向开裂，在开裂部位形成应力集中延伸至母材内部，造成内部开口型缺

陷。同时，钢管制造厂在钢管出厂前未按要求进行 100% 涡流探伤检查，且未进行切头处理，导致不合格产品进入安装现场。

综上所述，制造工艺控制不当是造成此批钢管质量不合格的主要原因。

由于制造工艺不当造成管端部内壁存在开口型缺陷，且组织不符合要求，因此，应对该批次管两侧端头进行 100% 内窥镜检查或射线探伤检查，发现存在开口型缺陷的应进行割管处理，同时，制造厂应完善制造工艺，针对采用石墨作为制造用润滑剂的，应有针对性的预防管内部增碳的措施，且应加强出厂前的涡流检查，并对在制造过程中易产生缺陷的管端头进行切除，以确保最终出厂质量。

【案例 3–4】因制造工艺不当造成的 T91 管材质缺陷

某电厂 600MW 亚临界、中间一次再热、自然循环汽包炉，1 号机组于 2008 年 9 月 30 日通过 168h 试运行，至 2008 年 10 月 6 日停机；2009 年 2 月 16 日再次启动，至 2009 年 2 月 20 日高温再热器管发生爆漏停机。高温再热器材质为 T91，规格为 $\phi57\times4.5$mm，经过取样试样分析，T91 管样的几何尺寸、化学成分、布氏硬度、拉伸性能、压扁试验、低倍检验和脱碳层等试验和检验结果均合格，夹杂物含量处于较低水平；显微组织正常（内壁附近有形变织构形态）；部分管样内壁存在较多细小裂纹，裂纹基本位于织构折变部位，部分管样内壁存在较多微小腐蚀坑，小腐蚀坑也基本位于织构折变部位。因为部分管样内壁存在较多细小裂纹，且裂纹与内壁织构形态变化存在明显的对应关系，如图 3–5、图 3–6 所示，所以判断裂纹为原始裂纹。这部分内壁存在原始裂纹的管子质量不合格。

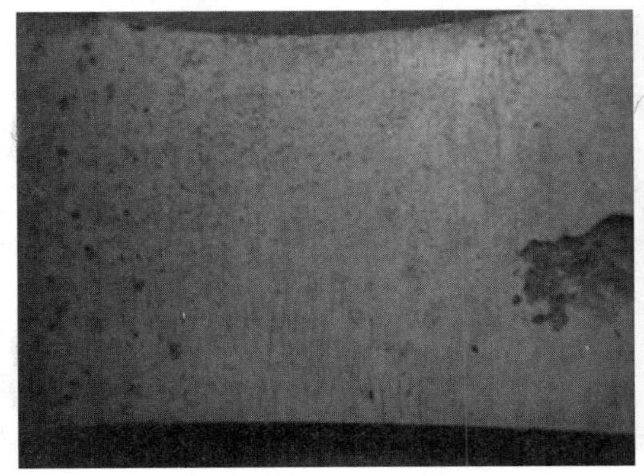

图 3–5　某电厂 1 号炉高温再热器内壁线性缺陷

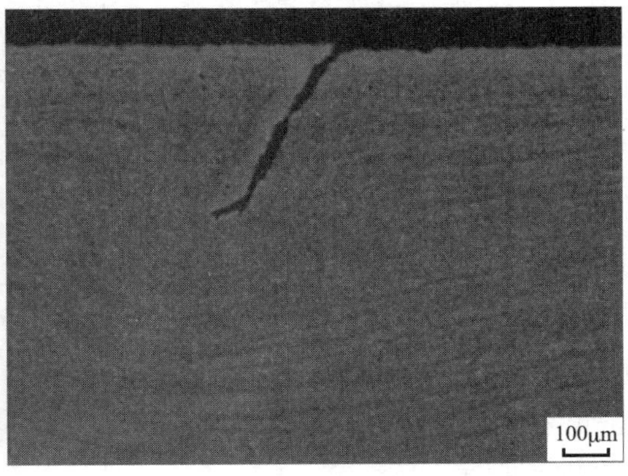

图 3–6　某电厂 1 号炉高温再热器内壁线性缺陷

【案例 3–5】长期露天停放造成内部沉积腐蚀

某电厂 600MW 亚临界机组锅炉，168h 试运行后停机 1 年，再启动发生高温再热器泄漏，高温再热器材质为 T91，规格为 $\phi57\times4.5$mm。经取样进行分析，发现 1 号机组锅炉高温再热器 T91 管内壁严重腐蚀，腐蚀严重的部位全部发生在 U 形管下部，两个弯头处较水平段腐蚀严重，如图 3–7 所示，前弯头（再热蒸汽出口）红色腐蚀沉积物较多，在腐蚀部位有大量的红色腐蚀产物堆积；后弯头（再热蒸汽进口）腐蚀产物较少，主要是腐蚀坑，而且许多腐蚀坑内没有腐蚀产物沉积，如图 3–8 所示。水平管段的腐蚀主要发生在下半部，上半部腐蚀较轻。

对未有腐蚀沉积部位、腐蚀沉积部位进行扫描电镜检查，结果表明：没有腐蚀的部位被铁的氧化物所覆盖，而且覆盖层比较致密，如图 3-9 所示；腐蚀严重部位的腐蚀产物层存在明显的龟裂现象，如图 3-10 所示，表明常温下形成的腐蚀产物层经过了高温脱水。

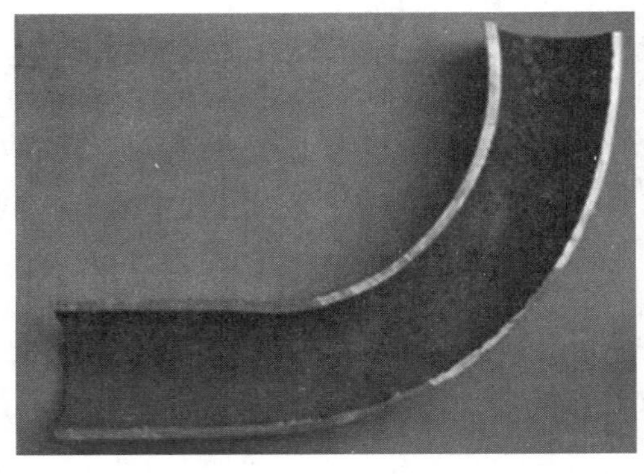

图 3-7　某 1 号炉高温再热器前弯头内壁腐蚀情况

图 3-8　某 1 号炉高温再热器后弯头内壁腐蚀情况

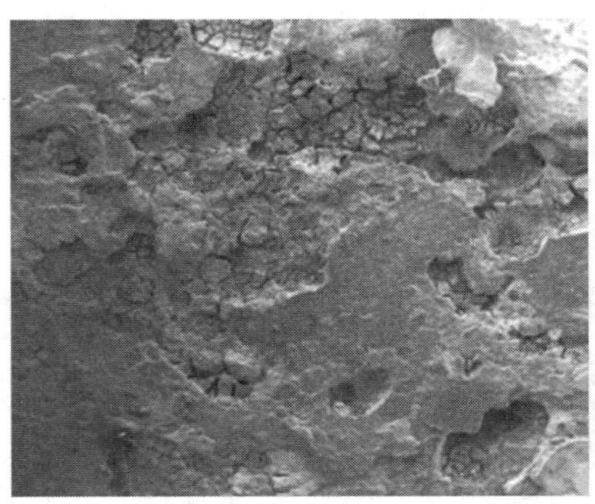

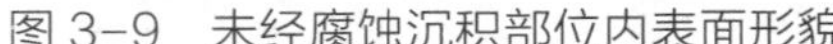

图 3-9　未经腐蚀沉积部位内表面形貌

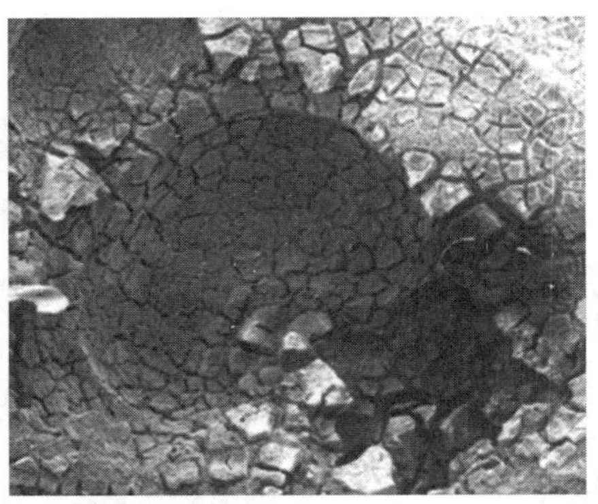

图 3-10　腐蚀沉积部位内表面形貌

对腐蚀产物进行超声清洗，结果表明，腐蚀产物层很疏松。一般情况下，再热器管内表面在运行中形成钢灰色致密的四氧化三铁保护膜，这种保护膜很致密，即使在 5% 的盐酸中也很难洗下来。疏松的产物表明腐蚀不是在运行时的高温状态下产生的，而是在低温条件下生成的。

能谱分析结果表明发生腐蚀的部位腐蚀产物中均不同程度地含有 Na、Ca、Cu、Mg 等外来杂质元素，并且从表层到内层逐渐降低，金属基体中没有这些杂质元素，腐蚀严重的部位这些元素含量较腐蚀轻的部位明显多，这表明腐蚀程度与这些杂质元素有关。由此推断，表面沾污越多，腐蚀越严重，没有沾污的区域腐蚀很轻。这表明管子内表面脏污程度决定了腐蚀程度。

管子的金相检查结果表明，金相组织正常，夹杂物正常，化学成分符合要求。

综上所述，主要是管子安装前管子内壁黏有不同程度的脏东西（如黏土类物质），这种沉积物的分布具有很大的随机性，不同的管子沉积物的量会存在很大的差别，同一根管子的不同区域也会存在很大的差别。这些受污染的管子没有得到及时处理和保养，遇到环境潮湿或积水且有氧气存在，从而产生了沉积物下腐蚀。高温再热器 T91 管材腐蚀的主要原因是沉积物下腐蚀，发生时间在锅炉吹管以前。

2. 制造（加工）、安装及检修工艺不当引起缺陷

【案例 3-6】螺旋水冷壁管制造加工偏心导致管口壁厚不均且单侧壁厚低于最小所需壁厚

某厂 2 台超临界锅炉炉膛下部设为螺旋水冷壁，采用六头内螺纹管，规格为 ϕ38.1×7.5mm，材质为 SA-213T2。锅炉基建安装过程中，对 1 号锅炉中部螺旋水冷壁进行了壁厚测量抽查时，发现该批水冷壁大量管子内壁在距管口边缘约 20mm 范围出现壁厚不均匀的现象，较薄一侧壁厚低于设计最小需要壁厚 5.5mm，最薄处至 5.1mm，如图 3-11 所示。

图 3-11　水冷壁管口偏心宏观形貌

经调查分析，出现上述缺陷的原因：中部螺旋水冷壁管制造工艺未到位，致使管子本身内径偏斜，管壁四周厚度不均；为了便于安装对口，制造厂在该批水冷壁管出厂前对管口内壁螺纹进行车削加工，但操作控制不当，车削工具偏心导致管口内径偏心进一步加剧，导致管子一侧壁厚严重减薄。最终处理意见，对该批管子进行 100% 壁厚测量，对于向火面壁厚低于 6.0mm 的管子及背火面壁厚低于 5.5mm 的管子进行换管处理；同时机组试运前，在炉膛水冷壁易发生高温腐蚀区域，增加防磨喷涂。

【案例 3-7】制造、安装、运行及吊装等过程中造成管子变形、损伤

因制造、运输、现场组合、安装、检修等因素而造成受热面存在损伤的现象极为普遍。受热面管子划伤、碰磨、变形、焊缝表面成型不良等缺陷普遍，在制造、运输过程中产生碰撞、挤压导致部分管子砸扁、划伤、碰磨减薄等。图 3-12 所示为某厂 2 号炉在运输过程中螺旋水冷壁产生的划伤形貌，图 3-13 所示为某电厂 1 号炉高温再热器管屏在吊装过程中产生严重碰撞变形形貌。这些问题如果不能及时发现并彻底处理势必成为运行后爆管的事故隐患。

图 3-12　某电厂 2 号炉水冷壁划伤形貌

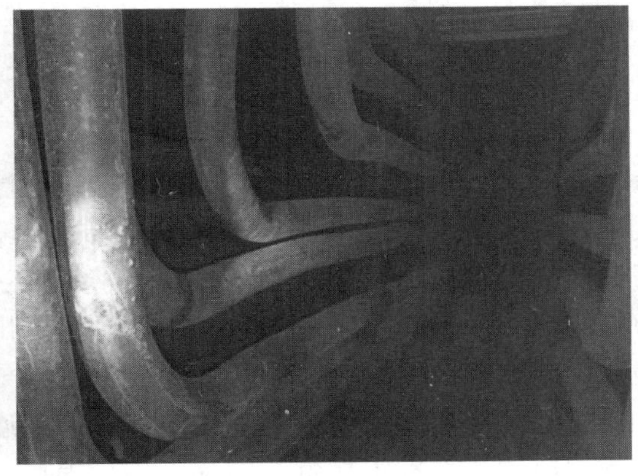

图 3-13　某电厂 1 号炉高温再热器碰撞变形形貌

因此，加强产品运输管理以及设备制造、安装及检修等过程的防护，减少管材表面缺陷是检验工作必须重点关注的问题之一；加强原材料入厂验收，应购买时选择信誉较好的厂家；核对清单及质量证明书，核查厂家检验报告及工艺、数据；进厂验收把关，进行100% 宏观检查、100% 涡流检测复查、合金钢 100% 光谱复查；针对高等级材质应抽样进行理化试验。

二、焊接缺陷

焊接缺陷主要有内部缺陷、外观成形缺陷、硬度不合格等。焊接、热处理工艺控制不当或未按工艺实施是导致焊接缺陷出现的主要原因。焊接缺陷的存在会造成过大的应力集中或焊缝性能降低，使得焊缝在运行过程中提前失效爆漏。焊接工艺不当造成焊缝内部出现裂纹、未熔合等缺陷时，会使焊缝内部出现过大应力集中，在运行过程中，裂纹、未熔合会扩展直至开裂；焊接线能量过大，会在焊缝热影响区出现粗大的魏氏体组织，降低焊接接头的性能；热处理工艺控制不当，会造成焊缝硬度偏高或偏低，使得焊缝残余应力过大或性能下降；焊接装配工艺不当会造成折口、错口等超标。

【案例 3–8】T91/T92 焊缝热处理不到位造成硬度不合格

超（超）临界机组受热面大量使用 T91/T92 钢，T91/T92 钢对焊接和热处理工艺要求较高，若热处理温度过高会使焊缝硬度偏低，焊缝强度低；未进行热处理、热处理温度偏低或保温时间不够会造成焊缝硬度偏高，焊接残余应力偏高，均会造成焊缝在以后运行过程早期失效。某电厂超超临界锅炉基建过程中，安装单位在对高过进、出口集箱处部分T91、T92 焊缝进行挖补返修后未按要求进行焊后热处理，造成该批焊缝硬度值 HB 高达315~357，远高于 HB 标准规定值 180~270。

某厂超超临界锅炉过热器节流孔设计在集箱外部接管处靠近顶棚管的位置，而节流孔所用的材质为 T91、T92 等高等级材料，特别是高温过热器，由于管屏间距小，焊接和热处理困难等原因容易造成焊缝不合格。对节流孔处对接焊缝硬度进行检测发现，部分高温过热器 T92 管子母材硬度 HB 大于焊缝硬度 HB 约为 20，焊缝硬度偏低。检查热处理记录发现，标准要求 T92 焊缝热处理温度为（765 ± 5）℃，而实测焊缝热处理恒温温度为770~790℃，且检查其测温装置，发现测量温度与实际温度负偏差约为 10℃。T92 钢典型 A_{c1} 温度为 800~815℃，而现场实测温度在 A_{c1} 线之上，造成热处理温度过高，导致焊缝硬度不合格，运行中容易产生裂纹。

【案例 3–9】鳍片焊缝质量问题

近年来，因鳍片焊缝质量问题引起的机组停运或泄漏逐渐突出，由于鳍片焊缝等级低、焊接质量管理也不严，因而容易忽视。鳍片焊缝一般容易产生与受热面管侧咬边、焊缝横向纵向裂纹等缺陷，在鳍片或管子焊接过程中的热应力、运行中管片热应力、局部受力不均等原因影响下，会导致个别管片局部出现宏观裂纹甚至管子局部发生断裂，尤其是鳍片焊缝横向裂纹可能会横向扩展贯穿受热面管子，造成管子泄漏。

因为鳍片焊缝是鳍片与承压部件之间的连接焊缝，所以应按承压部件焊接对待，应由具备相应承压部件焊接资质的焊工进行焊接；优化鳍片焊接工艺，降低焊接过程中过大热应力的影响。检修时应加强鳍片焊缝特别是异型部位鳍片焊缝如密封部位、穿墙部位、燃烧器、看火孔、吹灰器孔等部位鳍片质量检查，对于发现鳍片或焊缝存在裂纹情况的，应及时对裂纹附近受热面母材进行表面无损探伤检查，将裂纹清除干净并对鳍片按设计要求进行恢复。

【案例 3–10】异型管制造焊缝质量问题

受热面中少量异型管焊缝质量不良，因为异型管焊缝少，又与直段管焊缝位置不一致，所以在制造时焊接或检验容易忽略。如对某电厂 1 号锅炉受热面射线制造质量抽查中共发现 6 个异型管焊缝存在未熔合等超标缺陷，而其余直段管焊缝抽检均未发现超标缺陷。因此，在基建阶段受热面制造焊缝抽查中，应重点以异型管制造焊缝为主。

三、结构膨胀受阻

【案例 3–11】穿墙管密封焊质量问题

由于顶棚穿墙管密封问题引起的机组停运或泄漏问题已经突现，在新建机组中穿墙管密封问题应引起重视。穿墙管密封处由于结构特殊性，各部件容易受热膨胀引起热应力，出现问题现场难于发现，检修起来也非常困难，因而在安装阶段，密封安装应引起足够重视。穿墙管密封问题主要发生在折烟角水冷壁与凝渣管密封以及炉顶管屏（包括屏式过热器顶棚、高温过热器、高温再热器等）与顶棚密封处，顶棚穿墙管密封处尤为突出。图 3–14 所示为某电厂 3 号锅炉高温再热器与顶棚穿墙密封现场情况，图 3–15 所示为该部分密封处在 168h 试运行后即顶棚密封处高温再热器管泄漏情况。从图 3–14、图 3–15 可知，密封弯板密封焊应安装在离套管上部边缘约 40mm 套筒上，现场有少量密封弯板直接与高温再热器母材焊接，密封弯板安装位置不当造成焊接缺陷及对母材组织损伤是造成泄漏的主要原因。

由于锅炉设计不一样，密封方式也各不相同，因而穿墙管密封安装应严格按设计要求施工，防止因制造或安装问题影响今后锅炉安全运行。

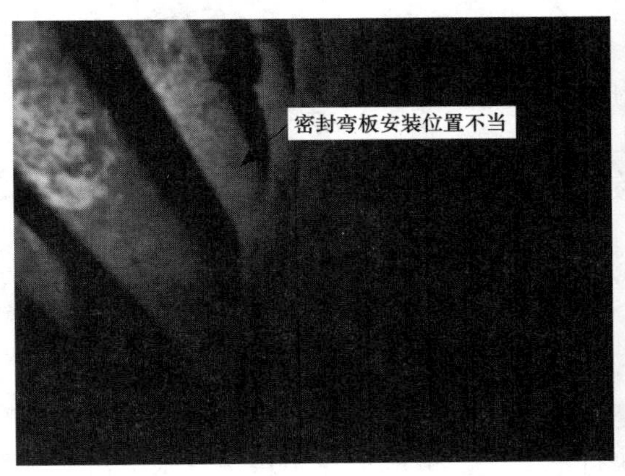

图 3–14　高温再热器与顶棚穿墙密封现场情况

图 3–15　高温再热器管泄漏情况

第二节 集箱、减温器

一、材质不良

【案例 3–12】集箱过渡段、短接头存在错用材质现象

在进行某 600MW 超临界机组 1 号锅炉安全性能检验时，光谱复查发现 1 号炉顶棚集箱短管接头设计材质应为 15CrMoG，规格为 $\phi 60.3 \times 9.7$mm，现场光谱分析为碳钢；1 号炉低温再热器集箱过渡段设计应为 15CrMo，规格为 $\phi 635 \times 17$mm /$\phi 685.8 \times 28$mm，经现场光谱分析为碳钢。

【案例 3–13】二级减温器集箱内部构件错用材质

集箱内工艺件、结构件的质量问题容易忽视，在新建机组投运或在役机组运行中多次发生因工艺件、结构件脱落引起异物堵塞造成的过热爆管和受热面管子胀粗现象，检查及分析原因时相对比较困难。某台锅炉在试运行期间的高温过热器进口联箱中间管屏发生短期过热爆管，检查发现属于典型异物堵塞爆管，在高温过热器进口集箱内爆管管屏附近检查出长约 680 mm、宽 40 mm、厚 4 mm 铁条（见图 3–16），光谱分析为碳钢。经查图纸可知，为制造过程中存留在二级减温器集箱内的工艺件，材质应为 12Cr1MoV，由于错用材质及焊接质量不良，铁条产生断裂而脱离，随蒸汽进入高温过热器进口集箱。

图 3–16 高温进口集箱内异物宏观形貌

在制造过程中存在集箱内的工艺件、结构件（减温器内的垫条、集箱内的隔板等）应加强质量管理，遗留在集箱内的工艺件、结构件材料使用应正确，防止因在运输、安装及运行过程中脱离而造成管孔堵塞。

二、焊接缺陷

1. 制造（加工）、安装工艺不当造成焊缝性能劣化

由于制造过程中焊接工艺、热处理工艺执行不到位，造成大量集箱、汽水分离器等管座角焊缝出现裂纹等缺陷。

【案例 3–14】汽水分离器连通管角焊缝缺陷

多台超临界锅炉在基建过程中检验发现汽水分离器进 / 出连通管管座角焊缝存在裂纹等线性缺陷，如某电厂 600MW 超临界机组锅炉基建检验时发现汽水分离器连通管座角焊缝存在裂纹，如图 3–17 所示。

因制造厂集箱、汽水分离器等均采用整体热处理，角焊缝焊接完成后因整个焊接工作

尚未完成，未及时进行热处理，而导致焊缝表面残余应力未能及时消除，从而产生表面裂纹。另外，焊接过程中为提高效率，焊工一般偏向于采用大直径焊条施焊，导致热输入量大，残余应力大；汽水分离器进/出管角焊缝一般比较宽、填充量大，残余应力也较大。加之，制造厂检验人员责任心不强，检验任务重，极易将部分制造缺陷遗留。

因此，基建或在役检验过程中，应加强对集箱、汽水分离器、减温器等部件管座角焊缝进行磁粉检测抽查。

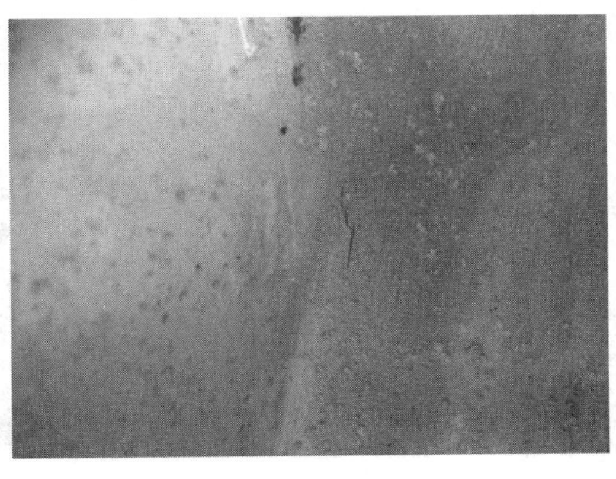

图 3-17　汽水分离器管座表面裂纹形貌

【案例 3-15】制造工艺执行不到位造成的大面积集箱管座角焊缝裂纹

某在建的电厂 2 台 660MW 超超临界参数锅炉，由上海锅炉厂有限公司（简称上锅）设计制造，锅炉型号为 SG-2035/26.15-M6011。电厂锅炉低温段集箱由锅炉厂的外协厂家生产。每台锅炉分包生产的集箱共 64 个，其中 SA106C 材质集箱 10 个、12Cr1MoVG 材质集箱 54 个。现场检测发现省煤器出口、低温过热器进口集箱等 8 个集箱管座角焊缝存在大量裂纹等危险性缺陷，部分集箱管座角焊缝缺陷率超过 80%。经扩大检查发现：

（1）4 个省煤器集箱共有约 1940 个管座，管座角焊缝平均缺陷率超过 80%，且主要为裂纹类缺陷。

（2）水冷壁后墙下集箱共 222 个管座，发现 46 个管座角焊缝存在缺陷（缺陷率为 20.72%），其中裂纹类缺陷 36 个。

（3）低温再热器进口集箱共有 938 个管座，检测了 402 个管座角焊缝，发现 106 个管座角焊缝存在不同程度缺陷（缺陷率为 26.37%）。

（4）低温过热器进口集箱共有 806 个管座，发现 220 个管座角焊缝存在不同程度缺陷。

返回外协锅炉厂对所有存在缺陷的管座角焊缝进行了补焊处理，将经过再次热处理的集箱返回锅炉厂本部进行检测，共检测了 402 个管座角焊缝，发现 198 个管座角焊缝存在缺陷（缺陷率为 49.25%），其中裂纹类缺陷 100 个，缺陷主要出现在未补焊位置管座上。缺陷形貌见图 3-18~ 图 3-21。

图 3-18　省煤器出口集箱管座角焊缝裂纹

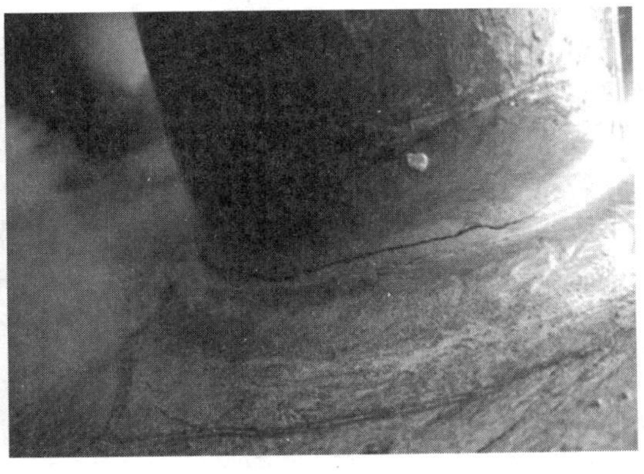

图 3-19　低温再热器进口集箱管座角焊缝裂纹

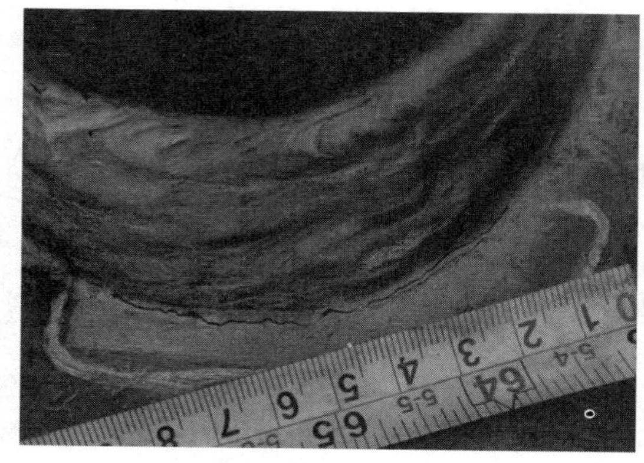

图 3-20 低温过热器进口集箱手孔管座角焊缝裂纹

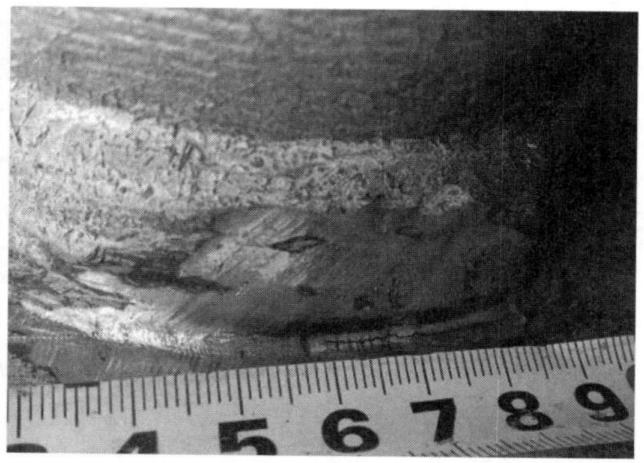

图 3-21 前墙下集箱手孔管座角焊缝裂纹形貌

通过对制造厂制造工艺及现场执行情况进行调查，并对焊缝裂纹部位进行金相试验分析，其裂纹附近组织存在魏氏体组织，现场焊接及热处理与工艺与相关规程规定不符，外协厂质保体系实施存在严重失控。主要表现为焊接过程中采用焊条直径偏大，热输入量大；焊前未预热，且无后热处理，并未及时采取焊后热处理，导致焊缝冷裂纹产生。

焊缝组织存在魏氏体组织，集箱管座裂纹缺陷比例较高，且集箱经过返锅炉厂打磨补焊热处理之后，在原未补焊位置出现新的缺陷，因此，针对该外协厂制造的所有集箱共 116 个全部退回由锅炉厂进行拔管处理，采用机械方式拔除原有的全部管座接头，完全去除原焊缝及热影响区，经磁粉检测、金相组织抽查合格后重新焊接新的管座，并经检验合格。

【案例 3-16】P91（P92）材质集箱焊缝硬度偏低

P91（P92）材质集箱制造或安装过程中，因热处理时控制不当，如在整体热处理炉内靠近火焰的部位由于加热温度高于标准要求从而导致局部硬度偏低；另外，在现场安装过程中，安装焊缝热处理时由于热电偶布置不合理，导致在加热块包覆的局部位置存在硬度偏低现象。

某电厂 600MW 机组 2 号锅炉屏式过热器出口分配集箱，设计材质为 SA-335P91，设计规格为 $\phi 298.5 \times 58$mm，共计 13 个安装拼接焊缝。现场检验中发现从左向右数 8 号屏式过热器出口分配集箱安装拼接焊缝硬度 HB 为 350，母材硬度 HB 为 195；10 号屏式过热器出口分配集箱安装拼接焊缝硬度 HB 为 351，母材硬度 HB 为 196；11 号屏式过热器出口分配集箱安装拼接焊缝硬度 HB 为 347，母材平均硬度 HB 为 185；以上焊缝硬度与母材硬度差值均超出 DL/T 438—2016《火力发电厂金属技术监督规程》要求。安装单位及监理单位对屏式过热器出口分配集箱进行全部硬度复查，13 个屏式过热器出口分配集箱安装拼接焊缝都存在硬度差值超标问题。

应加强对 P91/P92 材质母材及焊缝硬度检查，对于硬度偏低部位应检验金相组织是否异常，对于组织异常的母材或焊缝应尽快进行更换，对于组织正常的母材或焊缝应加强监督检验。

2. 制造（加工）、安装工艺不当引起缺陷

【案例 3-17】集箱、减温器等部件焊接质量问题及碰伤、摔伤问题

少数集箱、减温器等部件焊接质量不良。图 3-22 所示为某 600MW 超临界机组 2 号炉

二级减温器集箱内套筒角焊缝裂纹，存在长约 120mm 裂纹。图 3-23 所示为 2 号炉高温过热器集箱短管屏在运输、吊装及安装过程中发生的碰撞变形形貌。因而应加强制造及安装质量管理，杜绝超标缺陷遗留在以后的生产运行中，在运输、存放中，严防碰撞、摔伤等现象发生；在制造与安装质量安全性能检验中，应及时发现设备焊接质量不良情况及碰撞、摔伤情况，及时采取处理措施。

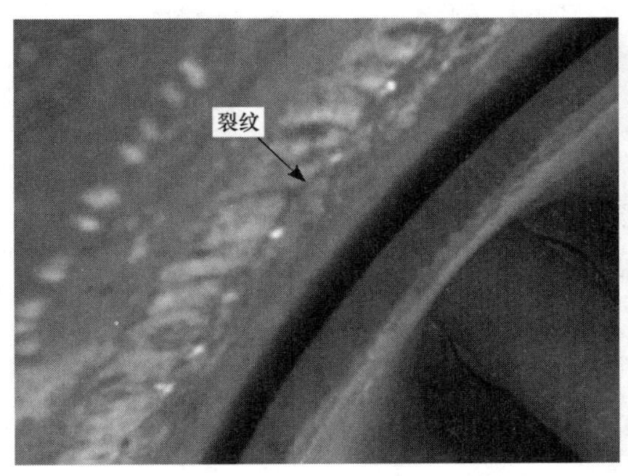

图 3-22　2 号炉二级减温器集箱内套筒角焊缝裂纹

图 3-23　2 号炉高温过热器集箱短管屏碰撞变形形貌

集箱短接管制造垂直度、平行度等不符合设计要求，短接管偏斜造成安装困难，以及在运行中产生应力集中等问题。集箱短接管座角焊缝应力水平较高，在运行中还会受到交变应力的影响，如果存在缺陷，则容易在该处产生裂纹并逐渐发展；对运行中集箱短接管座角焊缝检验相对较少，也不易发现缺陷，即使在泄漏后也很难查找泄漏点；另外，此处的缺陷在现场焊接修补也十分困难。因此，在制造与安装阶段，集箱短接管及管座角焊缝的检验是一个重要环节。

在制造与安装质量安全性能检验中，应及时发现设备焊接质量不良情况及碰撞、摔伤情况，并采取处理措施。

三、集箱内部异物堵塞造成相对应受热面管短期过热

【案例 3-18】集箱内部异物堵塞集箱内部管口

锅炉基建安装或检修过程，由于防范措施不到位，易造成异物遗落在集箱或管道内部；另外，由于设计不合理或制造质量不合格，减温器、高温加热器等部件内部结构件脱落遗落在集箱或管道内部。在进行水压试验或冲管过程中，异物会随水或蒸汽流动，进入下一级部件进口集箱内。由于大部分异物无法通过小口径的受热面，在运行过程中，随水 / 蒸汽流动，堵塞在集箱受热面管口，造成过热爆管。

集箱进水或蒸汽方式不同。省煤器进口集箱、水冷壁进口集箱等为一端进水或中间进水，异物主要集中在盲端封头位置，省煤器进口集箱内部异物来源主要为高压加热器或主给水管阀门等部件脱落后随给水带进集箱内和基建安装或检修改造过程中铁屑、焊渣等残留物，如图 3-24 所示，水冷壁进口集箱内异物主要为水冷壁安装或改造过程中铁屑、焊渣等残留物，如图 3-25 所示。屏式过热器进口集箱、高温过热器进口集箱、高温再热器

进口集箱由于一般是两端进汽，异物主要集中在集箱中间位置或卡在管口，异物来源于上一级减温器等部件脱落和上一级部件基建安装或检修改造过程中铁屑、焊渣等残留物，某电厂新建 600MW 机组 2 号锅炉在试运行前对高温过热器进口集箱割开中间管屏进行内窥镜检查，发现属典型异物堵塞，如图 3-26、图 3-27 所示。

图 3-24　主给水阀附件遗落省煤器进口集箱

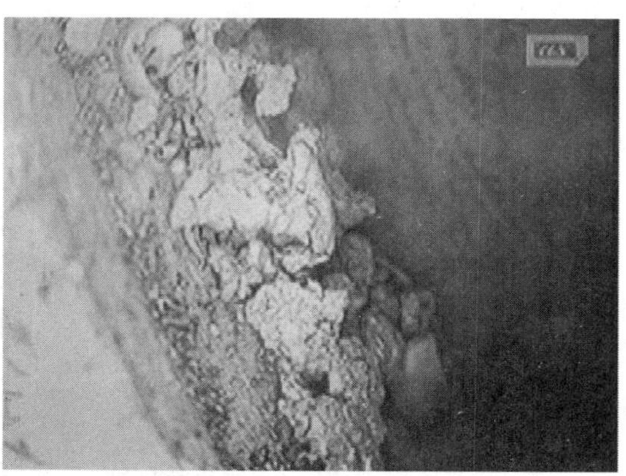

图 3-25　水冷壁进口集箱封头异物

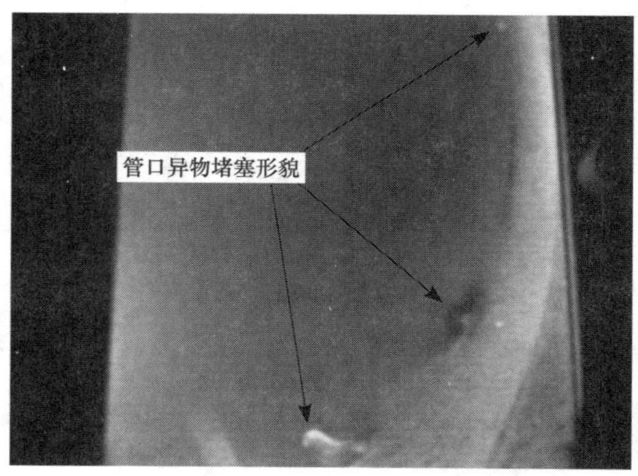

图 3-26　高过进口集箱中间管口堵塞异物形貌

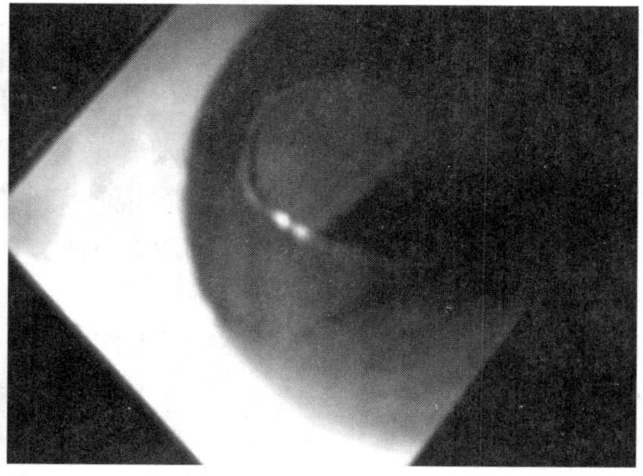

图 3-27　异物堵塞高过进口集箱中间管口

为减少因异物堵塞引起的过热爆管，应采取措施减少异物残留锅炉内部，并做好锅炉内部清洁度检查和异物清理工作。

基建安装和检修改造过程中应制定措施防范异物遗落在集箱内，集箱封闭前应对内部进行 100% 内窥镜检查；基建时还应在冲管后，对进口集箱内部进行内窥镜检查。

锅炉检修时，应按相关规程要求对进口集箱进行内窥镜抽查，尤其对于运行过程中存在超温现象的部件，必须对相对应的进口集箱进行内窥镜检查；发现前一级部件有附件脱落时，要对后一级进口集箱内部进行内窥镜检查。

第三节　锅炉范围内管道及阀门

一、材质不良

（一）冒用材料

【案例 3–19】四大管道以国产材质冒用国外材质

某电厂 1、2 号机组协议书要求主蒸汽管道、高温再热器蒸汽管道采购的材质为国外进口的，现场资料核查发现资料涉嫌造假，主要体现在原材料资料不全，表现为原材料质量证明书、发货单、提 / 运货单、报关单、入境检验检疫证明等资料不齐全，且材料上信息如产品材质、规格、炉号、数量、合同双方的名称等完全不符，资料存在张冠李戴或伪造现象。后经制造厂核实，为国产材质，为了与合同相符，对照相关进口材质的要求做了一套假冒进口货物资料。

超（超）临界锅炉高温段集箱、管道使用的材质均为高等级的 P91（P92）钢，2006 年以前国内 P91（P92）钢生产技术尚不成熟，大量的 P91（P92）钢材质管道均采用进口 P91（P92）钢原材料。由于国内大量超（超）临界锅炉相继投入建设，国外生产的 P91（P92）钢原材料供不应求，部分管道供应商不得不拿国产 P91（P92）钢原材料代替进口 P91（P92）钢原材料，更有甚者因利益驱使，采用假冒伪劣的 P91（P92）钢原材料冒充进口 P91（P92）钢原材料。从而，导致大量假冒伪劣的 P91（P92）钢原材料被配管加工用在了超（超）临界锅炉高温集箱、主蒸汽管道、高温再热蒸汽管道上，埋下了严重的安全隐患。

因此，为杜绝假冒伪劣 P91（P92）钢原材料的使用，在锅炉基建过程中，应加强对集箱、四大管道（主蒸汽管道、主给水管道、低温再热蒸汽管道、高温再热蒸汽管道）出厂资料审查，对于原材料资料不齐全的应加以重视，对该批集箱、管道质量进行全面检验并评估。加强制造过程中的监造力度，对原材料入厂验收进行监督，查看原材料钢印，发货、运输、到货等材料标识移植情况，是否与资料吻合；跟踪制造厂入厂质量验收试验，必要时可委托有资质的检验单位对原材料进行元素分析、金相组织分析、机械性能试验（拉伸、弯曲、冲击、高温抗拉强度及高温持久强度试验等）等试验抽检，确认原材料性能是否合格。

（二）错用、冒用材质

【案例 3–20】P92 材质旁路阀门错用材质、冒用材质

某电厂一期工程 660MW 机组高压旁路、低压旁路阀门采购合同要求为国外进口 P92 材质，设计院设计要求材质为 P92 钢，但制造厂提供的制造图纸要求阀体材质为 GX12CrMoWVNbN10–1–1，现场开箱验收时进行光谱复查发现阀体材质为 Cr9Mo1，与制造图纸、设计及技术合同要求均不符，如图 3–28 所示，并且制造厂无法提供原始、完整的海关报关、完税证明和材质证明等资料，无法提供可靠资料证明阀门的制造来源，最终进行退货处理。

（三）材质缺陷

1. 制造（加工）、安装及检修工艺不当引起缺陷

目前，在我国超（超）临界锅炉用新型耐热钢的使用性能研究处于起步阶段，制造及安装技术不成熟、经验不充足。国内的管件生产单位规模小、设备配置落后，制造及安装技术积累不足，制作的管件或焊缝存在硬度值偏低或偏高、硬度值不均匀、组织异常及内部缺陷等问题。管材在生产加工、运输存放、吊装等过程中，由于工艺不当或管理不善易产生缺陷，如裂纹、折叠、轧折、结疤、离层、机械划伤、擦伤和凹坑等，加之检验把关不严造成有缺陷的管材被使用在锅炉上。

图 3-28　高压旁路阀门

管材加工缺陷大多出现在管道端部。在管材缺陷部位会产生较大的应力集中，在高温高压下工作，易造成管子开裂，直至泄漏。其爆口特征一般为纵向开裂，爆口较直，无减薄、胀粗，张口极小，并在裂纹两端可见开裂现象。

【案例 3-21】高温再热器蒸汽管道制造加工偏心导致管口壁厚不均

图 3-29 所示为某 600MW 超临界机组 1 号锅炉高温再热器蒸汽管段，材质为 SA335P91，规格为 $\phi914\times32$mm，因制造原因而产生加工不均匀，但偏心最大区域未低于设计最小壁厚，为了便于现场安装焊缝对口，制造时在坡口边缘进行堆焊，以满足要求。这将成为一个危险防范点，增添了投运后的机组金属监督工作量。

【案例 3-22】运输存放、吊装不当，造成管道损坏变形

图 3-30 所示为某 600MW 超临界机组 1 号锅炉主给水管道（CS-1FW-A01，材质为 15NiCuMoNb5，规格为 $\phi508\times50$mm）在运输、安装、吊运过程中，发生严重碰撞、摔伤现象。在运行、安装及吊装过程中，管道的碰撞、摔伤等会造成管道附件损坏及管道本身变形、损伤等，从而影响设备质量。

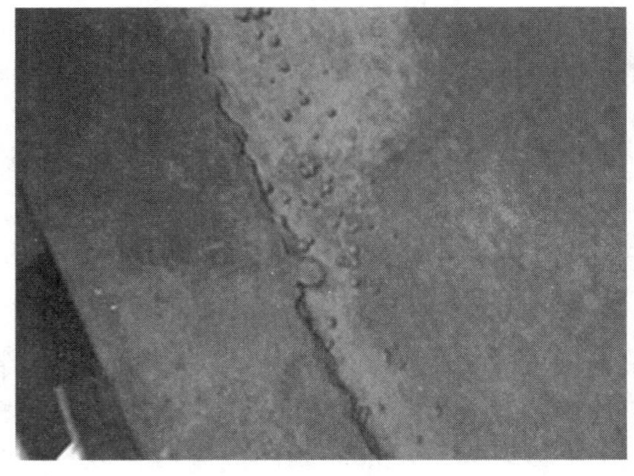

图 3-29　高温再热器蒸汽管段加工偏心处堆焊

图 3-30　主给水管道短管碰撞变形

因而，要加强制造、安装、检修及设备改造等过程中管道仪表管座角焊缝质量检验、管道及其附件碰伤等检验。

2. 制造（加工）、安装工艺不当造成性能劣化

【案例 3-23】超临界锅炉 P91 材质管道母材局部硬度偏低

某电厂 2 号超临界锅炉基建过程中，发现炉右侧高温过热器出口管道距堵板阀焊缝约 200mm 处有一宽约 250mm 的整圈母材硬度 HBHLD 值为 145~179，如图 3-31 所示；炉左侧高温再热器出口管道距出口集箱对接焊缝约 340mm 处有一宽约 230mm 的整圈母材硬度 HBHLD 值范围为 148~179，如图 3-32 所示；炉右侧高温再热器出口管道距出口集箱对接焊缝约 200mm 处有一宽约 250mm 的整圈母材硬度 HBHLD 值范围为 144~179，均低于 DL/T 438—2016《火力发电厂金属技术监督规程》规定的 P91 钢母材硬度 HB 控制范围为 185~270，且硬度不均匀。与上述 3 个区域相邻的焊缝硬度 HBHLD 值分别为 238、228、232，符合要求；相邻母材的硬度 HBHLD 值范围分别为 183~197、181~217、186~207，符合要求。

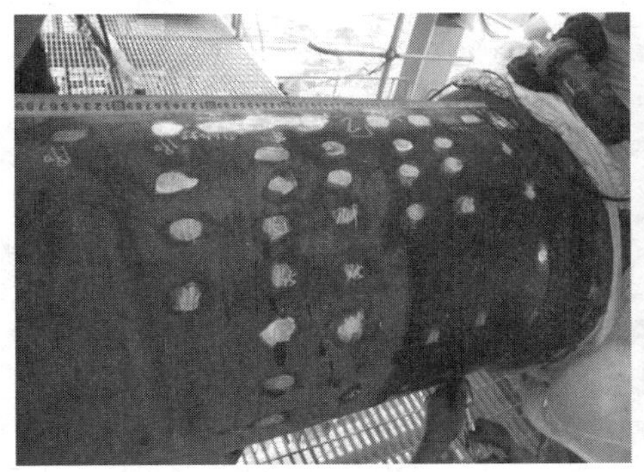

图 3-31　高温过热器出口管道硬度不合格区域

图 3-32　炉左高温再热器出口管道硬度不合格区域

针对上述 3 个硬度偏低区域及附近正常区域母材分别进行了现场金相检验，发现硬度偏低区域母材金相组织，无明显马氏体组织位相特征，并具有典型的块状铁素体，组织异常，如图 3-33 所示，说明组织回火后出现碳化物及铁素体的析出，从而导致硬度降低，造成该情况的可能原因为母材回火过程中回火温度过高；硬度正常区域金相组织均为正常回火马氏体，如图 3-34 所示。

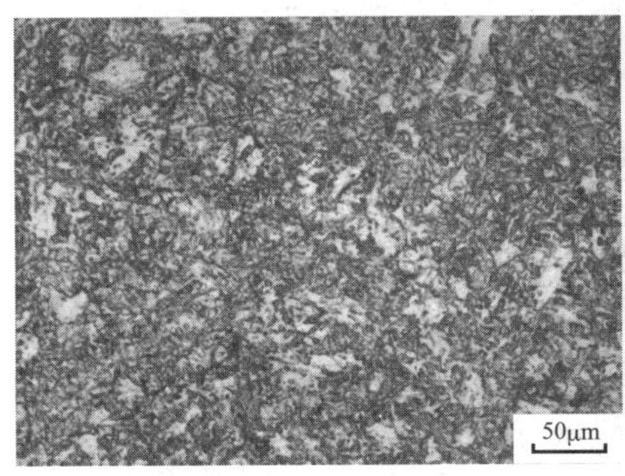

图 3-33　高温过热器出口管道硬度不合格区域组织

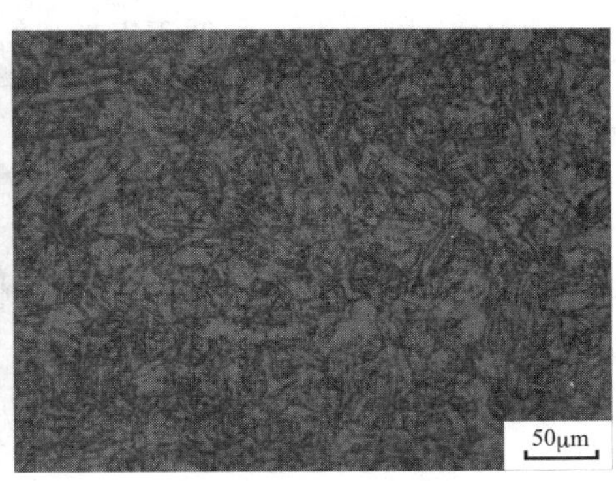

图 3-34　高温过热器出口管道硬度合格区域组织

对发现母材硬度偏低部位应进行金相检验复验，检验组织是否异常，对发现存在组织异常的管段应尽快进行更换，对组织正常的管段应定期加强监督检验。

二、焊接缺陷

【案例 3-24】P91（P92）材质管道焊缝硬度偏低

P91（P92）材质管道在配管制造过程中，因热处理时控制不当，如在整体热处理炉内靠近火焰的部位由于加热温度高于标准要求从而导致局部硬度偏低；另外，在现场安装过程中，对安装焊缝进行热处理时由于热电偶布置不合理，导致在加热块包覆的局部位置存在硬度偏低现象。

2014 年，对某电厂 1 号超临界锅炉进行内部检验时，发现高温再热蒸汽管道 8 号安装焊缝附近直管（焊缝另一侧为 30° 弯头）母材距焊缝 300mm 范围内偏炉右侧半圈局部硬度偏低，硬度最低值为 140HBHLD，如图 3-35 所示。

图 3-35　高温再热蒸汽管道母材局部硬度偏低

应加强对 P91/P92 材质母材及焊缝硬度检查，对于硬度偏低部位应进行金相检验复验，检验组织是否异常，对发现存在组织异常的母材或焊缝应尽快进行更换；对于组织正常的母材或焊缝应加强监督检验。

【案例 3-25】P91 材质导汽管现场热校后金相组织异常，硬度下降

某电厂 600MW 超临界锅炉安装过程中，屏式过热器小集箱至屏式过热器出口汇集集箱导汽管（材质为 SA335-P91，规格为 $\phi168 \times 30$mm）4 根、末级过热器入口汇集集箱至末级过热器小集箱导汽管（材质为 SA335-P91，规格为 $\phi168 \times 25$mm）28 根、末级过热器小集箱至末级过热器出口汇集集箱导汽管（材质为 SA335-P91，规格为 $\phi219 \times 40$mm）11 根，由于制造尺寸存在偏差，造成安装现场无法正常对口焊接，由锅炉厂分包单位提供了弯管校正工艺，安装单位进行校正工作。弯管校正后，对校正部位进行硬度检查，发现部分弯管硬度值 HB 低于 140，远低于未加热管段硬度，进行金相组织抽查后发现存在大量块状铁素体，组织异常，如图 3-36 所示，未校正部位的正常金相组织为回火马氏体，如图 3-37 所示。

经分析，执行了不完整的校正处理工艺是造成连通管校正部位硬度下降和金相组织异常的原因。

按照 ASTM A335/335M-18《高温用无缝铁素体合金公称管》中规定，P91 钢的最终热处理工艺包括：

（1）在 1040~1080℃恒温，以保证合金元素的充分固溶，并通过空气冷却到马氏体转变终了温度 M_f 点（约 140℃）以下，形成完全的淬火马氏体组织。

（2）730~800℃的高温回火，使硬度适当降低，析出适量的强化相，以得到完全的回火马氏体。

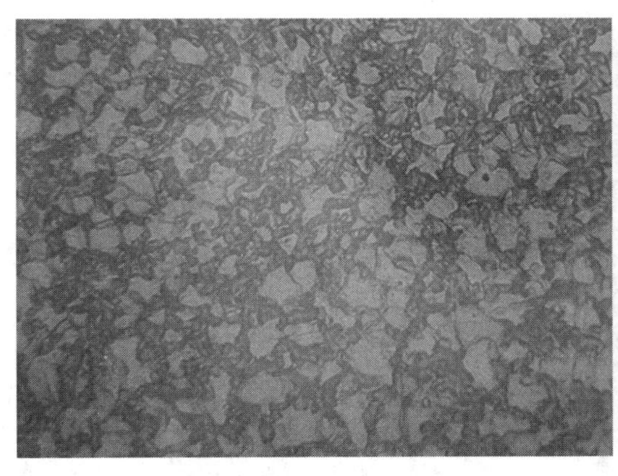

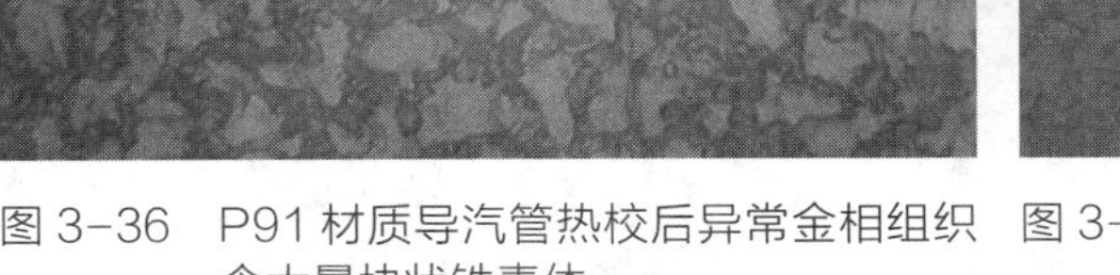

图 3-36　P91 材质导汽管热校后异常金相组织含大量块状铁素体

图 3-37　P91 材质导汽管正常金相组织回火马氏体

锅炉厂分包单位提供的弯管校正工艺规定：校正好后直接进行回火处理，在原来的校正温度 1040℃不控温降至回火温度 770℃（760~790℃范围内均可），然后保持恒温约 1.2h，再按小于或等于 150℃ /h 的速度降温，降温至 300℃以下可以不控温。未按要求进行热校后最终热处理工艺，导致热校后的导汽管金相组织异常，硬度低。

因此，现场对热校后的 P91 材质导汽管进行了正火 + 回火的最终热处理。处理后经检验，在导汽管热处理中部的温控区，金相组织、硬度均正常。但在现场处理过程中，由于加热温度达到 1040℃，处理工作量大，操作困难。并且在加热保温的边缘过渡区，由于温度无法保证，金相组织和硬度均难以完全保证正常。

制造尺寸存在偏差，造成安装现场无法正常对口焊接，是导致导汽管在现场出现问题的根本原因。制造厂家应严格控制工艺，保证制造尺寸的精度；安装单位应及时进行尺寸测量，发现问题由制造厂家在工厂处理，方能保证处理的效果。

【案例 3-26】安装工艺不当造成低温再热蒸汽管道焊缝组织异常

某 600MW 超临界机组 1 号锅炉安装阶段监督检查时发现低温再热蒸汽管道与堵板阀相连安装焊缝组织异常，有明显的网状铁素体，具有魏氏体组织特征，如图 3-38 所示，低温再热蒸汽管道规格为 $\phi635 \times 17$mm，材质为 SA-106C。

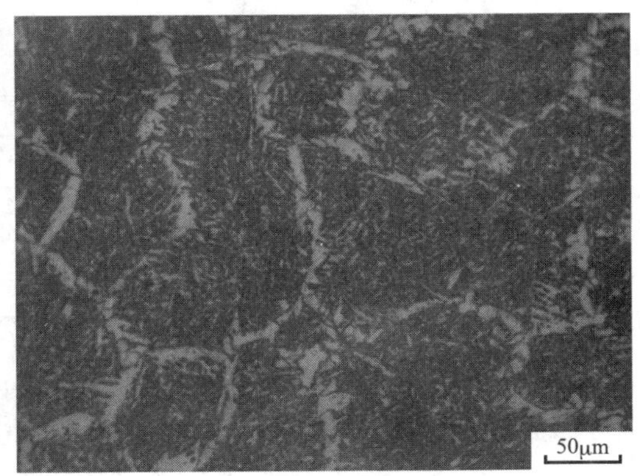

图 3-38　低温再热蒸汽管道安装焊缝组织异常

经调查分析，安装时采用焊条直径为 5.0mm，焊接时热输入量大，且未进行焊前预热及焊后缓冷，由于低温再热蒸汽管道管径大、壁厚薄，且与堵板阀相连，焊接时冷却速度快，所以造成焊缝魏氏体组织产生。

【案例 3-27】制造工艺控制不当造成大量 P92 钢管道焊缝存在裂纹、未熔合缺陷

某电厂 5、6 号锅炉为 2 台在建 600MW 超超临界参数锅炉，型号为 HG1795/26.15-PM4。5 号锅炉基建安全性能检验中，对主蒸汽管道、再热蒸汽管道的配管厂家进行检查

时，发现配管厂家 P92 钢焊缝多次发生内部裂纹、未熔合、表面裂纹等缺陷，如图 3–39 所示，但未能引起配管厂家的重视，继续施工，最终导致大量 P92 钢焊缝不合格，且未全部完成焊接而搁置的情况，如图 3–40 所示。

图 3–39　P92 钢管道焊缝的表面裂纹

图 3–40　因质量不合格而未完成 P92 钢管道焊接

现场调查分析认为，配管厂家虽然有较多电厂四大管道等工厂化配管的生产经验，并且于 2006 年就完成 P92 钢的有关焊接工艺评定。但该配管厂以前从未开展过 P92 钢管工厂化配管项目，现场施工经验不足，在焊接现场，在焊材选用、操作手法、层间温度控制等方面均控制不当，导致焊接质量不良。

鉴于配管厂由于缺乏 P92 钢的焊接经验，出现问题后不能及时处理，因此，更换了两台机组主蒸汽管道和再热蒸汽管道的配管厂家，对出现裂纹的 P92 钢焊缝全部彻底清除，重新制造加工。

【案例 3–28】安装工艺控制不当，造成大量 P92 钢管道焊缝存在裂纹等缺陷

在超（超）临界锅炉集箱、管道中，大量使用 P91/P92 钢。其焊接工艺要求严，如焊接预热温度明显降低，层间温度控制要求高，焊接输入热量控制要求高，焊后热处理应先冷却到 100℃以下才能进行，且应一次性连续焊接等。因此，应加强制造、安装中焊接工艺控制和现场热处理质量控制，并应对表面检测、硬度检验提出明确要求。

现场检验中曾发现过由于焊接工艺及热处理工艺控制不当，导致主蒸汽及再热蒸汽热段管道焊缝出现大量内部超标缺陷情况。某电厂 1 号超超临界锅炉投运 1 年后进行首次 B 修，对主蒸汽管道、高温再热蒸汽管道共 71 道 P92 材质焊缝进行超声波检测，发现 7 道安装焊缝存在多处超标缺陷，34 道焊缝存在记录缺陷。

【案例 3–29】制造或安装工艺不当造成焊缝超标缺陷

制造或安装过程中，因工艺控制不当，容易造成焊缝存在超标缺陷，图 3–41 所示为某台 600MW 机组锅炉低温过热器出口至屏式过热器连通管安装焊缝坡口边缘存在超标缺陷，现场及时进行返修，避免了缺陷的扩展。图 3–42 所示为某台锅炉主蒸汽管道导汽管座制造焊缝裂纹，共有 4 个导汽管座，其中发现 3 个管座角焊缝存在表面微裂纹。在制造及安装过程中，因为仪表、导汽管座等焊缝存在焊接结构应力过大或仪表管座中存在异种钢焊接等综合影响，所以易产生焊接质量问题。

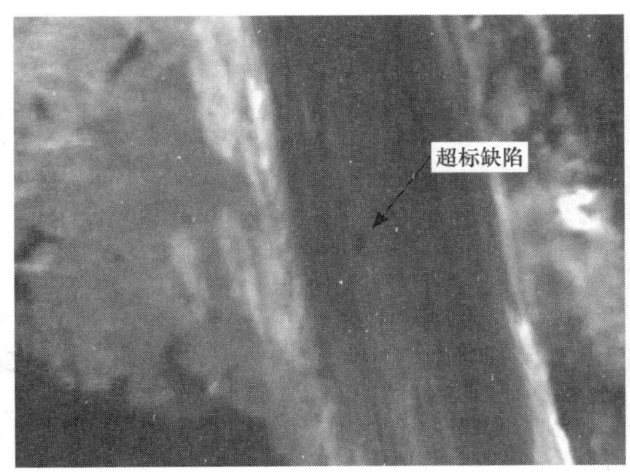

图 3-41　低温过热器至屏式过热器连通管安装焊缝超标缺陷

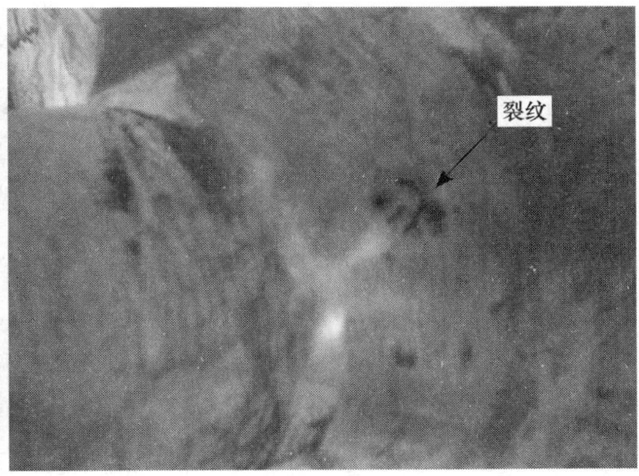

图 3-42　主蒸汽管道导汽管座制造焊缝裂纹

【案例 3-30】阀门因结构设计或制造工艺不当造成的阀体裂纹

超（超）临界锅炉使用的铸件材料等级较高，且锅炉厂均将堵板阀等大型铸件的制造进行了分包，由于铸造技术不成熟，导致大量堵板阀等大型铸件质量不合格，存在诸如裂纹、疏松、砂眼、缩孔等缺陷；又因铸造阀体内部应力过大、应力释放期过长，造成大量超（超）临界锅炉堵板阀、止回阀等在长期运行过程中应力释放造成阀体外表面尤其在肩部位置存在大量表面裂纹。近年来，加大了对四大管道堵板阀、止回阀等阀体内、表面质量的检查力度，发现新建机组的阀门及在役机组阀门均有裂纹等缺陷出现。

进行某电厂 600MW 超超临界机组锅炉安装阶段检验时，发现 1 号锅炉主蒸汽堵板阀表面存在裂纹，如图 3-43 所示，对堵板阀表面裂纹进行清除发现，新堵板阀产生表面裂纹主要是由于堵板阀阀体内部存在疏松、砂眼等缺陷，在加工或热处理过程中扩展而产生，需清除该缺陷才能达到彻底清除裂纹目的。

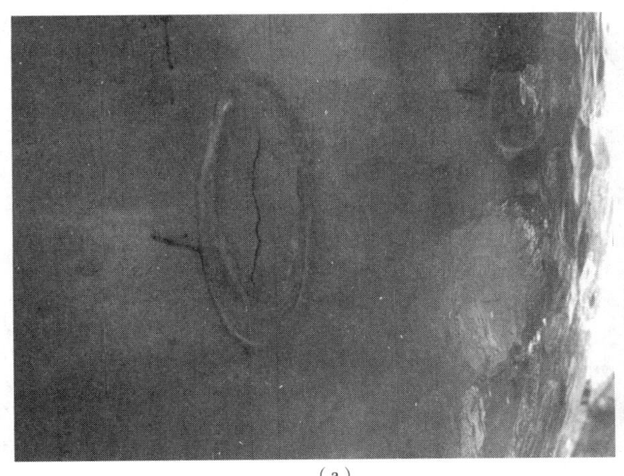

（a）

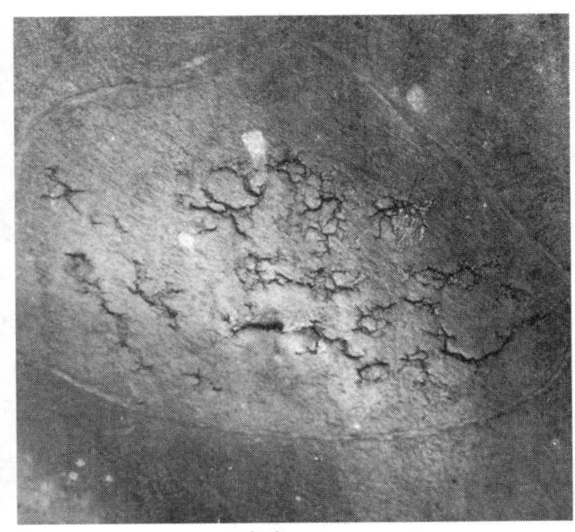

（b）

图 3-43　堵板阀表面缺陷形貌

（a）位置图；（b）放大图

三、炉外管道

炉外小口径管道具有种类繁多、数量较大、分布范围较广等特点，在实际工作中也容易被忽视，炉外管道爆管难以控制，会对人员安全构成巨大威胁，严重时甚至会发生恶性事故，严重影响机组安全，因此，必须引起重视。尤其在基建阶段，炉外小口径管道由安装单位二次设计，提供材料及安装验收，稍有不慎，会留有严重的安全隐患。

1. 炉外管道基建阶段典型案例

（1）材质使用错误或材料设计与实际工况不符。

（2）焊接缺陷。

（3）热处理工艺不当或未按规程要求进行焊后热处理。

（4）未按要求进行检验。

2. 基建阶段炉外管道管理

（1）对合金钢汽轮机和锅炉外管的材质、规格进行100%复查确认，对于需要热处理的焊缝特别是T91/T92材质焊缝应进行100%硬度检查，确保焊后热处理到位。

（2）对运行压力大于或等于9.8MPa及运行温度大于或等于450℃的汽轮机和锅炉外管焊缝进行100%的射线探伤，全部直管和弯头测厚，管座焊缝磁粉和超声波探伤，应确保检测到位。

（3）对其他汽轮机和锅炉外管道二次门前焊缝进行10%射线探伤抽查，管座焊缝磁粉探伤，一、二次门前弯管测厚。

（4）建立汽轮机和锅炉外管道动态管理技术台账，至少应包括管系立体走向图、焊口及弯头数量、材质规格和更新改造等技术参数。

（5）建设单位应督促安装单位做好汽轮机和锅炉外管二次设计工作，并组织对设计技术图纸进行审查。

（6）委托有资质的锅炉压力容器检验机构，开展对水压试验范围外的汽轮机和锅炉外管安装质量的监督检验和验收。

（7）做好技术资料的移交工作，建立动态管理技术台账。

第四节　大板梁、管道支吊架等承重部件

一、大板梁

大板梁、钢结构等承重部件一般是锅炉厂外委生产，因此制造质量问题普遍较多且不便跟踪检查，在制造过程如不能有效控制焊接工艺和质量，可能在焊接接头部位出现咬边、未焊满、冷裂纹等缺陷，缺陷扩展导致板梁断裂等严重事故。针对这类问题，尽量采取生产期间在生产现场对承重部件进行跟踪检验的措施，以便尽可能早地在制造现场发现问题并及时处理，以免把制造缺陷带到安装现场，保证设备返修质量及最终焊接质量，在检验的同时起到部分设备监造的作用。

【案例 3-31】焊接及热处理工艺不当造成大板梁断裂

某电厂 600MW 机组在安装阶段，承重大板梁钢板发生断裂，见图 3-44，材料为 Q345B，钢板厚度为 90mm。钢板断裂时已经承载，断口裂纹源指向钢板上部的角焊缝处，断口宏观形貌见图 3-45，由于在 T 形接头焊接后进行了补焊，补焊及热处理工艺控制不当，使焊缝热影响区产生焊接冷裂纹，在安装过程中承重弯曲应力作用下裂纹加速扩展，最终导致大板梁断裂。

图 3-44　大板梁钢板断裂宏观形貌

图 3-45　大板梁钢板断裂断口宏观形貌

【案例 3-32】焊接及热处理工艺不当造成大板梁焊缝裂纹缺陷

某电厂 600MW 机组在锅炉安装阶段对 1 号锅炉大板梁进行安全性能检验过程中，经磁粉检测发现 MB6 大板梁上叠梁后侧从固定端数起第 2 块主筋板与腹板角焊缝靠中翼板内侧存在 2 条各长 15、50mm 裂纹；炉后侧从固定端数起第 2 块筋板与腹板角焊缝内侧存在长约 500mm 裂纹，见图 3-46；炉后侧从固定端数起第 4 块筋板与腹板角焊缝外侧存在长约 100mm 裂纹，见图 3-47。经过扩大检查，该电厂 1、2 炉的所有筋板与腹板焊缝均不同程度存在类似裂纹。经过到制造厂家调查，发现主要是在制造的焊接及热处理过程中，工艺控制不当造成的，且未进行相应检测，导致的不合格产品进入施工现场。

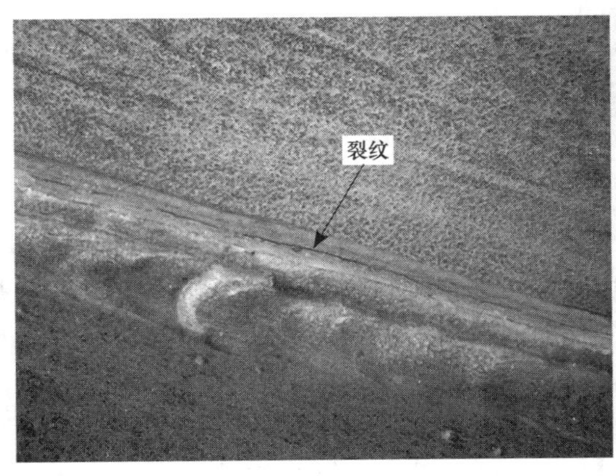

图 3-46　第 2 块筋板与腹板角焊缝裂纹

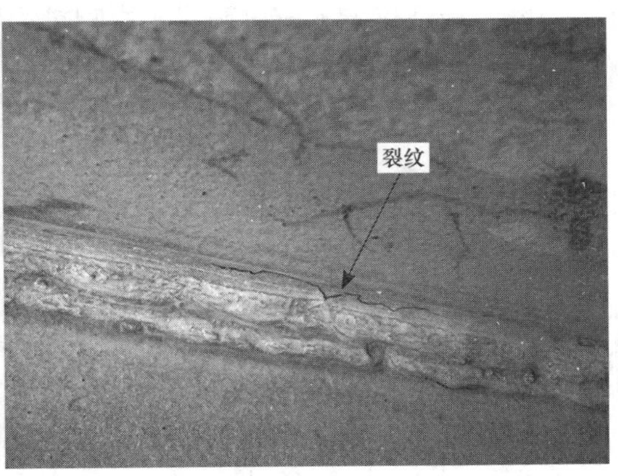

图 3-47　第 4 块筋板与腹板角焊缝裂纹

二、钢结构

【案例 3-33】焊接工艺不当导致的钢结构翼板焊缝裂纹

某电厂 1000MW 机组 5 号锅炉基建阶段安全性能检验过程中，对锅炉承重钢架立柱钢结构进行制造质量验收时，炉一层 T03、T18、T27 号立柱腹板与翼板角焊缝磁粉检测发现多处存在裂纹，长约 100mm，如图 3-48 所示。

【案例 3-34】炉墙刚性梁疏形板与张力板定位焊接导致膨胀受阻

锅炉安装过程中，为了便于安装，安装单位往往把疏形板与张力板再次焊接固定，待炉墙安装完毕后，再进行清除，但是，实际安装过程中存在未清除或未清除干净现象，如图 3-49 所示，导致疏形板与张力板固定，从而造成运行时膨胀受阻，严重影响锅炉运行安全。

图 3-48　钢结构承重立柱与腹板角焊缝裂纹

图 3-49　部分刚性梁定位焊缝未清除干净

因此，在基建安装阶段，应严格核查膨胀、密封部位，严格按设计要求施工；核查刚性梁与张力板连接方式，以确保不影响投运后的水冷壁自由膨胀。

三、炉顶承重部件

【案例 3-35】螺栓未按设计要求施工留有安全隐患

某沿海电厂 1 号锅炉为哈尔滨锅炉厂制造的直流锅炉，锅炉型号为 HG-1135/25.4-YM1，2015 年 7 月投运，2018 年首次内部检验时对炉顶吊架进行检查发现：部分支吊梁与支承梁未见螺栓连接，如图 3-50 所示；经查相应的设计图纸可知，炉顶支吊梁与支承梁应为螺栓连接，如图 3-51 所示。

支吊梁与支承梁未用螺栓固定连接，可能造成炉顶吊架支吊梁在大台风中造成移位，存在严重的安全隐患。因此，基建阶段应重点针对所有大板梁、钢结构及其炉顶所有的支吊梁与支承梁连接情况进行 100% 检查，应与设计图纸进行核对，并及时按设计要求进行恢复处理。

图 3-50　炉顶后侧右数第二个支承梁与支吊梁部分未见螺栓连接

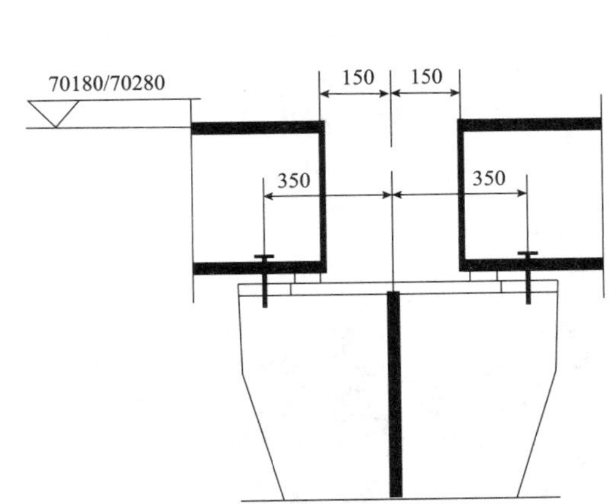

图 3-51　设计图纸要求支吊梁与支承梁采用螺栓连接

四、管道支吊架

1. 错用型号

【案例 3-36】支吊架弹簧吊架管夹错用小型号规格导致断裂

锅炉管道众多，支吊架的型号选用错误可能导致严重故障。某电厂超临界机组 1、2 号锅炉因主蒸汽管道支吊架弹簧吊架管夹采用规格较设计小，导致断裂。在主蒸汽管道出口第二段垂直管段弹簧吊架管夹均同一位置断裂，1 号锅炉主蒸汽管吊架管夹断裂形貌见图 3-52。经试验分析，管夹化学成分、力学性能符合标准要求，金相组织正常，断口具有低周疲劳断裂特征。

主蒸汽管道弹簧吊架设计布设位置、管部选用均符合相关标准要求。根据设计图纸进行核查发现实际选型与设计选型不符，断裂管夹实际选型为 D9 型，而设选型为 D9A 型，断裂管夹宽度比设计值减少 40mm，壁厚比设计值减少 4mm，最大工作应力低于设计最大结构载荷 29.2%。因此，错用型号，导致管夹规格严重低于设计要求是导致断裂的主要原因。

根据设计图纸对 2 台锅炉主蒸汽管道支吊架进行核查，发现共有 8 组支吊架管夹存在同类选型错误。由于及时更换了这些不合格管夹，从而避免了主蒸汽管道可能发生塌落的恶性事故。

图 3–52　断裂的主蒸汽管道支吊架弹簧吊架管夹

2. 设计未考虑吊杆被阻挡，导致膨胀受阻

【案例 3–37】支吊架设计未考虑现场实际而导致膨胀受阻

（1）某电厂同时在建 4 台超临界机组，首先安装的是 2 号和 3 号机组。基建安装过程检查发现，主蒸汽管道 2 号和 9 号恒力吊架设计未考虑吊杆的热位移，使得安装后根部吊杆紧靠加强板，导致 *X* 向热位移受阻，如图 3–53、图 3–54 所示，对阻碍吊杆热膨胀的隔板进行割除。对 2 号机组吊架进行消缺后该段管道热态运行正常，3 号机组由于安装单位未及时消除吊杆热膨胀受阻，导致三级过热器出口炉左、炉右两侧热位移差达 100mm，极大地增加了管道的二次应力，如不能及时解决，长期运行，会导致管道出现应力集中，引发疲劳裂纹，甚至泄漏。经一再督促安装单位进行消缺，消缺后 3 号主蒸汽管道热态运行正常。

图 3–53　2 号吊杆热位移受阻

图 3–54　9 号吊杆热位移受阻

（2）某电厂 2 号机组热段 35 号刚性吊架靠 3 号机侧吊杆与混凝土墙已经接触，由于吊杆垂直方向无膨胀，但在水平方向有 120mm 的膨胀量，所以膨胀受阻，在吹管期间及时加大吊杆与混泥土墙的间距，避免了高负荷下热膨胀受阻增加管道的附加应力，如图 3–55 所示。

（3）某电厂 2 号机组 24 号（节点 19）恒力吊架吊杆及管部嵌在墙里，导致恒力吊架转动受阻，变为刚性，致使管道热膨胀受阻，见图 3–56。

图 3-55　35 号吊架吊杆膨胀受阻

图 3-56　恒力吊架吊杆转动受阻

（4）3 号机组，主给水 24 号吊架（节点 19）的横担被焊接的钢梁支撑，成为刚性吊架，导致膨胀向下受阻，见图 3-57、图 3-58。

图 3-57　24 号吊架的横担被焊接的钢梁支撑

图 3-58　横担与钢梁焊接图

3. 设计错误

【案例 3-38】设计存在偏差

设计单位存在未考虑现场实际设备变化要求，仍然沿用原设计情况或设计存在偏差。启动分离器引出管道安全阀两侧未设计安装抗安全阀排气阻尼器，如图 3-59 所示。

4. 安装工艺不当造成支吊架系列问题

电厂管道安装一般由安装单位完成，有些安装单位将管道支吊架的安装外委给其他单位进行，安装质量无法得到保证，常出现不按相关规程标准安装现象，如火焰切割拔销子、不按设计文件安装等，而监理人员可能缺乏管道支吊架专业知识，无法进行有效的监理监督。导致支吊架安装问题较多。如支吊架位置安装错误、热膨胀受阻、支吊架漏装、限位支吊架限位方向间隙过大、限位吊架限位方向安装错误、弹簧支吊架超载过载、刚性吊架脱空、横担倾斜、支吊架偏装不符合要求等。

【案例 3-39】支吊架位置安装错误

某电厂在建 3 号超临界机组，吹管期间发现主蒸汽管道 8 号双恒力吊架（节点 230）横担倾斜，炉右的恒力吊架失载，炉左正常，如图 3-60 所示。

图 3-59　安全阀两侧未安装抗安全阀排气阻尼器

图 3-60　主蒸汽管道 8 号吊架横担倾斜情况

经与设计图纸核查发现，主蒸汽 8 号吊架的炉右侧吊架设计为 0902-09，载荷为 19119N，其铭牌图号显示 J0902-05，载荷 20626N；而 4 号吊架的炉前吊架铭牌图号显示 J0902-09，载荷 19119N，这两个吊架的其中一个出现调换的安装错误，导致两个吊架向载荷大（20626N）的吊架倾斜。对该主蒸汽管道安装错误的 8 号、4 号双恒力吊架进行更换，更改后该吊架运行正常，如图 3-61、图 3-62 所示。

图 3-61　8 号吊架情况

图 3-62　4 号吊架上部情况

【案例 3-40】阻尼器行程处于极限位置，阻尼器向下行程受阻

某厂 1 号锅炉主蒸汽 ZZ10 号、热段 9152 号、冷段 Z1' 和 Z2' 阻尼器安装态行程处于极限位置（150mm），阻尼器向下位移受阻，阻尼器在热态会成为刚性吊架，阻碍管道向下热膨胀。此情况，阻尼器不能正常锁定，在安全阀排气时排气反冲力可能使阻尼器损坏，如图 3-63 所示。

(a)

(b)

(c)

图 3-63　阻尼器行程受阻情况
(a) 主蒸汽 ZZ10 号阻尼器;(b) 热段 9152 号阻尼器;(c) 冷段 Z2' 阻尼器

调整措施：先松吊杆顶端的锁紧螺母，旋转吊杆使阻尼器往下，使其刻度值为铭牌上的冷态值。

【案例 3-41】锁紧螺母未拧紧

某厂 2 号锅炉主蒸汽 ZZ12 号、热段 411 号阻尼器，主蒸汽 ZZ10 号吊架的锁紧螺母未拧紧，防松螺母装反，如图 3-64 所示。

(a)

(b)

图 3-64　吊架的锁紧螺母未拧紧
(a) 主蒸汽 ZZ12 号吊架的锁紧螺母;(b) 热段 411 号阻尼器

调整措施：正确安装防松螺母，拧紧锁紧螺母，建议安装单位检查所有支吊架螺栓，确保螺栓安装到位。

【案例 3-42】管部未紧贴所有承载肋板

某厂 1 号锅炉主蒸汽管道炉左两支管垂直段 Z35 号、Z26 号吊架管部未紧贴所有承载肋板，承载肋板受载不均匀，如图 3-65 所示。

（a）　　（b）

图 3-65　承载肋板受载不均匀情况

（a）Z35 号；（b）Z26 号

调整措施：调整吊架管部和吊杆的螺栓，使管部紧贴所有承载肋板。

【案例 3-43】铭牌已掉

某厂 1 号锅炉热段 1 号弹簧吊架右上弹簧铭牌已掉，不便于投运以后检查与维护，如图 3-66 所示。安装单位安装时应保持支吊架铭牌、刻度盘完好无损，并且不能涂漆。

【案例 3-44】弹簧吊架超载

热段 919 号炉左弹簧吊架超载，如图 3-67 所示。其锁定销未拔，弹簧指示却超载，锁定部位的焊接接头已经断开。

图 3-66　弹簧吊架铭牌遗失

图 3-67　弹簧吊架超载

【案例 3-45】间隙限位支架，间隙未按设计要求安装

（1）冷段 23 号、34 号 Y 向限位设计间隙两侧各为 2mm，而实际安装 23 号炉前间隙为 10mm，炉后间隙为 37mm；34 号炉前间隙为 15mm，炉后间隙为 10mm。

（2）冷段 Z2' 设计下间隙为 60mm，上间隙为 0mm，而实际安装下间隙为 70mm，上间隙为 3mm。

（3）热段 8 号间隙限位设计间隙炉前为 0mm、炉后为 116 mm、炉左为 0 mm、炉右为 103 mm；实际安装炉前为 25 mm、炉后为 100 mm、炉左为 5 mm、炉右为 20 mm。X 方向的间隙明显没达到 103mm。

（4）主蒸汽 ZXY20 间隙限位设计炉左为 76 mm，炉前为 194 mm；实测炉左为 96 mm，炉前为 145 mm。

调整措施：按设计图纸的间隙要求进行安装。

第五节　电站锅炉基建阶段防爆管措施

锅炉“四管”（省煤器、再热器、过热器、水冷壁）防磨防爆管理工作是发电企业安全生产管理的重要工作之一。在基建过程中，采取先进的安装工艺方法和管理措施，以防止机组投运后发生锅炉承压部件泄漏，是电力建设工程管理工作的重点，也是反映电力基建工程质量管理水平高低的重要标准。

针对锅炉设备安装前、安装过程和试运行期间 3 个阶段，制定防止锅炉爆管的技术措施。

一、安装前

（1）加强设计制造阶段审查，针对同类型曾出现过的典型结构、材质等设计制造缺陷，应要求设计制造单位有针对性地提出优化方案，避免类似问题再次发生；根据锅炉设计工况，复核部件设计材质是否能保证设计工况下的长期安全稳定运行；对锅炉所有由不同设计单位设计的接口部位的设计图纸进行复核会审，原则上应经过所有接口部位设计单位同意，存在争议时，按主要设备设计制造单位设计执行。

（2）锅炉部件到场后，按有关规程规范要求进行锅炉压力容器安装前安全性能检验工作。针对同类锅炉制造过程中发现的质量问题，应结合锅炉设备实际情况，制订锅炉产品质量监督检验大纲，确定重点检查部件及部位，确保检查到位。

（3）安装单位应严格按 DL 5190.2—2019《电力建设施工技术规范　第 2 部分：锅炉机组》对锅炉承压部件进行全面检查。重点检查有无裂纹、撞伤变形、机械损伤、龟裂、压扁、砂眼、气孔、漏焊等缺陷。受热面管子的外径、壁厚及其偏差值要符合要求。

（4）合金部件必须进行 100% 光谱复查，包括焊缝、两侧母材及其附件等，并在设备上进行清晰的标识。

二、安装过程

（1）受热面管排在组合和安装前，要制定通球试验的组织技术措施，按要求进行通球试验，监理工程师旁站监督，并做好通球试验标识和办理隐蔽工程签证手续。遇到管屏含节流孔等特殊原因无法进行通球试验时，必须联系监理、业主，并采取有效措施确认该管段无其他节流情况。

（2）加强集箱内部清洁度检查工作，确保两个 100% 检查落实。集箱及管道内窥镜检查应在地面组合前进行 100% 检查与清理，在集箱及管道最后一个封口前再进行一次内窥镜检查与清理，并做好检验标识签证，确保集箱及管道内部洁净。

（3）加强安装过程中外观质量检查，重点关注设备在吊重及运输过程中是否有机械磨损、碰伤及弯曲变形等情况检查与处理。

（4）切实做好安装过程中防止异物进入的措施，设备安装前，应保证管口封堵齐全；在施工过程中，应采取有效措施，防止安装过程中打磨头、焊条、金属屑等杂物落入管子。

（5）在吊装和对口过程中，杜绝强力对口，避免产生应力集中。禁止用大锤敲击管子。对受热面进行组合焊接时，要先垫置平整、牢固，找平后再进行对口焊接，降低管系应力水平。

（6）安装锅炉集箱、压力容器和承压管道等隐蔽工程时，要办理签证手续和登记制度。在设备上进行打磨、加工坡口时，要防止磨头、金属屑等进入。

（7）管排间隙要符合规范要求。尤其是边列管与炉墙的间隙，如间隙过小，运行过程或运行中会产生碰磨。

（8）加强机炉外管道安装质量管理，应加强疏放水管道、抽汽管道等管道材料及焊接监督管理，建立较为详细的机炉外管道台账，完善好机炉外管道的二次设计图纸、管道布置、材质规格等资料，并完成机炉外管道焊缝的焊接、热处理及检测工作，切实加强机炉外管道的管理基础工作，确保机炉外管道运行安全。

（9）严格控制焊接工艺、焊接及热处理过程质量，加强焊接质量检验结果分析与评价，进行阶段性焊接质量监督检查。

（10）加强锅炉部件不同制造单位或设计单位接口部位的设计审查（主要体现在锅炉制造厂、设计院、出渣口设计单位及锅炉附件设计单位等），并重点检查各接口部位的安装施工后质量，防止因不同设计单位设计不一致而造成接口部位设备存在安全隐患。

三、试运行期间

（1）加强蒸汽吹管后防止锅炉爆管技术措施：

1）应加强蒸汽吹管过程中温度监控，对蒸汽吹管过程超温的部件应重点检查与处理。

2）根据锅炉结构及蒸汽流向，制定进口集箱内窥镜重点检查部位，如两侧进汽中间集箱或两侧进汽的集箱中间部位等关键部位应进行 100% 内窥镜检查与处理。

3）加强过热器、再热器下部弯头异物的排查。

（2）加强热膨胀系统、密封部位检查，主要包括疏水管系疏水坡度、膨胀受阻检查以及穿顶棚密封检查、锅炉刚性梁、炉墙四周接口位置、中隔墙密封部位等，核查安装是否与设计一致，是否存在膨胀受阻情况。

（3）加强温度监测，防止锅炉受热面长时间超温。尤其是加强超临界锅炉中间温度的监测。

参考文献

[1] 谢国胜 . 超（超）临界机组锅炉检验 [M]. 北京：中国电力出版社，2015.

[2] 龙会国，龙毅，谢国胜 . 超（超）临界锅炉设备检验问题分析 [J]. 2008（12）：27–31.

[3] 屈国民，谢亿 . 超超临界机组基建锅检中典型问题及分析 [J]. 湖南电力，2012（6）：45–47.

[4] 龙会国，陈红冬，龙毅 . 电站锅炉部件典型金属故障分析及防止措施 [J]. 热力发电 .2011，40（6）：97–99.

[5] 龙会国，龙毅，陈红冬 . 300MW 机组锅炉“四管”泄漏检修分析 [J]. 热力发电 . 2010，39（4）：46–48.

第四章　在役锅炉典型共性失效案例分析

第一节　过热

过热失效是材料在一定时间内的温度和应力作用下出现的失效形式，是蠕变失效在电站锅炉高温部件的具体表现形式，主要发生在受热面管上。过热爆管分为长期过热爆管和短期过热爆管。长期过热爆管是在长时间的应力和超温作用下导致爆管，一般超温幅度不大，过程缓慢。短期过热爆管是超温幅度较高，在较短时间内发生的失效现象，有的短期过热爆管的超温幅度会高于相变点。

一、长期过热

（一）长期过热特征

管子长期在高温高压下运行，管材金相组织会发生老化，性能逐步退化，当达到一定程度时就会发生长期过热爆管。长期过热爆管实际是蠕变损伤的一种形式，对于过热器、再热器和水冷壁管，在正常运行温度情况下，或者存在一定超温幅度的情况下，金属会发生蠕变现象。出现微小的蠕变变形是允许的，但当出现蠕变开裂时就会造成长期过热爆管。一般认为长期过热爆管超温幅度不大，与短期过热爆管明显不同。但在正常温度下，由于长期在高温高压下工作，材料老化达到了蠕变后期也会发生长期过热爆管。长期过热爆管最容易发生在过热器、再热器管的烟气侧，有时也发生在水冷壁管。

造成长期过热爆管的主要原因是运行工况异常而造成的长期超温或管子超寿命状态服役等。

长期过热爆管的宏观特征是呈脆性爆管特征，爆口粗糙不平整，爆口较小，管壁减薄相对较小，管径在长期作用下有一定的胀粗，且向火（烟气）侧和背火（烟气）侧的胀粗明显不同，爆口周围存在较为严重的氧化膜，且在爆口周围存在许多纵向开裂裂纹，且宏观特征受超温幅度影响，超温幅度越高，爆管张口越大。微观特征是典型的沿晶蠕变断裂，在主断口附近有许多平行的沿晶小裂纹和晶界孔洞，珠光体区域形态消失，晶界有明显的碳化物聚集和“双晶界”特征。

近几年长期过热失效案例表明，受热面管内壁氧化膜过厚会影响传热效果从而造成长期过热，检修时应加强过热器管内壁氧化膜厚度检测及寿命评估；设计材质等级偏低，在长期运行过程中也会造成长期过热；另外，受热面管焊口内壁存在焊瘤、焊渣，弯管的弯曲半径过小造成截面的不圆度异常超标，受热面管内部部分面积被异物堵塞等情况，使得受热面管内部汽水流通面积减小，因此管子运行一段时间后，会过早出现蠕变损伤，从而导致长期过热爆管。

（二）长期过热典型案例

1. 受热面管内壁氧化膜增厚影响传热效果导致的长期过热

【案例 4-1】10CrMo910 管内壁氧化膜增厚导致长期过热爆管

某机组型号为 TGM00-4570-2575，英国巴布科克动力公司制造，锅炉型式为亚临界参数一次中间再热自然循环单汽包固态排渣“W”火焰煤粉炉，1991 年投运。2012 年 2 月 22 日，高温再热器第 17 屏第 7 根（前向后数）发生爆管。爆口位于高温再热器出口段 10CrMo910 与 F11 异种钢焊接附近 10CrMo910 侧，规格为 ϕ 51 × 5.4mm。

宏观检查发现：爆口长约 94.0mm，最宽约 4.5mm，爆口边缘直径为 51.3mm，涨粗不明显；外壁颜色较深，氧化严重，氧化皮最厚处约 2mm，爆口处存在结焦现象；管子内壁氧化严重，存在整圈氧化皮，最厚处约 1.2mm，如图 4-1、图 4-2 所示。

图 4-1　短期过热爆管宏观形貌

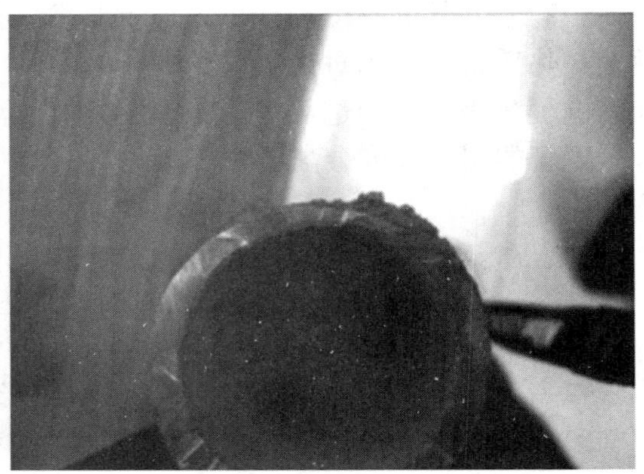

图 4-2　短期过热爆管内壁宏观形貌

对高温再热器第 17 屏第 7 根爆口处进行金相分析，为典型过热组织，贝氏体球化 5 级，内壁氧化皮厚度约 1190μm，远离爆口处组织为贝氏体，贝氏体老化 4 级，氧化皮厚度约 540μm，如图 4-3、图 4-4 所示。

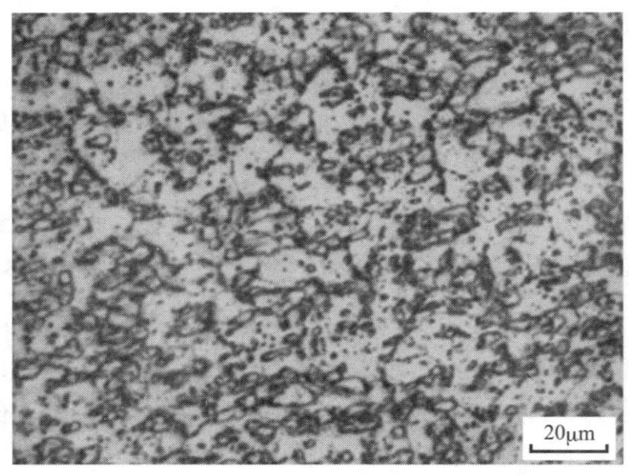

图 4-3　长期过热爆管显微组织

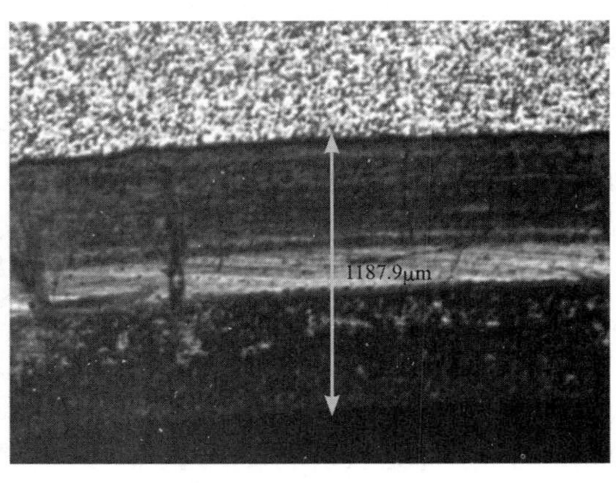

图 4-4　长期过热爆管内壁氧化膜厚度

对爆管取样进行力学分析，其中抗拉强度为423MPa，明显低于标准要求的450~600MPa范围，屈服强度为283MPa，断后伸长率为12.6%，低于标准要求的不小于20%。

综上所述，此次为典型的长期过热爆管。

【案例4-2】G102材质管内壁氧化膜增厚导致长期过热

某电厂2号锅炉为哈尔滨锅炉厂（简称哈锅）制造的超高压自然循环汽包锅炉，锅炉型号为HG670/140 — WM10，最大连续蒸发量为670 t/h，汽包压力为15.2 MPa、温度为350℃，过热器出口压力为13.72MPa、温度为540℃。该锅炉1989年11月投产，2011年9月，发生高温再热器59屏外1圈爆管，规格为ϕ 42 × 3.5mm，材质为G102。

宏观检查发现爆口具有典型长期过热特征，即管外壁、内壁存在较厚的氧化膜，爆口开口小，边缘无明显减薄，且无明显胀粗迹象。

对爆管取样进行机械性能试验分析，其中抗拉强度为469MPa，低于标准规定的540~735MPa范围；屈服强度为328MPa，低于标准规定的不小于345MPa要求。

对爆管取样进行金相分析，G102取样管内壁氧化膜厚度最厚约为1mm，G102材质爆管管金相组织为贝氏体，贝氏体老化5级，如图4-5、图4-6所示。

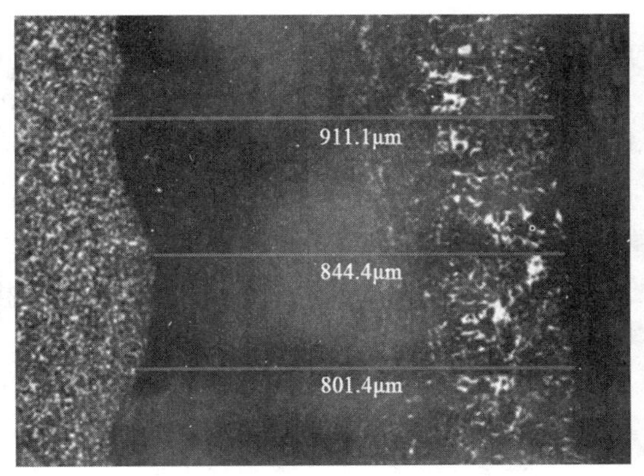

图4-5　G102管内壁氧化膜厚度

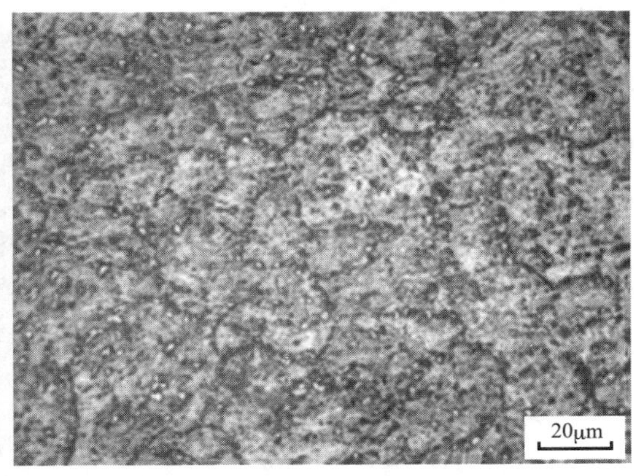

图4-6　G102取样管金相组织

综上所述，G102钢管长期运行过程中，内壁氧化膜增厚影响传热效果，导致长期过热爆管。

10CrMo910、G102类材质长期运行过程中容易造成管内壁氧化膜增厚影响传热效果而导致的长期过热，因此，运行10万h后应重点监测受热面管内部氧化膜厚度测量，避免长期过热泄漏。

2. 材质设计等级偏低导致长期过热

【案例4-3】高压旁路管道材质设计不当导致的长期过热爆管

某电厂1000MW机组于2013年3月投产，累计运行约13 255 h发现高压旁路阀后管道爆破。该机组过热蒸汽出口温度为600℃，再热蒸汽进口温度为360℃，高压旁路阀后管材质为A672B70CL32，规格为ϕ 863.6 × 30mm，高压旁路经阀门后，基本呈水平布置。

该机组高压旁路与再热器冷段相连，2015年1月，该机组1000MW满负荷运行，主蒸汽压力为25.75MPa，主蒸汽温度为604℃，高压旁路阀后温度为437℃，高压旁路阀后压力为4.73MPa，再热蒸汽温度为568℃。电厂进行机组性能试验，运行关闭高压旁路减温水调节阀、截止阀和手动门，以测试高压旁路阀泄漏量。6号机组汽机房发出异常声响，6B汽动给水泵汽轮机轴振大跳闸，辅助蒸汽集箱压力、6A汽动给水泵汽轮机进汽压力快速下降。检查发现汽轮机高压旁路阀后至冷段管道爆裂落到8m平台，如图4-7、图4-8所示。

图4-7　高压旁路爆管现场

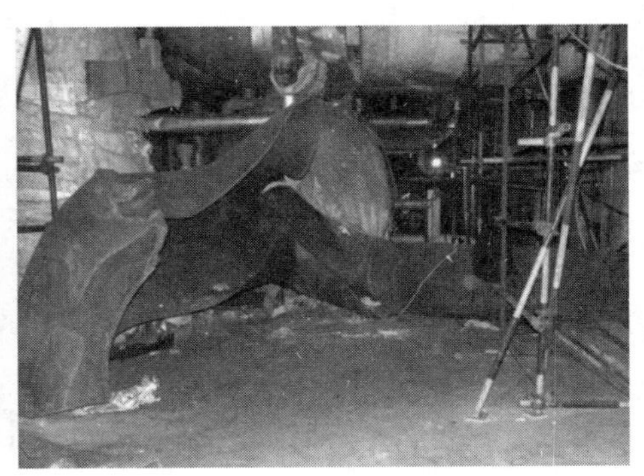
图4-8　高压旁路爆管宏观形貌

在高旁阀后管道上选取4点进行表面硬度测试，爆口边缘壁厚较薄部位硬度HBHLD值为142，环向距爆口边缘最薄部位约1m处硬度HBHLD值为153，冷段侧直管硬度HBHLD值为149，均符合DL/T 438—2016《火力发电厂金属技术监督规程》、ASTM A672《中温高压用电熔化焊钢管》中规定B70CL32规定的母材硬度130~197HB范围。

现场对爆管边缘、冷段直管等进行金相检验，冷段直管金相组织为铁素体+珠光体，球化1级，如图4-9所示，爆口附近胀粗最严重区域金相组织为铁素体+珠光体，球化相对最重，4级；蠕变损伤显著，4级，如图4-10所示。

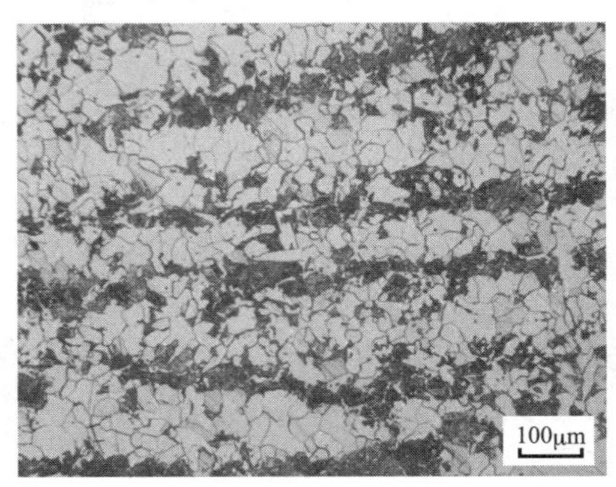

图4-9　冷段直管段金相组织

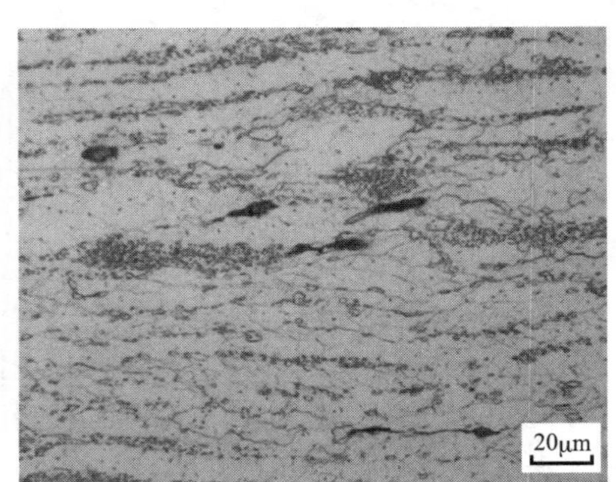

图4-10　爆口附近金相组织

高压旁路阀后管道设计温度上限为382℃，阀后管道材料为ASTM A670B70CL32，由GB 50764—2012《电厂动力管道设计规范》可知，A672B70CL32材料的使用温度上限为425℃。针对高压旁路阀后管道而言，当管道超过382℃（管道的设计温度上限）运行就是超温运行；当管道材料壁温明显超过425℃时，服役过热引起性能明显劣化和组织明显球化。

由高压旁路阀后管道的运行参数曲线可见：管道爆破前，汽温测点显示有3715h的超温服役历程，两段超温时段的最高值分别为 496℃和 437℃，考虑到首先爆破位置的壁温比汽侧测点偏高，可知高压旁路阀后管道存在较大幅超温运行情况。

由检修情况可见，高压旁路阀共检修了 3 次，每次检修后据记录存在蒸汽内漏或轻微内漏现象，阀后汽温测点也监测到了存在两个时段的高压旁路阀蒸汽内漏引起汽温升高的情况；另外管道爆破时的超温温度约为 511℃，爆破时的内压环向应力约为 240MPa。结合阀后直管不同部位的壁温在直管纵向差异较大的情况，综合分析认为高压旁路阀蒸汽内漏为引起管道局部较大幅超温及材料过热的原因。

综上所述，管道爆破的原因是高压旁路阀蒸汽内漏造成阀后管道局部区域较长时间较大幅度的超温，从而引起材料的蠕变损伤和管径胀粗壁厚减薄的逐渐变形，使得该区域材料高温强度的逐渐降低及内压环向应力的逐渐升高，当材料的高温规定塑性延伸强度低于内压环向应力后该区域发生失稳，导致快速塑性胀粗变形直至爆破。

爆口附近材料组织明显球化、性能明显劣化及蠕变损伤显著等特征都说明高压旁路阀后管道所用 A672B70CL32 材料不能满足在高压旁路阀蒸汽内漏工况下长期安全使用的性能要求。

管道爆破的失效类型为长期过热下的蠕变断裂。

针对超（超）临界及以上机组高压旁路管道设计、运行及检修措施：

（1）高压旁路制造厂家无论采用哪种减温方式，目的均是实现汽、水在最短距离内充分混合，二次雾化效果最好，雾化距离短，达到良好减温效果。但在一些特殊的工况下如阀门内漏、阀门开度较小时，会出现混合不均匀，阀体和出口管道局部管壁温度与混合后蒸汽温度存在较大温差的情况。考虑此种情况，混温段管道的设计应严格按照 GB/T 32270—2015《压力管道规范 动力管道》和 GB 50764—2012《电厂动力管道设计规范》中减温管道的标准选取设计温度，即应按主蒸汽参数等焓求取在再热器冷段设计压力下的温度作为设计温度，保证设备本质安全。

（2）应将机组高压旁路采用过渡段结构，阀门后管道过渡段材质为 A6912-1/4CrCL22 及以上等级材料。

（3）机组高压旁路阀和阀后管道沿流程增加管壁温度测点，以监测到可能出现的最高金属壁温，并在控制系统中增设该管段金属壁温报警，引入寿命管理系统。

（4）加强运行管理和技术培训。要求所有电厂梳理运行规程中与高压旁路阀以及相关设备、管道有关的内容，梳理控制系统与高压旁路阀及减温水相关的逻辑。对于各工况下高压旁路减温水的流量应认真研究，补充操作细则，使运行人员能够按照曲线、按照数据、按照细则操作高压旁路减温水系统，避免操作的随意性；增加相关控制逻辑，实现减温水系统自动投退、自动调整，避免人工调整的延迟和失误。

（5）投运后加强高压旁路阀检修的管理。

二、短期过热

（一）短期过热特征

造成短期过热爆管的主要原因是锅炉工质流量偏小、炉膛热负荷过高或炉膛局部偏烧、管子堵塞等。

短期过热爆管的宏观特征是管径有明显的胀粗，管壁减薄呈刀刃状，一般爆口较大，呈喇叭状，典型薄唇形爆破，断口微观形貌为韧窝。微观特征是爆管后的组织发生明显变化，管壁温度在 A_{C1} 以下时，组织为拉长的铁素体和珠光体，管壁温度为 A_{C1}–A_{C3} 或超过 A_{C3} 时，其组织取决于爆破后喷射出来的汽水冷却能力，可分别得到低碳马氏体、贝氏体、珠光体和铁素体，爆破口周围管材的硬度显著升高。

异物堵塞是经常发生短期过热爆管的主要原因，异物存在的原因可能存在制造、运输、安装以及检修过程等各个环节中，制造及安装过程中存在的异物可能在早期凸现。异物堵塞一般为金属杂物、加工残留物、焊渣、锈皮与氧化皮、检修与安装遗留物等堵塞节流孔或弯管，节流从而影响受热面传热而引起过热爆管；在役机组运行中发生因工艺件、结构件脱落引起异物堵塞造成的过热爆管和受热面管子胀粗现象。当管子内壁焊口根部存在焊瘤、错口等微小焊接缺陷时，很容易挂住异物，因堵塞管子而发生爆管。过热器管、水冷壁管入口集箱节流孔孔径小，是水循环的喉径，一旦存在异物，就容易在此堵塞。异物还会堵塞排管的下弯，当堵塞面积较大时，会严重影响热量交换，从而发生短期过热爆管。奥氏体不锈管在高温下会形成氧化皮，且容易脱落，出现堵塞的现象。这些均为短期过热爆管的重要原因。

因而应加强锅炉内部构件以及与蒸汽相连通的部件内部构件的质量管理，遗留在内的工艺件、结构件材料使用应正确。加强相应部位如水冷壁分配集箱、水冷壁底部进口集箱、低温再热器进口集箱、高温过热器进口集箱、减温器等内部异物的检查与清理，防止内部构件在运行过程中脱离，造成管孔堵塞。

应关注超（超）临界锅炉不锈弯管内氧化皮堆积堵塞问题，每年至少检查 1 次，宜用磁性检测法检查。

（二）短期过热典型案例

1. 结构件脱落堵塞造成短期过热爆管

【案例 4-4】水冷壁异物堵塞导致短期过热

某 300MW 发电机组的 1025t/h 亚临界压力一次中间再热自然循环汽包锅炉，2001 年 5 月 25 日投入运行。2010 年 3 月 4 日，在前侧水冷壁发生泄漏，泄漏位置为前水冷壁从右向左数第 81 根，标高约 25m 处。材质为 20G，规格为 ϕ 63.5 × 8mm。

对取样管进行宏观检查：

（1）爆口张口较大，边缘有减薄现象，爆口长约 11cm，最宽处约 4cm，爆口边缘呈刃形。

（2）爆口附近及上下约 10m 均存在严重胀粗现象，上次更换后的新管段也存在明显胀粗现象，爆口附近管径为 69.70mm，距爆口 1m 处管径为 67.28mm，均存在明显涨粗。爆管爆口宏观形貌如图 4-11 所示。

图 4-11　爆管爆口宏观形貌

现场检查泄漏管附近管排未发现异常。

对爆管取样进行金相分析，管子爆口侧金相组织与背火侧组织存在明显差异，爆口侧金相组织发生相变，而背火侧金相组织稍正常，为铁素体 + 珠光体，球化 1 级，如图 4–12、图 4–13 所示。

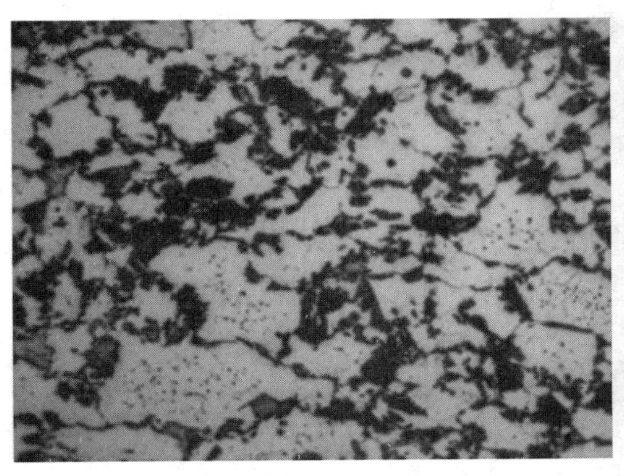

图 4–12　爆口附近位置金相组织 4% 硝酸酒精溶液（500×）

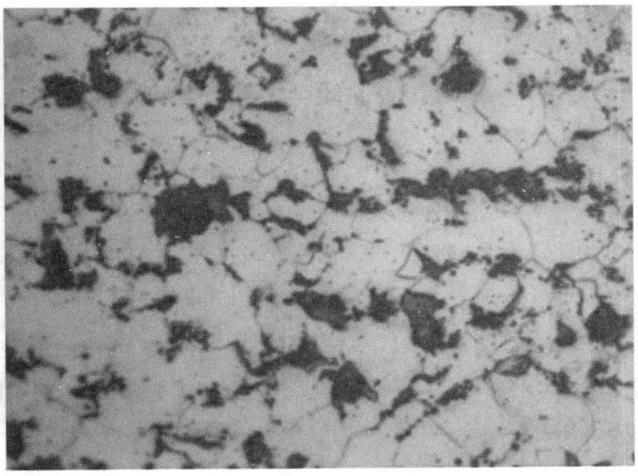

图 4–13　背火侧金相组织 4% 硝酸酒精溶液（500 ×）

现场对水冷壁进口集箱内进行内窥镜检查，发现存在大量汽包附件遗留物，清理出来的汽包内附件形貌如图 4–14 所示。

图 4–14　水冷壁进口集箱内异物形貌

综上所述，为异物堵塞造成的短期过热爆管。

水冷壁进口集箱内异物主要来源于汽包附件脱落、水冷壁进口集箱内附件脱落，检修不当造成异物进入堵塞也会造成短期过热爆管，因此，应加强汽包内附件管理，防止脱落进入水冷壁进口集箱内；加强检修过程控制，做好防止异物进入措施，确保锅炉内部洁净。

【案例 4–5】高温过热器短期过热爆管

2012 年 6 月 11 日，某电厂 300MW 机组 1 号锅炉高温过热器发生爆管，停炉检查发现位置为高温过热器前屏左数第 19 屏第 6 根，材质为 12Cr1MoVG，规格为 ϕ 57 × 8mm。取爆管管样第 19 屏第 6 根、正常管样第 8 根高温过热器管进行失效原因分析。

对爆管进行宏观检查，原始高温过热器左数第 19 屏第 6 根爆管宏观形貌如图 4–15 所示，爆口呈喇叭状，爆口尺寸为 113mm × 98mm（纵向长 × 宽），爆口边缘减薄严重，最薄处为 1.40mm，爆口两侧有向外延伸的裂纹，爆口附近均存在胀粗现象，离爆口约 40mm 涨粗为 66.70mm。

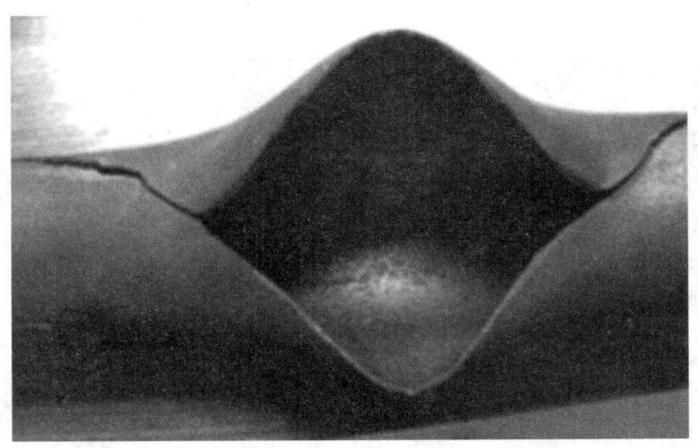

图 4–15　高温过热器爆口形貌

力学性能试验、化学成分分析结果均符合 GB/T 5310—2017《高压锅炉用无缝钢管》要求。

对取样管进行金相分析，其组织均为铁素体 + 珠光体，其中第 19 屏第 6 根发生爆管喇叭爆口处的金相组织为珠光体 + 铁素体，沿爆口方向塑性变形，如图 4–16 所示；高温过热器第 19 屏第 8 根取样管金相组织为珠光体 + 铁素体，为正常管进行组织，如图 4–17 所示；其中爆管样金相组织与正常管样金相组织存在明显差异，说明爆管样金相组织存在因温度超过 A_{C1} 相变温度而产生的新相。

图 4–16　爆口附近金相组织 4% 硝酸酒精溶液

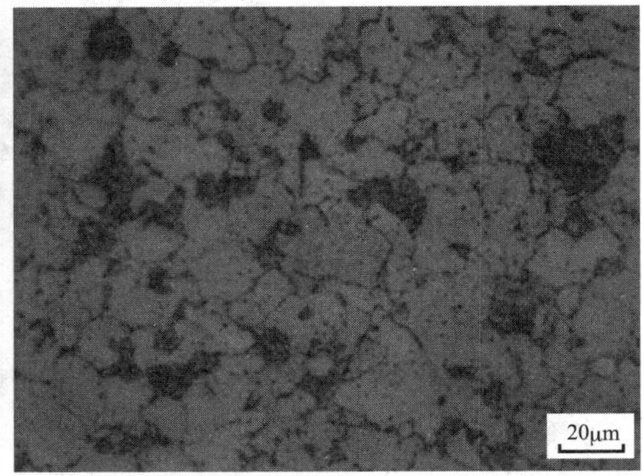

图 4–17　正常管样金相组织 4% 硝酸酒精溶液

对相对应的二级减温器割管进行内窥镜检查，减温器笛形管碎裂，部分碎块遗留在高温过热器进口集箱内，对高温过热器进口集箱及其相连通的连接管进行内窥镜检查，在连通管内发现遗留的笛形管碎片。

综上所述，此次爆管的主要原因为笛形管碎片堵塞导致的短期过热。

2. 奥氏体不锈钢弯头氧化皮脱落堆积堵塞，造成短期过热爆管

超（超）临界机组锅炉由于运行参数高，大量使用 TP347H、Super 304 以及 HR3C 等奥氏体不锈钢，奥氏体不锈钢管材料使用过程中存在一个安全隐患，就是其长期使用后管内壁在高温蒸汽作用下将生成两层或多层氧化皮，当外层氧化皮达到一定厚度后易发生剥落，引起受热面管堵塞导致爆管、主汽门的卡塞问题和汽轮机的固体颗粒腐蚀问题。在机组启动和停炉过程中，氧化物的剥落率最高，在立式布置的高温过热器和高温再热器中，从U形管垂直管段剥离下来的氧化皮垢层，一部分被高速流动的蒸汽带出过热器，另有一些会落到U形管底部弯头处。由于底部弯头处氧化皮剥离物的堆积，使得管内通流截面减小，流动阻力增加。这导致管内的蒸汽通过量减少，使管壁金属温度升高。当堆积物数量较多时，管壁大幅超温，引起爆管。

【案例 4-6】高温过热器下弯头氧化皮堆积堵塞爆管

某电厂型号为 DG1900/25.4-Π1 型 600MW 超临界参数变压直流本生锅炉，2006 年投运，2007 年 6 月发生高温过热器爆管。高温过热器从左至右共布置 31 片，每片共 20 根管，炉前第一根规格为 $\phi 50.8 \times 8.9$mm，其余为 $\phi 45 \times 7.8$mm，材质为 SA213-TP347H。

爆口位置均位于炉前直管段距下弯头 6~8m 处，也是烟气温度较高的地方。对爆管爆口进行宏观检查，爆口呈喇叭状，边缘减薄，具有典型短时超温爆管特征，如图 4-18 所示。对高温过热器下部弯头进行氧化皮堆积量检测，发现一处较为明显的氧化膜堆积信号，割下弯头后倒出约 150g 脱落的氧化膜，如图 4-19 所示，由此证实了该炉高温过热器爆管主要是由管内壁氧化膜脱落堵塞引起的爆管。

图 4-18 爆口宏观形貌

图 4-19 附近管检查发现氧化皮堆积物

因此，针对超（超）临界机组锅炉，应加强运行管理，减缓奥氏体不锈钢管内部氧化速度及集中剥落程度，并根据锅炉运行及检修实际情况，针对性加强奥氏体不锈钢管弯头、焊缝等处的氧化皮堆积量的检查。

3. 焊缝根部凸出造成异物堵塞

【案例 4-7】末级过热器焊缝根部凸出造成氧化皮堆积堵塞

某电厂超超临界参数变压运行直流炉，单炉膛、一次再热、平衡通风、锅炉采用露天布置，锅炉型号为 HG1795/26.15-PM4。根据要求每次停炉后对高温过热器下部弯头、高温再热器下部弯头及屏式过热器下部弯头进行 100% 氧化皮堆积量检查，处理合格。重新

开机并网后，高温过热器即发生典型短期过热爆管。

2015 年 4 月 C 修检查中，由于运行时末级过热器 14–1 号管超温幅度较大，因此加强对该管（规格为 ϕ 44.5 × 8.5mm，材质 TP347H）下部弯头氧化皮堆积堵塞检查，发现该处弯头堵塞比仅为 40%，不足以引起堵塞超温，对该弯头割管后，对进口侧直管段进行内窥镜检查，发现该管前弯上部（进口侧）约 1m 处制造焊缝处被氧化皮堵塞达 100%，如图 4–20 所示，从图 4–20 可知，该制造焊缝存在整圈根部凸出，焊瘤最高约 2.5mm，在焊缝根部凸出部位造成氧化皮沉积堵塞。

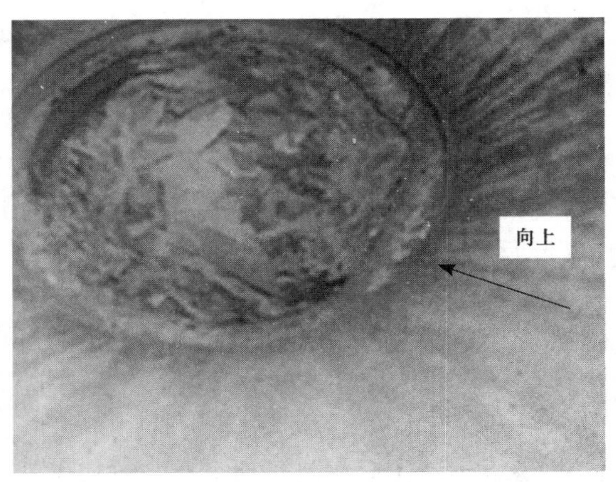

图 4–20　末级过热器进口侧制造焊缝根部凸出导致的氧化皮堆积堵塞情况

因此，针对超（超）临界机组锅炉奥氏体不锈钢氧化皮防止措施中，除了加强运行、材料及检查措施外，应特别严格控制受热面管进口侧焊缝根部凸出，并加强进口侧焊缝附近的氧化皮堆积量检查，防止焊缝根部凸出而导致氧化皮堆积堵塞故障发生。

新建锅炉、新更换管应严格控制焊缝根部凸出，根部凸出应严格控制在 2mm 内，且应进行 100% 通球试验，对于在役运行锅炉，对于奥氏体不锈钢材质受热面管，应采用氧化皮堆积量磁性检测法或射线检测技术加强焊缝根部凸出或下部弯头堆积堵塞检测。

4. 检修不当导致异物堵塞

【案例 4–8】检修换管造成后屏过热器异物堵塞

某电厂 2 号机组燃煤锅炉为 HG–1025/18.2–WM10 型 300MW 亚临界中间再热自然循环煤粉锅炉，该炉于 1997 年投产。2 号机组于 2018 年 4 月 13 日 16:17 分并网，2018 年 4 月 16 日即发现在炉标高 7.5 楼层炉右侧后屏过热器发生爆管，导致机组临时停运，后屏过热器规格为 ϕ 54 × 9mm，材质为 TP347H。

停炉检查发现爆管位置在炉内后屏过热器右数第二屏从外向内数第 3 根，如图 4–21 所示，爆口长约 52mm、宽约 16mm，呈喇叭状，爆口边缘存在明显减薄现象。

对以往检修情况调查发现该爆管位置为检修新更换管。2018 年 3 月 29 日—4 月 13 日停备期间，电厂组织对后屏 160 道异种钢焊口进行了全面检查，发现后屏过热器右数第 2 屏外数第 2、3 根管异种钢焊口存在裂纹。对两根管异种钢焊口两端进行了更换，换管长度约 2.4m。施工期间因管道内存在较大负压，调整无效，为保证焊接质量检修人员加大了水溶纸的用量，两根管道两端各塞入两团，确保管路无气体流动。

图 4–21　后屏过热器爆口形貌

对爆管附近取样做金相分析，从图 4-22 可知，距离爆口 150mm 母材金相组织为奥氏体，老化等级 1 级；距爆口边缘 4mm 内金相组织均为奥氏体，奥氏体晶粒明显存在塑性变形现象，尤其是爆口边缘，存在明显减薄及晶粒塑性变形情况，如图 4-22（b）所示。

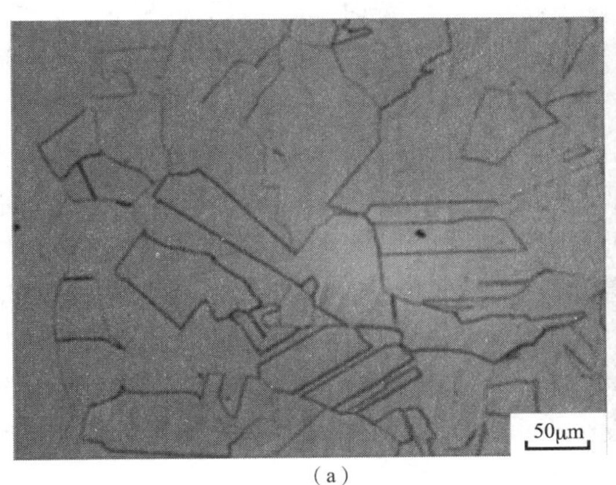

（a）

（b）

图 4-22　爆管金相组织

（a）距爆口 150mm；（b）爆口边缘

对爆管进行化学成分、机械性能分析，均符合要求。

为了验证可溶性纸可能造成管内堵塞，现场进行模拟试验，通过同材质、同规格的管内，塞满同质、同量的可溶性纸，再次进行焊接封堵，在试验钢管外部加热至 600℃时，保温 2h。打开模拟试管，如图 4-23 所示，在缺氧高温环境下，可溶纸成团，且完全碳化，并不溶于水，通过 1kg 试块挤压，并未发生碎裂，对试验后的可溶性纸研碎放入水中，明显不溶。可见，在焊接环境及锅炉实际运行工况下，可溶性纸在缺氧环境下容易碳化，碳化后可溶性纸成团、且不易破碎、不溶于水，易造成管内堵塞。

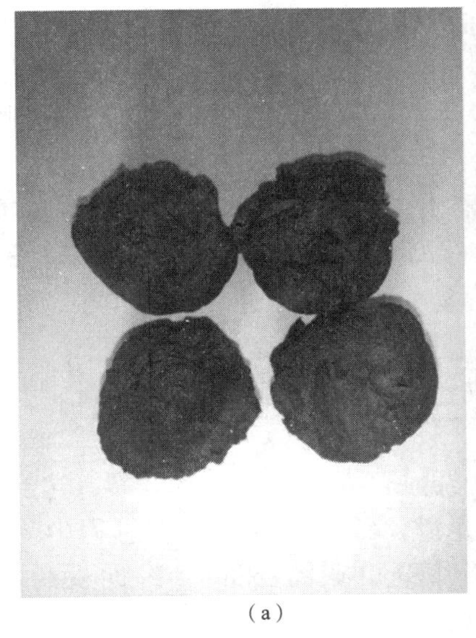

（a）

（b）

图 4-23　可溶性纸碳化模拟试验

（a）模拟试管内可溶性纸成团、碳化；（b）模拟试管内可溶性纸耐受力试验

从爆口外观形貌可知，爆口呈喇叭状，边缘减薄，具有短期过热特征；微观特征分析，爆口边缘组织存在明显减薄及塑性变形情况，说明在短期过热情况下，材料塑性增加、强度降低，导致晶粒存在明显塑性变形，具有明显短期过热特征。

从现场模拟试管内可溶性纸试验可知，在焊接环境及锅炉实际运行工况下，可溶性纸在缺氧环境下容易碳化，碳化后可溶性纸成团、且不易破碎、不溶于水，易造成管内堵塞。

综上所述，后屏式过热器管爆管段在 2018 年 3 月 29 日—4 月 13 日更换管段时，可溶性纸塞入工艺存在较大偏差，即加大了水溶纸的用量，使两根管道两端各塞入两团，确保管路无气体流动，且在焊接时未对可溶性纸进行充分燃烧，导致在缺氧状况下，可溶性纸碳化、成团，且不易碎、不溶于水，在机组启动运行期间造成管内节流，从而导致短期过热而发生泄漏。

针对此类情况，应采取如下措施：应禁止采用火焰切割管子，不得已时应制定防止残渣落入管子的措施，并应对火焰影响区域管段进行磨除或切除；必须采用全氩焊接或氩弧焊打底，合格焊工施焊，焊前练习并检验合格；堵管时应采用适量可溶性纸，并应采取可靠措施，确保可溶性纸在焊接过程中燃烧完全，或未完全发生碳化，不得采用馒头、面包等物；不得已时可采用卫生纸，但应满足以下条件：

（1）焊后应进行高温回火处理。

（2）不能采用湿卫生纸。

（3）不能堵塞得过紧，卫生纸应稍微松些。

（4）卫生纸堵塞的位置应在热处理加热区域内，以保证热处理过程中充分燃烧掉；更换焊口尽可能 100% 无损检测，应防止焊口形成透照“死区”，并采用较高灵敏度的胶片透照。

5. 运行不当导致水塞短期过热

【案例 4-9】水塞导致的二级过热器短期过热爆管

某发电厂一期工程装有 2 台 600MW 亚临界燃煤机组，锅炉为北京 B&W 公司（简称 B&W）RBC 系列“W”火焰锅炉，锅炉为 B&WB-2028/17.4-M 型 600MW 亚临界中间再热自然循环锅炉。锅炉累计运行约 26000 h，发生 1 号锅炉二级过热器管 3 处泄漏故障，材质为 T91，规格为 ϕ 42 × 6.5mm。

爆管均为出口管组入口段，在二级过热器出口管组左数 34、36 及 39 屏前数第 1 根，爆口位置在离下部弯头约 4.5m，基本在同一标高处。前数第 1 根，在入口段及出口段均为集箱正底部，相对同管屏其他管而言，更容易积水，且在迎风面第 1 根，烟气温度相对较高。

根据爆管部位结构及材质可知，不易造成异物堵塞及氧化皮堵塞情况；且前数第 1 根管正对集箱下部，更易积水，烟气温度更高。

宏观检查发现爆管外壁呈黑灰色，爆口处开口较大，呈喇叭状开裂，边缘有明显减薄现象，爆口一侧呈脆性撕裂，爆口内壁比较光滑，整个爆管在爆管过程中受反作用力冲击，严重弯曲变形，如图 4-24 所示。34-1 爆管开口宽约 78mm，纵向长约 96mm；36-1 爆管开口宽约 74mm，纵向长约 57mm；39-1 爆管开口宽约 74mm，纵向长约 100.6mm。测量 39-1 根在离爆口约 100mm 管外径为 ϕ 46，爆管原始外径为 ϕ 42，可见管子有明显胀粗现象。

对34–1、36–1、39–1爆管相对应的17、18、20号入口集箱进行内窥镜检查，未发现异物。对胀粗较明显管下部弯头割管进行氧化皮检查，未发现明显堵塞迹象；对二级过热器下部弯头进行100%射线检测，未发现存在氧化皮及异物堵塞情况。

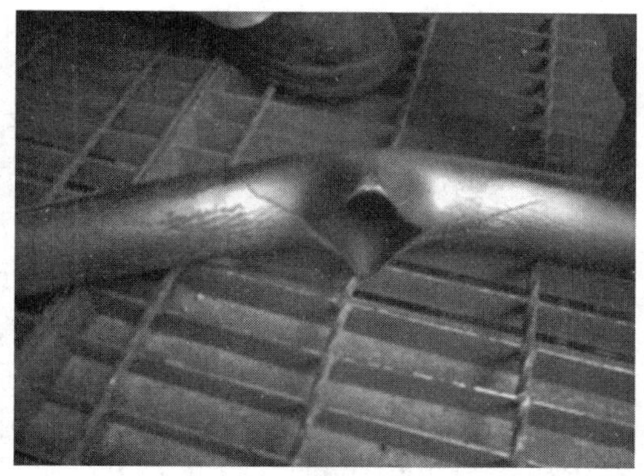
图4–24　二级过热器爆口形貌

对爆管取样进行化学成分、机械性能试验，均符合要求。

对爆管附近取样做金相分析，试样经常规试验方法制成，用$FeCl_3$盐酸溶液侵蚀，在蔡司Axio oberver ALm金相显微镜上观察、照相，组织及金相显微组织如图4–25、图4–26所示。爆口处金相组织回火索氏体形态不明显，存在明显碳化物聚集现象，在晶界上有孔洞出现，且晶粒沿爆破方向拉长变形，在晶界有单个孔洞出现；正常管金相组织为回火索氏体。爆口处组织均与未生爆管组织存在明显差异，表明爆管爆口部位金相组织已经发生相变，该处管壁温度曾超过A_{C1}点。

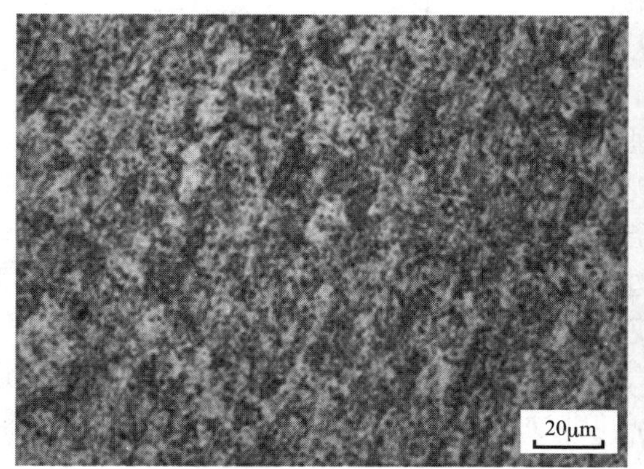

图4–25　爆口处金相组织

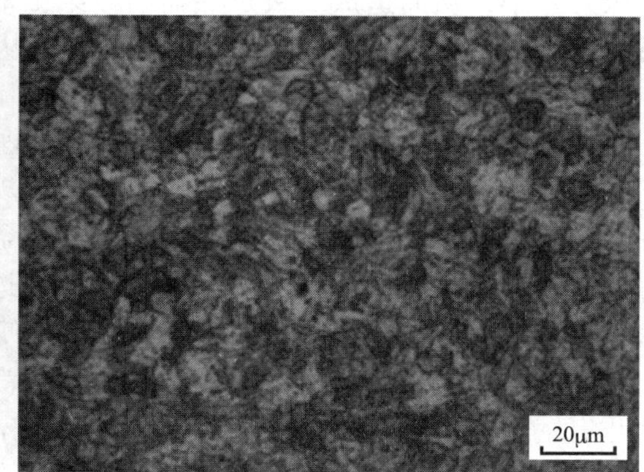

图4–26　正常管金相组织

对二级过热器爆管附近直管进行测厚及蠕胀检查，检查结果如表4–1所示，从表4–1可知，部分管存在胀粗现象。

表4–1　二级过热器爆管蠕胀测量

序号	位置	最大蠕变（%）	序号	位置	最大蠕变（%）
1	27片第1根	2.7	7	36片第1根	9.3
2	28片第1根	2.4	8	37片第1根	1.6
3	32片第1根	1.7	9	38片第1根	3.0
4	33片第1根	1.7	10	39片第1根	3.6
5	34片第1根	8.6	11	40片第1根	3.8
6	35片第1根	4.0	12	42片第1根	1.9

查运行记录可知，此次开机前，进行汽轮机冲转试验，试验后进行焖炉且未疏放水，锅炉启动前高温过热器出口蒸汽温度为 339.6℃，锅炉启动方式以温态启动方式运行。爆管启动过程中未严格执行启动曲线，整个温升过程中时间短、局部速度快，达到额定出口温度时负荷低：①启动过程中，未在过热蒸汽温度 450℃以下进行一定时间下的保压运行阶段，以便能提高二级过热器管内蒸汽过热度；②达到额定温度 543.8℃时，温升时间与启动曲线规定时间提前 64min 以上，比规定时间快了约 1/3；③局部阶段温升过快，达 8℃ /min，远超过规程规定的 1.5℃ /min；④实际负荷为 161.7MW 时，过热器出口温度已达 543.8℃，与规程规定的 50% 额定负荷不符。

根据 6 月 15 日 21 点启动运行过程中 A 侧过热器出口压力、汽包压力与负荷关系知：在负荷约为 300MW 时，过热器出口压力与汽包压力基本一致，表明在负荷达 300MW 前，过热器内介质基本未流动。但在负荷为 161.7MW，过热器出口温度已达 543.8℃，则在负荷 161.7~300MW 过程中，过热器出口蒸汽温度明显偏高，汽包压力与过热器出口压降偏低，造成炉内介质流速过低，高温烟气下受热面易造成过热现象发生。

综上所述，启动前，锅炉运行停炉后未疏放水，炉内过热器、再热器弯管积水，二级过热器出口管组前数第 1 根管积水量最大；1 号锅炉在运行时未严格执行运行启动曲线及有关运行规程，启动快、温升时间短、局部温升率大，且启动过程中汽包压力与过热器出口压力差小，从而造成二级过热器前数第 1 根管下部弯头内积水未完全蒸发或蒸发后蒸汽温度过热度不够，使蒸汽受阻，流量变小，从而因水塞导致短时过热爆管。

防止水塞短时过热措施如下：

（1）锅炉停运后，加强排汽及疏放水管理，必要时进行烘炉，确保炉内排放彻底。

（2）应加强运行管理，严格按相关规程规定启动方式及启动曲线进行，加强启动过程控制，防止升温速度过快，保证过热器蒸汽温度在 450℃以下启动运行时间，以确保启动前过热器下部弯头内积水蒸发完全以及保证过热器内蒸汽过热度，防止因运行原因造成下部弯头积水或饱和湿蒸汽堵塞通流量，从而使壁温超温现象的发生。

（3）优化启动运行方式，提高过热器蒸汽通流量。锅炉点火初期和低负荷运行时，通过开启锅炉排汽或优化旁路控制方式，增加汽包与过热器蒸汽出口压力差，提高过热器、再热器通流量，以保护过热器和再热器运行的安全。

6. 节流孔堵塞导致短期过热

【案例 4-10】三级过热器短期过热爆管

某电厂 5 号锅炉为哈锅生产的超超临界参数变压运行直流炉，单炉膛、一次再热、平衡通风、锅炉采用露天布置，锅炉型号为 HG1795/26.15-PM4。2011 年 7 月 31 日机组启动过程中三级过热器发生泄漏，材质为 S30432，规格为 ϕ 51 × 9mm。

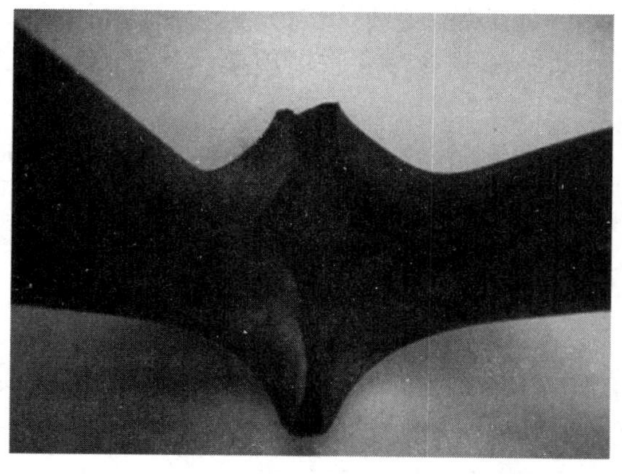

图 4-27　三级过热器爆口形貌

泄漏位置在三级过热器离下部弯头部位，如图 4-27 所示，泄漏外壁呈黑灰色，爆口处开口较大，长约 71.0mm，宽约 150.6mm，呈喇叭状开裂，边缘有明显减薄现象，爆口一侧呈脆性撕裂，爆口内壁比较光滑，整个泄漏在泄漏过程中受反作用力冲击，严重弯曲变形。

对爆管离爆口约 100mm 处进行外径测量，平均值为 56.7mm，可见，具有明显胀粗现象。对爆管进行硬度、力学性能及化成成分分析，均符合 ASTM A213/A213M《锅炉过热器和换热器用无缝铁素体和奥氏体合金钢管》中 S30432 要求。

金相分析如图 4-28、图 4-29 所示，爆口附近进行组织为奥氏体，存在孔洞；远离爆口直管处组织为奥氏体。

图 4-28　爆口附近位置金相组织 $FeCl_3$ 溶液

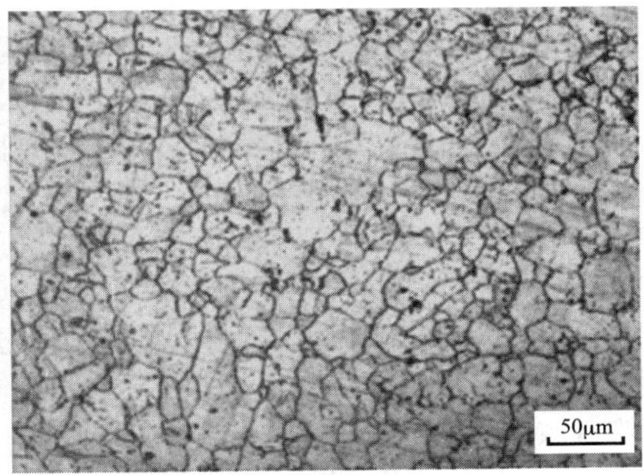

图 4-29　正常管样金相组织 $FeCl_3$ 溶液

屏式过热器出集箱存在节流孔管段，对屏式过热器节流孔管段进行 100% 射线检查，发现相对应的爆管节流孔存在异物堵塞。

综上所述，泄漏部位存在胀粗，爆口处开口较大，呈喇叭状，边缘有明显减薄现象，具有明显的短期过热特征；泄漏管样的基本组织为奥氏体 + 孔洞，直管段为奥氏体，爆口处组织与远离爆口处组织存在差异，相对应的节流孔存在异物堵塞。因此，异物堵塞是造成此次短期过热泄漏的主要原因。

第二节　材料劣化

锅炉管在高温长期运行中，材料会存在组织结构变化、元素迁移等现象，即珠光体球化、元素再分配以及碳化物析出等现象，从而使材料性能逐渐劣化、失效。因而在检修期间，严格按有关规程规定进行取样分析，发现存在碳化物析出或球化严重时，及时更换。

电站锅炉长期高温运行过程中，元素迁移，造成组织退化，导致材料性能劣化，主要体现石墨化、球化、蠕变等，对于奥氏体不锈钢而言，晶间或晶内析出物聚集，导致晶间或晶内性能裂纹。目前主要针对运行超过 10 万 h 后，应进行取样分析，是否存在石墨化、球花、晶内或晶间析出物明显聚集、孔洞等，采用外径蠕变测量进行监测评价，当外径蠕变超过以下阈值时应进行更换处理：碳钢受热面管胀粗量超过公称直径的 3.5%，合金钢受热面管胀粗量超过公称直径的 2.5%。

一、材质缺陷

管材在生产加工、运输存放、吊装、安装及改造等过程中，由于工艺不当或管理不善易产生缺陷，如重皮、折皱、过大的加工直道、裂纹、机械碰伤、压扁、腐蚀等，使用了这些有严重缺陷的材料，则会对安全造成很大的影响。

管材加工缺陷大多出现在管子端部。在管材缺陷部位会产生较大的应力集中，在高温高压下工作，易造成管子开裂，直至泄漏。其爆口特征一般为纵向开裂，爆口较直，无减薄、胀粗，张口极小，并在裂纹两端可见开裂现象。

1. 制造缺陷造成受热面管开裂

【案例 4-11】高温再热器材质缺陷造成泄漏

某电厂 6 号超超临界锅炉高温再热器材质为 TP347H，规格为 $\phi57\times4$mm。基建水压试验过程中，发现高温再热器第 20 排第 6 根（后向前数）发生泄漏，泄漏处裂纹呈“一”字形，长度约为 30mm。整根管子外表面质量较差，存在不同程度的凹坑和麻点，如图 4-30 所示。金相组织中发现裂纹呈“之”字形向管内壁扩展，中间部位存在明显缺陷，开裂位置右侧存在一处裂纹，裂纹呈“树根”状向两侧和管内壁扩展，如图 4-31 所示；未开裂区域和开裂区域均存在较多缺陷。该管开裂的原因是由于材质存在制造缺陷。

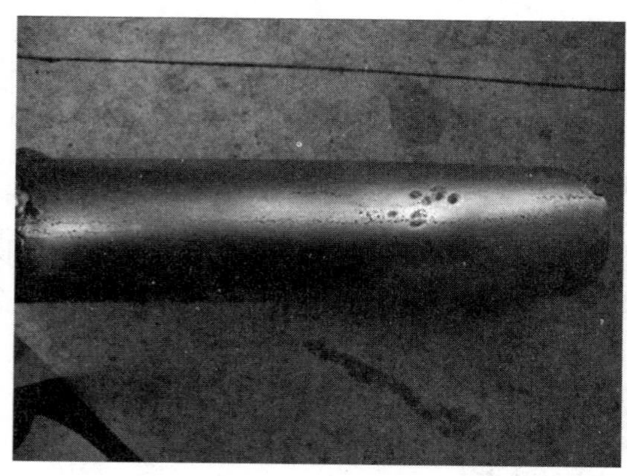

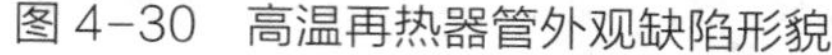

图 4-30　高温再热器管外观缺陷形貌

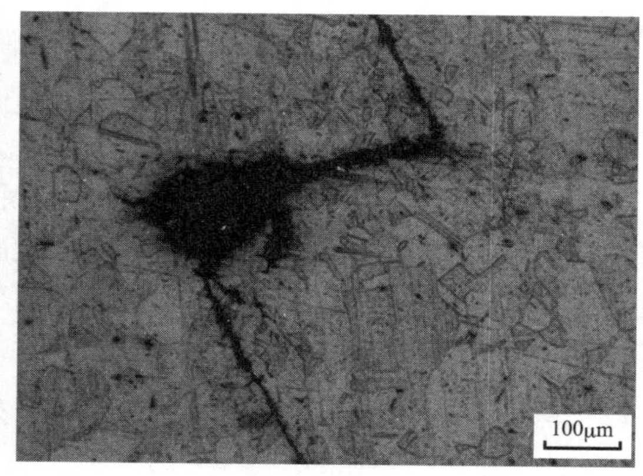

图 4-31　高温再热器管裂纹微观特征

【案例 4-12】长期高温运行下高温过热器材质缺陷造成泄漏

某 300MW 机组 1 号炉机组于 2008 年投运，2017 年 11 月 4 号发现泄漏，运行一天停炉后检查发现高温过热器进口从左往右数第 5 屏、从前往后数第 11 根管泄漏，材质为 12Cr1MoV，规格为 $\phi57\times8$mm。

对泄漏口进行宏观检查发现：

（1）泄漏口内外壁未见明现氧化膜现象。

（2）无明显涨粗，对泄漏部位进行外径测量，测量泄漏口外径为 58mm，离泄漏口上、下各约 100mm 处测量，分别为 56.82、57.12mm。

（3）泄漏口边缘无明显减薄。

（4）泄漏开口一侧存在明显外斜坡，另一侧有相对应的内斜坡，如图 4-32 所示。

对泄漏管及其附近管进行宏观检查，从泄漏部位上、下焊缝形态及留有焊工钢印号来看，该焊缝应为制造厂焊接；查询检修记录，2012 年来该部位未见换管记录。

对泄漏管取样进行化学成分、机械性能试验分析，材质、机械性能均符合要求。对高温过热器 5-11 泄漏口、距离泄漏口下约 500mm 及未泄漏管 5-10 取样进行金相试验，组织均为铁素体 + 珠光体，金相组织及晶粒度均无明显差异。但高温过热器 5-11 泄漏口外壁断面金相存在明显的氧化膜，厚度约 0.1mm，内壁无明显氧化膜，如图 4-33 所示，说明该泄漏口在泄漏前外壁已经存在开裂现象，且裂纹断面已存在明显高温氧化现象。

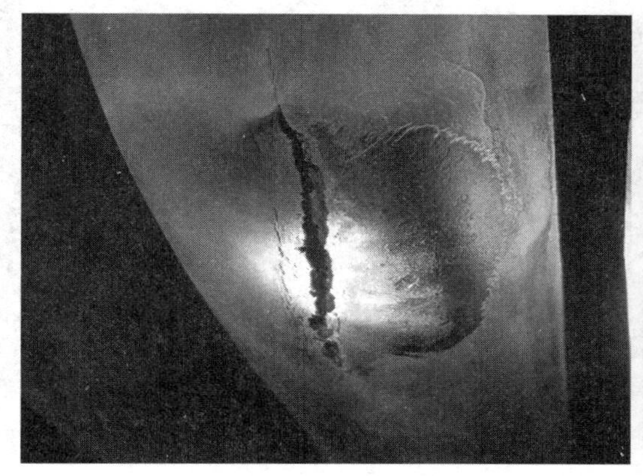

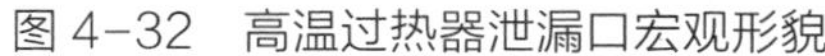

图 4-32　高温过热器泄漏口宏观形貌

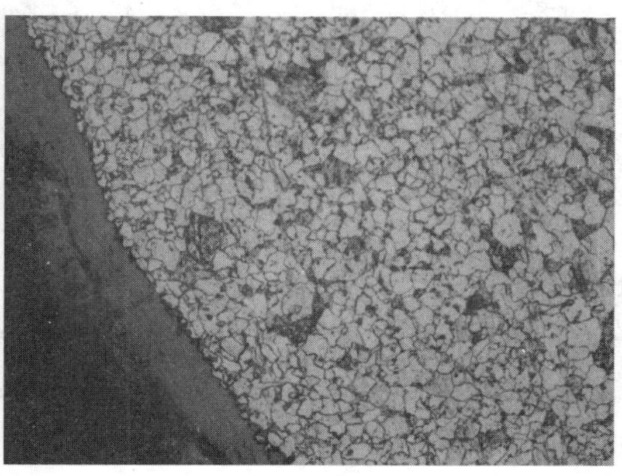

图 4-33　高温过热器泄漏口断面外壁组织 4% 硝酸酒精（200×）

综上所述，折皱类材质缺陷在长期高温运行过程中产生应力集中开裂扩展是导致泄漏的主要原因。

因此，应加强原材料入厂验收，核查材质证明书、制造工艺等资料，并针对材料及部件进行 100% 宏观检查，对于合金钢材料应 100% 进行光谱复验，针对受热面管应进行 100% 涡流探伤复查。入厂复验合格后，再分类进行存放，使用前还应进行光谱确认，确保材料使用正确。

2. 运行、检修不当导致材质缺陷

锅炉在长期运行过程中，如果燃烧调整不当，造成炉膛结焦、燃烧器损坏等情况发生，则可能造成大块焦、燃烧器碎片等坠落炉膛，导致冷灰斗水冷壁砸伤。

加强检修过程质量控制，检修过程中，切割管子时要注意防止割伤其他受热面，应禁止采用火焰切割管子，不得已时应制定防止残渣落入管子的措施，焊接堵管时应采用可溶性纸，不得采用馒头、面包等物，不得已采用卫生纸时，应保证不采用湿卫生纸，且不能堵塞得太紧，应稍微松些；应避免卫生纸在焊接或热处理过程中碳化，防止因检修不当影响锅炉设备安全。

【案例 4-13】垮焦导致冷灰斗砸伤

某电厂 300MW 机组 3 号锅炉检修时对水冷壁进行宏观检查发现后墙水冷壁冷灰斗以下部位管壁砸伤，砸伤深度超过 2mm：距离冷灰斗斜坡上沿约 1m 处，从炉左（东侧）往炉右数第 68、91、92、93、95 根，从炉右往炉左数第 7 根（见图 4-34、图 4-35）；距离冷灰斗斜坡上沿约 5m 处，从炉左（东侧）往炉右数第 123 根。水冷壁管材质为 25MnG，规格为 $\phi 60 \times 6.5$mm。

【案例 4-14】检修不当导致水冷壁割伤

某电厂 300MW 机组 3 号锅炉检修时，检查燃烧器更换过程中，从下往上数第一层燃烧器高度处，前侧墙左（东）数第 130 根水冷壁管（燃烧器侧）被严重割伤，如图 4-36 所示，割伤处管壁测量厚度为 3.2mm，水冷壁管材质为 25MnG，规格为 ϕ 60 × 6.5mm。

图 4-34　第 68 根砸伤　　图 4-35　第 91~93 根砸伤　　图 4-36　前墙左数第 130 根水冷壁管严重割伤

二、材质使用错误

【案例 4-15】二级减温器笛形管焊缝材质使用错误

某电厂 1 号超临界锅炉二级减温器集箱、笛形管、减温水喷水管设计材质均为 P91。2014 年 5 月停炉检修时，对笛形管与减温器集箱管座、笛形管与减温水喷管对接焊缝进行光谱分析，发现焊缝材质成分为 Cr1MoV，如图 4-37 所示。

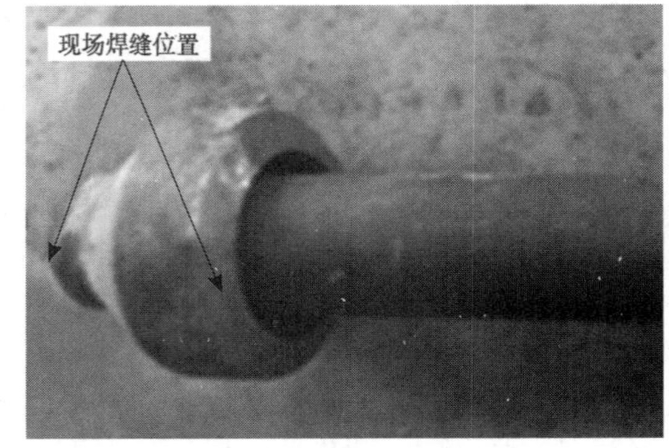

图 4-37　减温器笛形管现场安装焊缝位置示意图

调查发现，2013 年 3 月对该锅炉进行检修时，为了便于对二级减温器进行内部检查维修，曾将减温器笛形管拔出，但检修单位回装时未对安装焊缝两侧母材进行光谱分析确认，错认为焊缝两侧材质为 12Cr1MoV，错用了 E5515-B2-V 焊条。该厂未设立专职金属监督人员，对现场金属监督工作不重视；而维修单位管理松散，现场作业人员责任性不强，同时对超临界锅炉用材不了解，是造成此次焊材错用的根本原因。

锅炉检修过程中，电厂应按照相关标准规程要求，督促检修单位对承压设备所有需焊接部位两侧母材材质应先进行光谱确认，并应对合金钢焊缝进行抽查。

三、材料长期运行性能退化

【案例 4-16】HR3C 钢长期运行后冲击韧性和塑性下降

HR3C（TP310HCbN）是一种比常规不锈钢材料具有更高高温强度和耐蚀性能的新型不锈钢，主要成分为 25Cr-20Ni-Nb-N；它是在 TP310 基础上，通过复合添加 Nb、N 合金元素研制出的一种新型耐热耐蚀钢，利用钢中析出微细的 CrNbN 化合物和 $M_{23}C_6$ 来对钢进行强化，具有较高的热强性。

但 HR3C 在高温运行约 1.5 万 h 后，晶界处有大量的颗粒状 $M_{23}C_6$ 以及链状 $M_{23}C_6$ 析出，消耗了晶界附近的大量合金元素，晶界附近的固溶强化效果大大降低，从而使晶界强度大大降低；同时晶界开始粗化，从而使 HR3C 的综合力学性能大幅下降，脆性增加，尤其是冲击韧性显著下降。

因此，应加强 T92、HR3C 等高等级材料性能的监控，定期进行取样分析。

某电厂 600MW 超超临界锅炉运行 15960h 后，对高温过热器管取样进行理化分析，并取同材质规格备样新管（供货态）作对比试验。该取样管位于高温过热器出口段，材质为 HR3C，规格为 ϕ 57 × 12.7mm。高温过热器出口介质温度为 605℃，压力为 26.15MPa。

供货态 HR3C 管的显微组织为典型的等轴奥氏体组织，晶粒较为粗大，晶界处无明显的析出物，晶内的第二相颗粒以等轴或棒状存在，粒度约为 2μm，分布较均匀，如图 4-38 所示。对第二相颗粒进行 EDS 分析，Cr、Nb 含量较高，并且存在大量的 N 元素，说明第二相粒子是 NbCrN 相，结果如表 4-2 所示。该相细小且分布均匀，使得材料具有良好的室温强度以及优异的高温蠕变断裂强度。运行 15960h 后 HR3C 管的显微组织，与供货态相比，晶内的析出物增多，第二相颗粒开始长大，同时晶界已发生粗化，晶界上及晶内都析出了第二相，如图 4-39 所示。该第二相粒子主要成分为 Cr、Fe 元素，析出相为 $M_{23}C_6$ 相，如表 4-2 所示。部分 $M_{23}C_6$ 沿着晶界析出和生长，在晶界上形成链状分布。

表 4-2　　HR3C 化合物能谱分析结果　　质量分数，%

位置	Nb	Cr	Fe	Ni	N
点 1	30.44	37.27	11.68	4.64	15.98
点 2	—	35.22	51.64	13.14	—
点 3	—	34.41	50.27	14.87	—

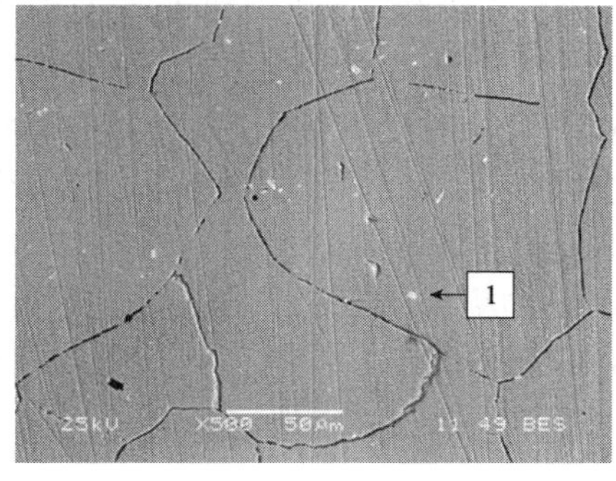

图 4-38　供货态的 HR3C 钢显微组织

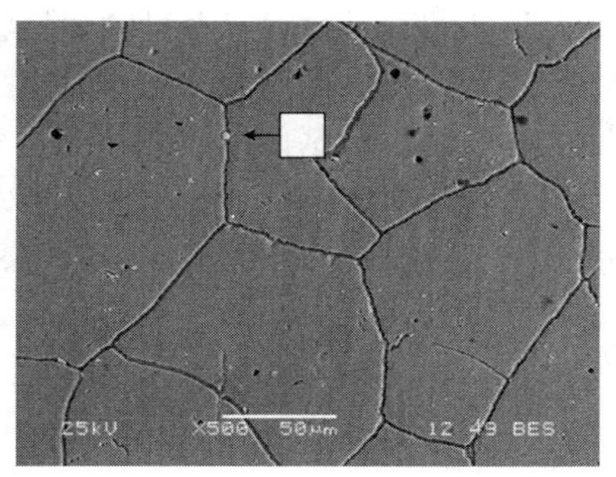

图 4-39　运行 15960h 后 HR3C 钢显微组织

供货态的 HR3C 抗拉强度为 734MPa，屈服强度为 382MPa，延伸率为 49.6%，硬度值 HV 为 185，冲击韧性值为 148 J/cm^2；运行态的抗拉强度为 775MPa，屈服强度为 277MPa，延伸率为 16.8%，硬度值 HV 为 248，冲击韧性值为 18.1J/cm^2。经过 15960h 运行后，HR3C 的抗拉强度和布氏硬度有了一定的上升。但是其屈服强度、延伸率、冲击韧性都大幅度下降，屈服强度下降约 30%，延伸率下降约 65%，冲击韧性下降约 90%，都已低于 ASTM A213/A213M《锅炉过热器和换热器用无缝铁素体和奥氏体合金钢管》要求。

对冲击断口宏观形貌进行分析，供货态试样的断口显示出明显的塑性断裂特征，断面起伏较大，呈灰色，冲击断口韧窝密集，分布均匀，其断裂类型属于韧窝—微孔聚集型，在一些韧窝中可以看到夹杂物或第二相粒子，如图 4-40 所示。运行态试样的断口显示明显的脆性断裂特征，断口平齐，呈亮灰色，断口形貌呈典型的冰糖状，晶界面光滑、清洁，界面棱角十分清晰，并且可以发现一些二次裂纹的存在，如图 4-41 所示。

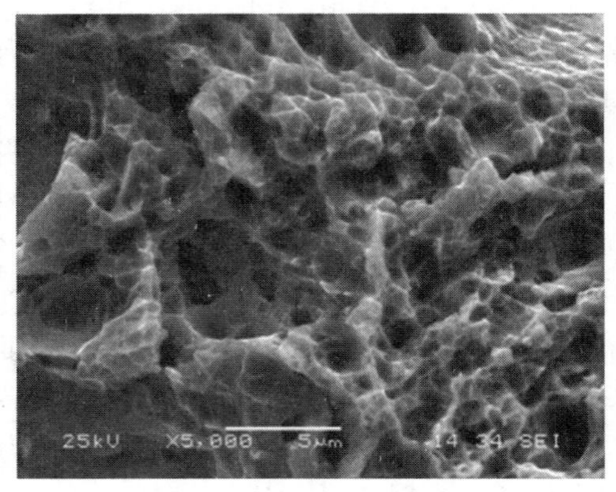

图 4-40 供货态的 HR3C 钢冲击断口形貌

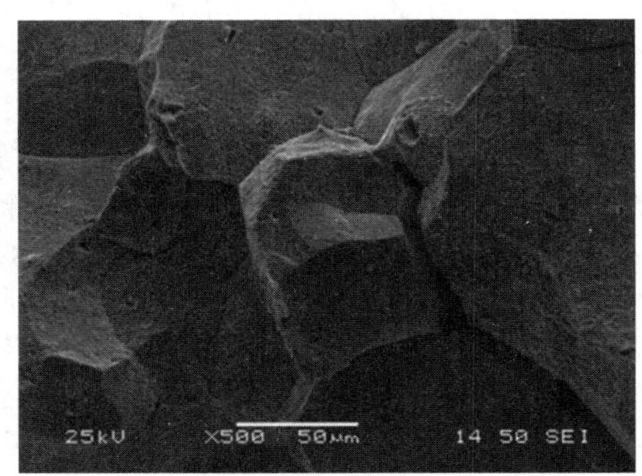

图 4-41 运行 15960h 后 HR3C 钢冲击断口形貌

由显微组织分析可知，HR3C 钢在运行时效过程中最主要的结构变化是 $M_{23}C_6$ 颗粒相的析出，其对力学性能产生的影响也最为显著。一方面，这些富 Cr 相在晶界处析出，将导致临近晶界的基体出现贫 Cr 区，固溶强化的效应降低，使晶界成为薄弱区；另一方面，有 $M_{23}C_6$ 颗粒相的存在，起到弥散强化和晶界强化的作用，同时在拉伸过程中对变形产生抑制作用，在第二相颗粒附近形成位错的缠绕，从而提高抗拉强度和硬度。

同时，HR3C 钢运行 15960h 后晶界处大量的颗粒状 $M_{23}C_6$ 以及链状 $M_{23}C_6$ 析出是其冲击韧性大大降低的主要原因。大量的颗粒状 $M_{23}C_6$ 的析出消耗了晶界附近的大量合金元素，晶界附近的固溶强化效果大大降低从而使晶界强度大大降低；同时 $M_{23}C_6$ 相硬度高于基体，在受到冲击时，因其与基体并不能达到很好的匹配，合金在受到冲击时，晶界成为合金的薄弱环节，在基体和 $M_{23}C_6$ 粒子之间首先引发裂纹，成为裂纹源；同时晶界已粗化，结合强度降低，裂纹将沿着晶界扩展，造成沿晶断裂。

高温运行后晶粒内颗粒状析出物析出、晶界析出物析出造成晶界变宽是造成冲击韧性显著降低的原因。因此，对于运行时间超过 10000h 的 HR3C 钢受热面管应结合检修取样进行组织、力学性能分析，监督其变化情况，对于发现其力学性能低于标准要求的管子应进行寿命评估。

［案例 4-17］T91 外径蠕变对组织、性能劣化影响

某 660MW 超临界机组锅炉屏式过热器出口管，管子规格为 ϕ 45 × 10.5 mm，取样管位于炉顶大包内，屏式过热器出口管炉膛内材质为 TP347H，在炉顶大包内存在 T91 与 TP347H 管异种钢焊缝，在运行过程中，由于部分受热面管存在超温导致出口侧炉顶大包内 T91 管段整体存在不同程度的外径蠕变现象。为了解 T91 管外径蠕变应变对材料组织状态及其材料力学性能的影响规律，从某电厂运行 18 000 h 发生外径蠕变应变分别为 0（未发生超温情况及胀粗情况）、1.4%、2.5% 及 3.8%（存在超温情况）的 T91 屏式过热器管出口段取样，经试验分析，取样管的化学成分基本相同，均在标准规定的范围内。

图 4-42 所示为 T91 钢管外径蠕变应变分别为 0、1.4%、2.5% 及 3.8% 的管样的显微组织形貌，可以看出，蠕变应变为 0 的管样组织为细小的回火马氏体，马氏体板条状特征明显，经过 1.4%、2.5% 及 3.8% 蠕变后，显微组织形貌逐渐发生变化，马氏体板条状特征逐渐不明显，位错密度逐渐减少，晶粒内沉淀相逐渐减少，且粗化；原奥氏体晶界和亚晶界逐渐清晰、粗化及变宽。

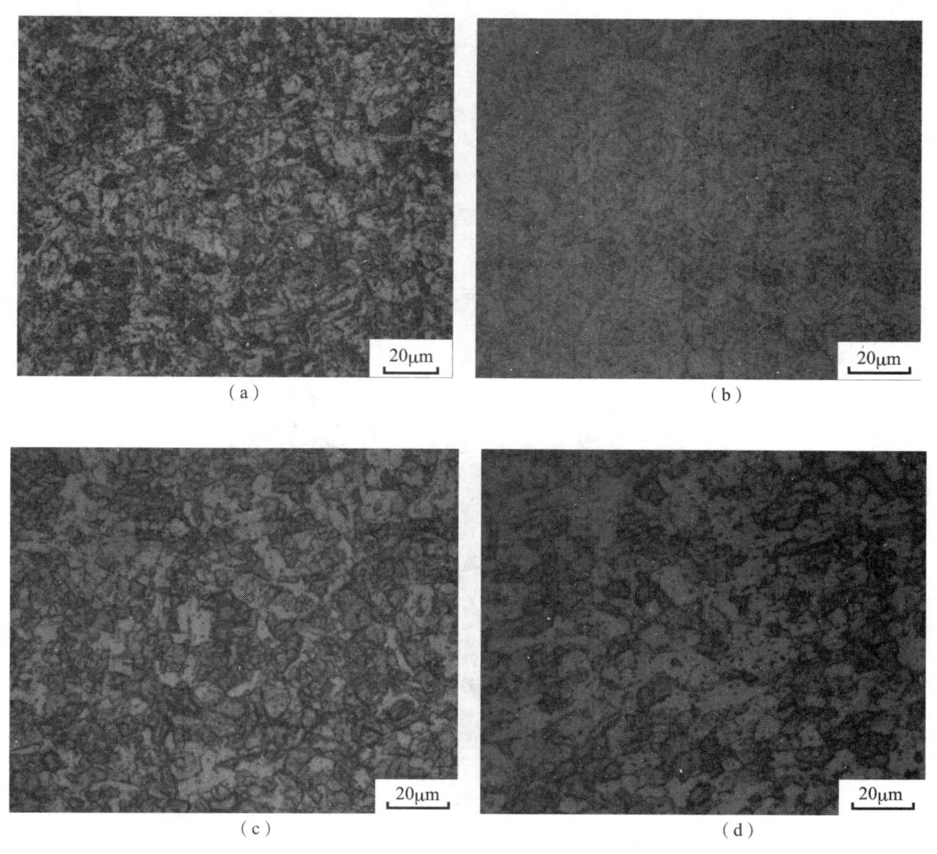

（a）　（b）　（c）　（d）

图 4-42　不同蠕变量下 T91 显微组织形貌

（a）0；（b）1.4%；（c）2.5%；（d）3.8%

图 4-43 所示为外径蠕变应变分别为 0、2.5% 及 3.8% 的管样扫描电镜背散射电子像。从图 4-43（a）可知，外径蠕变应变为 0 时沉淀相呈白色粒状，尺寸基本在 0.1μm 以下，主要沿晶界、晶粒分布，极少部分奥氏体晶界灰色投影清晰，最大尺寸在 0.1μm 以下。外

径蠕变应变为 2.5% 时，背散射电子像中白亮沉淀相开始变粗，主要沿晶界分布，晶粒内分布变少，尺寸为 0.2~0.5μm；原奥氏体晶界及亚晶界灰色投影逐渐变得清晰、变宽，最大尺寸约为 0.2μm，如图 4–43（b）所示。随着外径蠕变应变的增加，白亮的沉淀相逐渐长大，并向晶界迁移增加，外径蠕变应变为 3.8% 时，白亮沉淀相的长轴尺寸增大到约 1μm，原奥氏体晶界及亚晶界灰色投影越加清晰、变宽，其最大尺寸约为 1μm，如图 4–43（c）所示。

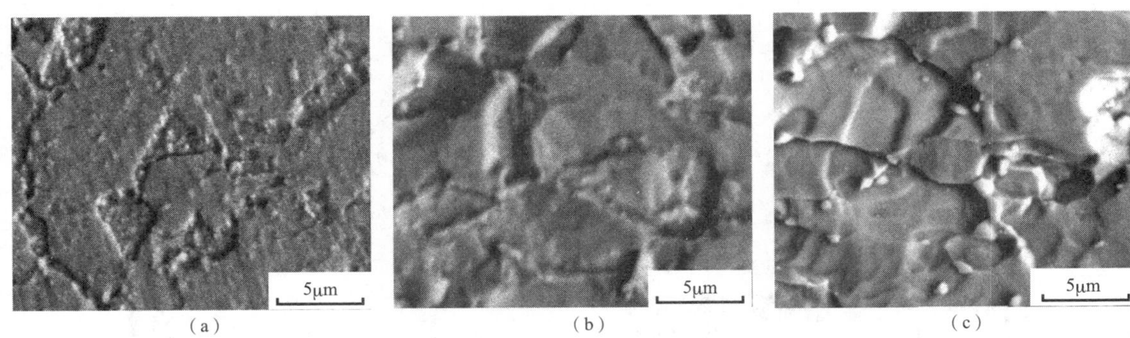

(a)　(b)　(c)

图 4–43　不同蠕变量下 T91 的 SEM 背散射电子像

(a) 0；(b) 2.5%；(c) 3.8%

对外径蠕变应变 2.5% 管样白色大颗粒沉淀相粒子进行 EDS 分析，以进一步确认沉淀相类型，典型结果如图 4–44 所示，粒子中 V 的含量很低，质量比为 0.55%；Fe 的含量较高，质量比为 71.87%，其余分别为 Cr 与 C，质量比分别为 17.05%、10.52%，没有 Nb、Mo、W，可以判断为富 Cr 的 $M_{23}C_6$ 相，形状基本上为短棒状或球状，主要沿晶界或亚晶界分布。

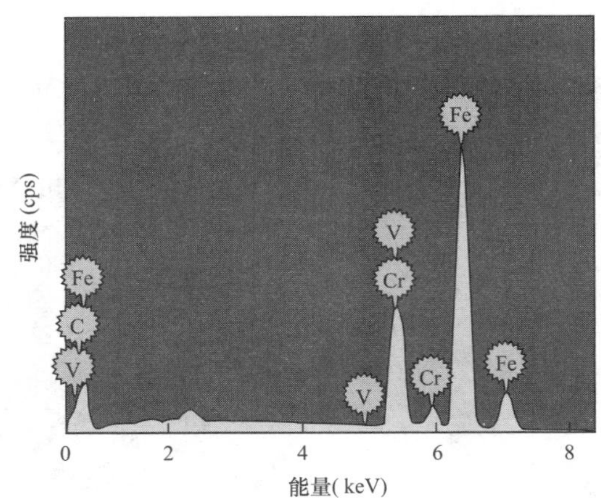

图 4–44　外径蠕变应变 2.5% 管样沉淀相粒子的 EDS 分析谱图

不同外径蠕变应变的管样室温力学性能如图 4–45、图 4–46 所示。可以看到，随着外径蠕变应变的增加，抗拉强度、屈服强度逐渐降低；断面收缩率随外径蠕变应变增加而增加，而断后伸长率随外径蠕变的增加遵循先增后降的趋势，当外径蠕变应变为 2.5% 时，断后伸长率最大为 34.5%。当蠕变量达 2.5% 时，抗拉强度、屈服强度及断后伸长率均高于 ASTM A213/A213M 规定的屈服强度下限值 415MPa、抗拉强度下限值 585MPa 及不小于 20% 的要求；当蠕变量达 3.8% 时，抗拉强度、断后伸长率仍高于 ASTM A213/A213M 规定的抗拉强度下限值 585MPa 及不小于 20% 的要求，屈服强度为 402.4MPa，略低于规定的下限值。

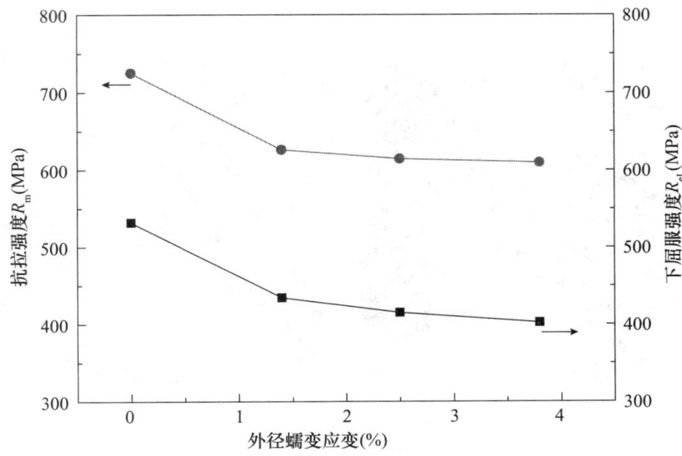

图 4-45　不同 T91 钢外径蠕变应变与室温拉伸强度关系

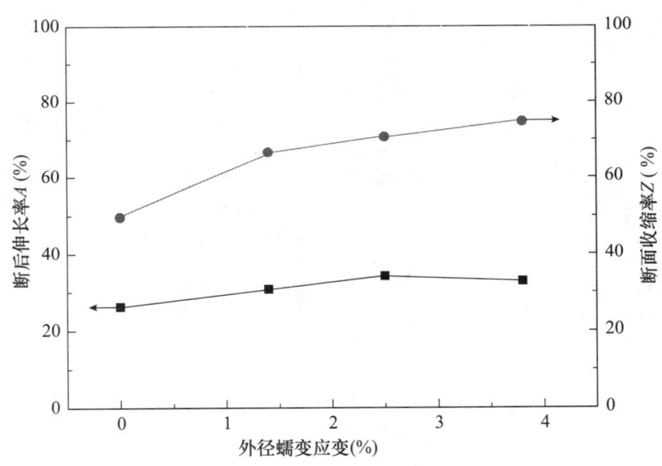

图 4-46　不同 T91 钢外径蠕变应变与室温拉伸伸长率、断面收缩率的关系

T91 钢不同外径蠕变应变室温拉伸试样断口形貌分别如图 4-47~ 图 4-49 所示，随着外径蠕变应变增加，断口逐渐趋于平齐，断面收缩率逐渐增加，材料的断裂方式均为韧性穿晶断裂，断口上均可见大量韧窝分布。未发生蠕变应变量的拉伸试样宏观断口存在塑性变形，宏观断口可以看到为典型河流台阶形断口 [见图 4-47（a）]；其微观断口中，存在密棱集小断面，小断面之间由撕裂连接 [见图 4-47（b）]。当外径蠕变应变为 2.5% 时，拉伸试样的宏观断口塑性变形减少，如图 4-48（a）所示，微观断口中呈细韧窝状及撕裂棱混合形貌 [见图 4-48（b）]，其断口存在明显的较大韧窝，韧窝深度加深，尺寸显著增大，韧窝底部还可以观察到球状粒子，一般认为球状颗粒为材料断裂时产生的韧窝核心。当外径蠕变应变为 3.8% 时，拉伸试样的宏观断口塑性变形更加减少，宏观断口中存在更

为密集的河流台阶，断口中间存在层状撕裂缝隙，如图 4-49（a）所示，微观断口中韧窝深度较浅，尺寸明显变小，呈较多细韧窝状及撕裂棱混合形貌，属于微孔聚集型的穿晶断裂[见图 4-49（b）]。可见，拉伸断口的微观形貌与塑性变化趋势有较好的对应关系，随着外径蠕变应变量增加，T91 拉伸断裂状态由韧性断裂向脆性断裂模式转变，当外径蠕变应变大于 2.5% 时，外径蠕变应变量增大，其材料脆性增加。

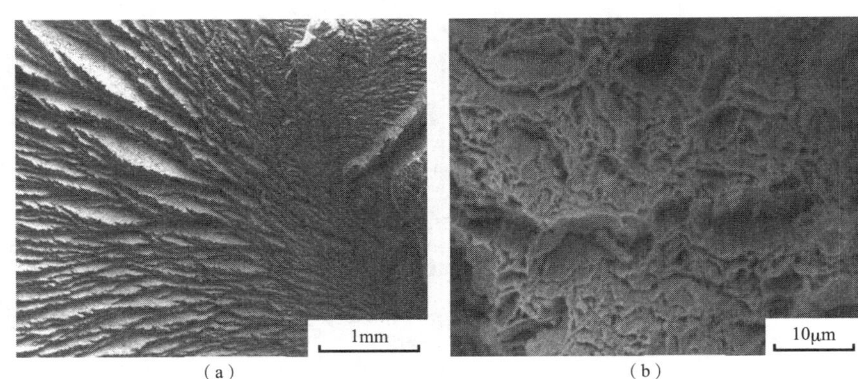

（a）（b）

图 4-47　0 蠕变应变下 T91 的室温拉伸断口形貌
（a）低倍扫描电镜图；（b）高倍扫描电镜图

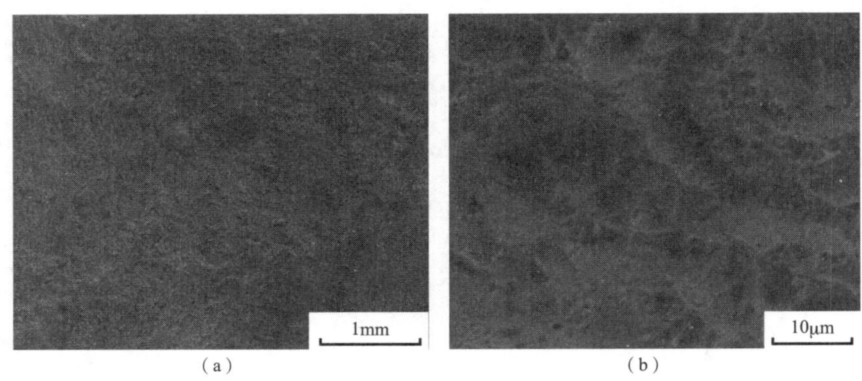

（a）（b）

图 4-48　2.5% 蠕变应变下 T91 的室温拉伸断口形貌
（a）低倍扫描电镜图；（b）高倍扫描电镜图

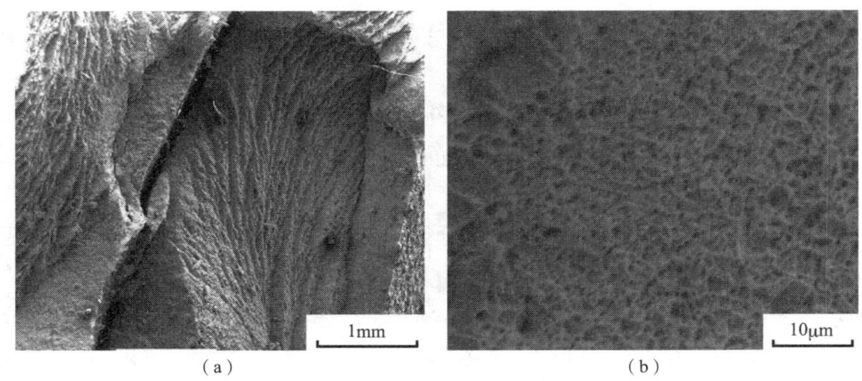

（a）（b）

图 4-49　3.8% 蠕变应变下 T91 的室温拉伸断口形貌
（a）低倍扫描电镜图；（b）高倍扫描电镜图

综上所述，T91 管在高温长期运行中外径蠕变变化造成组织变化：板条马氏体形态退化，位错密度降低和 $M_{23}C_6$ 型碳化物的粗化，沉淀相沿原奥氏体晶界及亚晶界析出、聚集与粗化，导致原奥氏体晶界及亚晶界变宽等。沉淀相 $M_{23}C_6$ 型碳化物粗化及所导致的板条亚结构退化、碳化物沿晶界析出、聚集与粗化所导致晶界变宽是 T91 管高温运行中外径蠕变应变造成强度降低和最终失效的主要原因。T91 管在高温长期运行下外径蠕变应变的产生主要是由于运行过热或长期高温运行造成材料的组织退化及强度降低，而过热或较高的使用温度是加速组织退化及强度降低的主要原因，因此，应严格控制 T91 的使用温度，避免过热。

【案例 4–18】长期高温运行下材料球化

电站锅炉材料长期在高温下运行，原子的活动力增强，扩散速度增加，材料中元素扩散、聚集，尤其是珠光体、贝氏体组织中碳化物逐渐聚集成球状，再逐渐聚集成大球团，形成珠光体或贝氏体球化现象。珠光体或贝氏体球化使材料室温或高温强度显著降低，高温蠕变极限和持久强度明显下降，最终导致材料失效。如 12Cr1MoV 钢老化特征，图 4–50 所示为原始组织，组织为珠光体 + 铁素体，珠光体中渗碳体形态清晰；图 4–51 所示组织中珠光体形态不明显，向晶界聚集，有微小蠕变孔洞；图 4–52 所示组织中已经无明显的珠光体形态，且碳化物明显向晶界迁移，晶界变宽，存在蠕变孔洞；图 4–53 所示组织中无珠光体形态，存在双晶界，蠕变孔洞成链，具有明显的微裂纹。

图 4–50　12Cr1MoV 钢原始组织（500×）

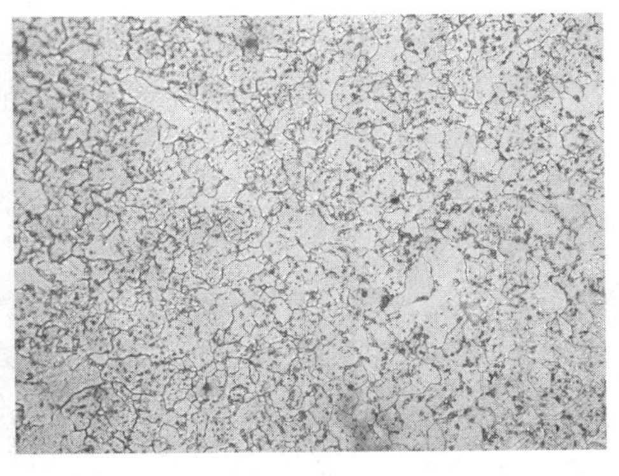

图 4–51　12Cr1MoV 钢珠光体球化 3 级（500×）

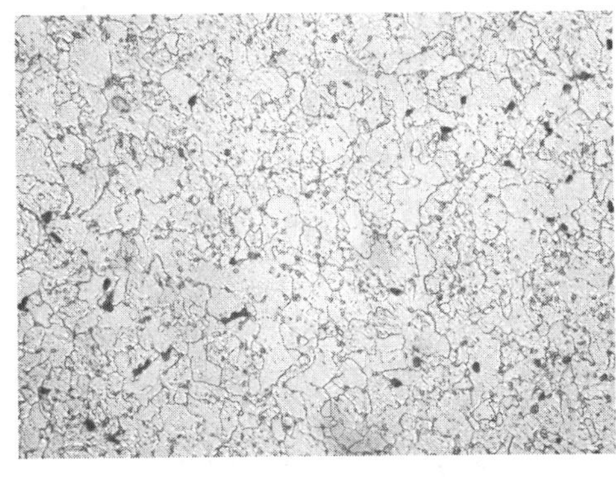

图 4–52　12Cr1MoV 钢珠光体球化 4 级（500×）

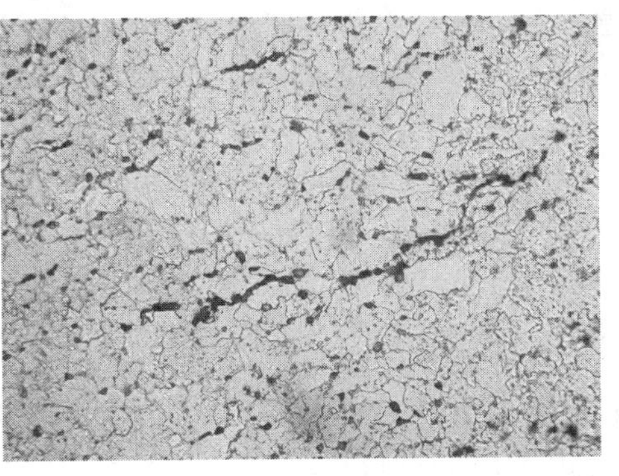

图 4–53　12Cr1MoV 钢珠光体球化 5 级（500×）

第三节　焊缝劣化

2004 年以来新建机组锅炉中 T23 焊缝、T92 与不锈钢异种钢焊缝等容易发生早期裂纹，每次 A 修均应进行检查；铁素体类钢与不锈钢异种钢焊缝运行超过 5 万 h，易发生异种钢焊缝裂纹，应加强检查；运行超过 10 万 h，高温段受热面铁素体类异种钢焊缝易发生裂纹，建议进行 10% 比例超声或射线抽查。

一、焊接或热处理工艺不当造成焊缝性能劣化

1. 未做焊后热处理或热处理不当造成焊缝性能劣化

【案例 4–19】600MW 超临界机组锅炉高温过热器疏水管焊缝开裂

某 600MW 超临界机组锅炉于 2006 年投产，2010 年 1 月发生 3 号机组高温过热器疏水管在焊缝处发生爆管，管子材质为 T91，规格为 ϕ 33.4 × 3.8mm。管子断裂位置为焊缝一侧熔合线位置，为典型裂纹开裂。对取样管母材进行机械性能试验，管子母材抗拉强度达到 710MPa，伸长率达到 20%，符合要求；将焊缝及其附近母材部位打磨后进行硬度试验，母材硬度 HB 平均值为 203，硬度正常；焊缝硬度 HB 平均值为 360，不符合 DL/T 438—2016《火力发电厂金属技术监督规程》要求；在焊缝处取样进行金相试验，试验结果表明，母材组织正常，为回火马氏体；焊缝组织具有小微裂纹，组织异常，如图 4–54、图 4–55 所示。

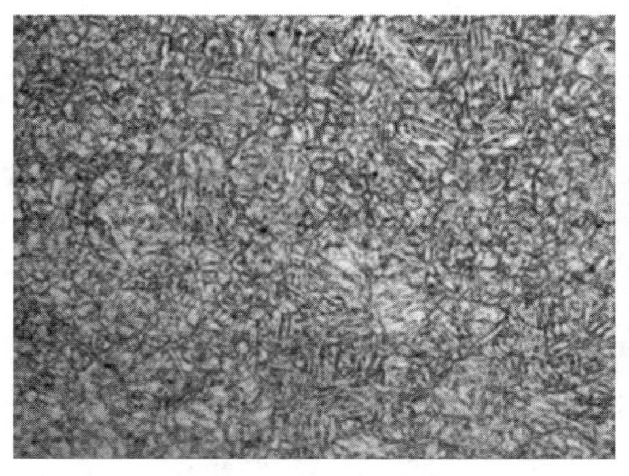

图 4–54　母材金相组织 4% 硝酸酒精溶液（200x）

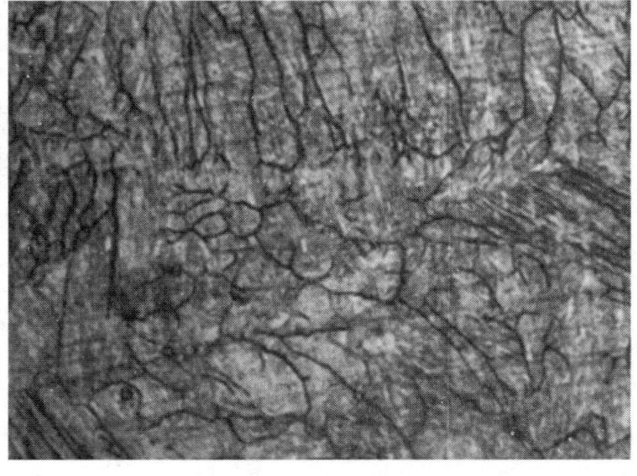

图 4–55　焊缝金相组织 4% 硝酸酒精溶液（200x）

综合所述，焊后未进行热处理或热处理不当造成焊缝硬度超标、组织异常，在长时运行过程中在焊接接头薄弱处熔合线位置附近发生失效。

2. 焊接缺陷

【案例 4–20】P91、P92 管道焊缝表面缺陷

在锅炉内部进行检验时，尤其首次进行内部检验时，发现 P91、P92 管道焊缝存在表面裂纹现象较多，裂纹主要出现在熔合线部位。

某电厂 2 号超超临界锅炉，高温再热蒸汽管道材质为 P92，2010 年首次检验时，发现炉前三通下部焊缝存在多处表面裂纹，裂纹均位于三通侧靠熔合线位置，如图 4-56 所示，裂纹在炉前侧长约 100mm、炉左侧在长约 450mm、炉右偏后侧长约 700mm 范围内断续存在，裂纹长度为 5~20mm，如图 4-57 所示，打磨后确认深度约 2mm。

图 4-56　三通焊缝位置

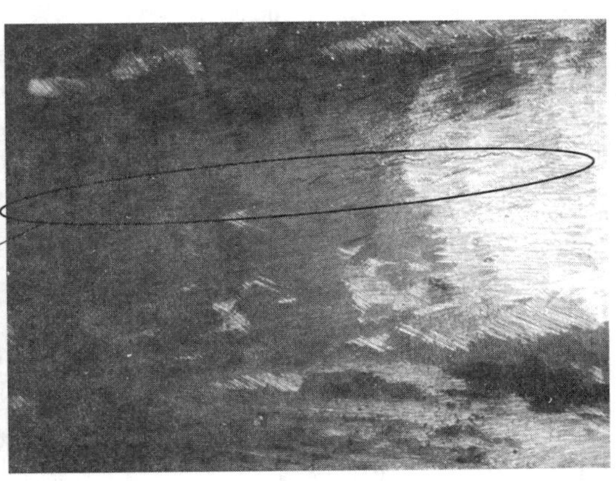

图 4-57　三通焊缝表面裂纹形貌

由于 P91、P92 合金元素成分高，属高强马氏体耐热钢，具有较高的淬硬性，焊接过程和组织转变产生的应力若不能充分释放容易诱导裂纹产生。表层焊由于没有下道焊对其进行回火，如果未及时进行热处理，应力未得到及时释放，极易产生表面缺陷。因此，对 P91、P92 焊缝进行检验时应采用磁粉检测进行表面无损检测。表面裂纹一般采用打磨清除圆滑的方法进行处理，如打磨深度超过设计所需壁厚才进行补焊。

【案例 4-21】某 1000MW 机组 2 号锅炉焊缝缺陷

某 1000MW 机组 2 号锅炉在首次进行锅炉内部检验中在主蒸汽管道 WA-07 焊缝表面发现长 7mm 的裂纹，如图 4-58 所示；主蒸汽管道 WA-03、WA-09、WA-49、WA-44 超声检验发现超标缺陷，按 NB/T 47013.3—2015《承压设备无损检测　第 3 部分：超声检测》评为Ⅲ级，不合格；主给水旁路三通焊缝磁粉检测，发现编号 WA177 焊缝中心线处存在 1 处裂纹，长约 30mm，如图 4-59 所示。

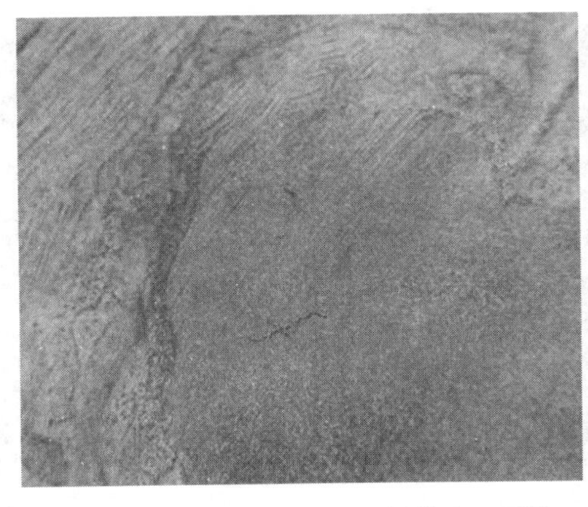

图 4-58　P92 主蒸汽管道焊缝表面裂纹

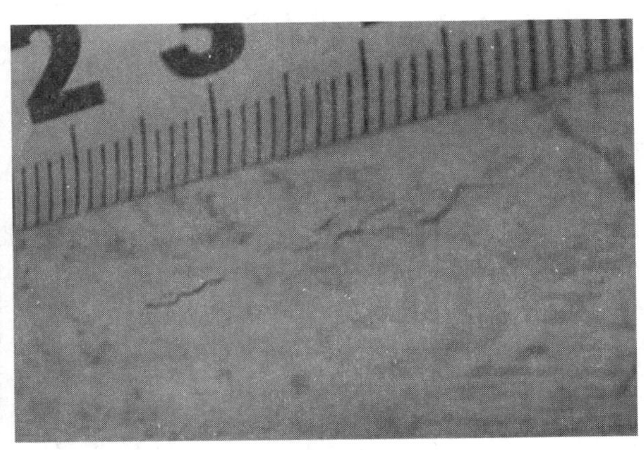

图 4-59　主给水管道焊缝表面裂纹

二、焊缝结构因素导致性能劣化

焊接结构因素包含焊接结构本身设计不合理，导致焊接或运行过程中产生结构应力，从而使焊缝早期失效，由于电站锅炉一般为引进国外技术，有成熟的设计、制造工艺，结构能进一步进行优化，因而，由于焊接结构设计因素引起的焊缝早期失效相对较少；在长期高温运行中主要体现的是异种材料的连接焊缝，由于异种材料本身化学成分、物料性能等存在较大差异，长期高温运行下元素迁移导致材料组织、性能劣化；物理性能差异导致高温运行下膨胀不一致的结构应力，促进了异种钢焊缝性能早期劣化。

电站锅炉受热面中新材料、高等级材料的大量使用，焊接、热处理工艺要求严，特别是异种钢焊缝，因两侧母材存在材质成分差异，耐热性能和膨胀系数不同，因此焊接、热处理工艺要求更高，如果焊接、热处理工艺控制不当，异种钢焊缝更容易出现焊接缺陷，异种钢焊缝由于存在热膨胀差的原因在低等级材料部位易出现轻微蠕胀，在高温高压条件下更容易造成早期失效爆漏。

典型的焊缝裂纹早期失效的主要有 T23 焊缝、T91（T92）/ 奥氏体不锈钢异种钢焊缝、T23/12Cr1MoV 异种钢焊缝失效等；铁素体热强钢与奥氏体钢组成的异种钢接头，存在着随机的低于平均寿命的早期失效现象。

1. 铁素体类异种钢焊缝早期失效

【案例 4-22】T23/12Cr1MoV 异种钢焊接及热处理工艺不当造成早期裂纹失效

某锅炉为 600MW 超临界参数变压直流本生型锅炉，最大连续蒸发量为 1900 t/h，高温过热器出口蒸汽压力为 25.4 MPa、温度为 571℃。高温再热器出口蒸汽压力为 4.52MPa、温度为 569℃。高温再热器进口集箱短接管材质为 12Cr1MoV，该处存在 T23 管过渡管，T23 材质过渡管一端是与 T91 管异种钢制造焊缝，一端在基建安装时存在 T23/12Cr1MoV 异种钢安装焊缝，规格为 $\phi50.8 \times 4.5$mm，高温再热器共有 84 片管屏，每片管屏有 10 个该异种钢焊缝，自 2007 年投入运行，运行约 8000 h，多次因 T23 与 12Cr1MoV 异种钢焊缝裂纹而泄漏，裂纹位于焊缝 T23 侧熔合线附近，沿管子环向开裂，启裂部位紧邻外表面焊缝，总长度约为 65mm，裂纹由管子外壁向内壁扩展，向内延伸逐渐偏离熔合线，已贯穿整个壁厚，断口附近无明显塑性变形，断口平整，为典型的脆性断裂。图 4-60 所示为 T23 与 12Cr1MoV 异种钢焊缝典型裂纹形貌。

失效部位设计压力为 5.57MPa，设计蒸汽温度为 492℃，管中壁温度为 492℃，经对安装资料进行核查，焊接工艺采用氩弧焊，焊丝为 TIG-R31，不预热，焊接完毕后未进行消氢处理及焊后热处理，焊缝在安装时均进行射线检测，符合 DL/T 821—2017《金属熔化焊对接接头射线检测技术和质量分级》中Ⅱ级，合格。并对母材及焊缝进行化学成分分析，T23/12Cr1MoV 管材、焊缝的化学成分符合要求。

图 4-60　T23/12Cr1MoV 异种钢焊缝典型失效形貌

对裂纹管取样进行金相及扫描电镜（SEM）分析，裂纹附近显微组织如图 4-61 所示，裂纹处于热影响区的粗晶区，尖端延伸入细晶区，在熔合线区域外表面粗晶区，还存在微裂纹，裂纹沿晶开裂，焊缝和热影响区的组织为淬硬的贝氏体组织 + 马氏体组织，T23 母材组织为贝氏体。从图 4-61（a）、图 4-61（c）可知，运行后焊缝及粗晶区组织仍保持有明显的马氏体组织特征，且粗晶区晶粒较大，具有粗大位向组织及黑色网状奥氏体晶界。

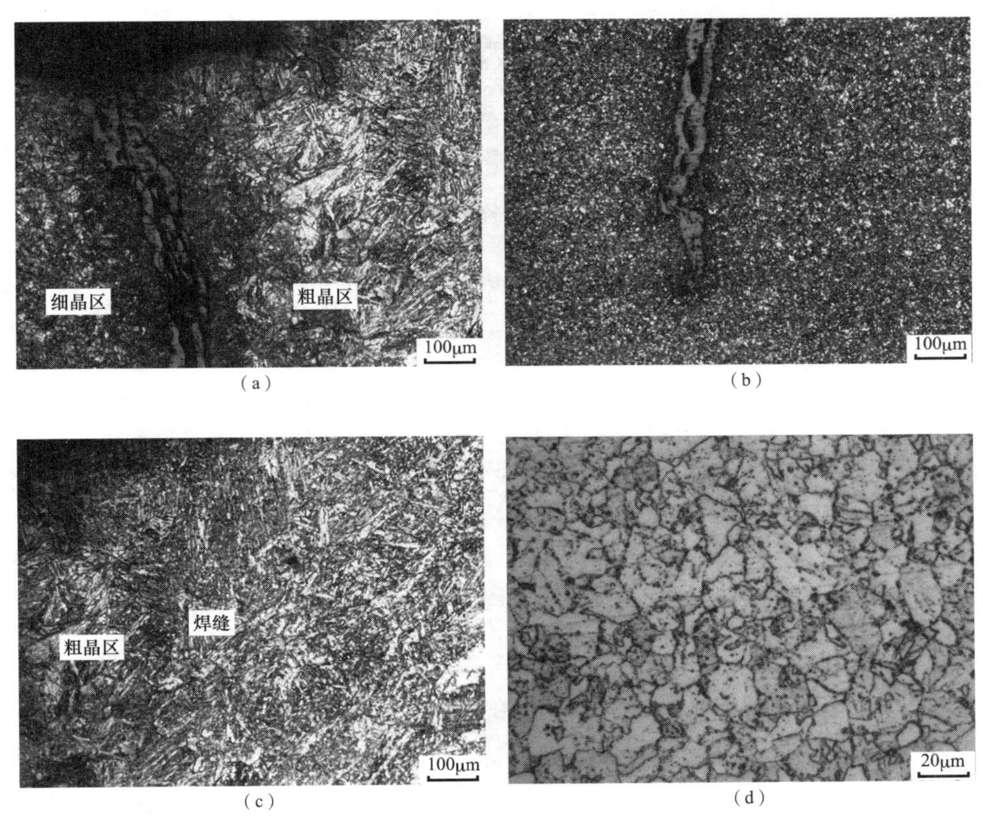

图 4-61 T23 侧微观组织图

（a）T23 侧裂纹金相组织；（b）裂纹尖端金相组织；（c）T23 侧熔合线区金相组织；（d）T23 侧母材组织

对焊缝进行硬度试验，T23 侧粗晶区的硬度为 356HV；焊缝的硬度平均值为 317 HV，T23 母材的硬度 HV 为 225。12Cr1MoV 侧焊缝粗晶区的硬度 HV 为 265，母材的硬度 HV 为 208。

T23 侧粗晶区的扫描电镜图如图 4-62 所示，微裂纹萌芽于焊缝与粗晶区界面处应力集中部位，在应力集中部位萌芽，裂纹沿奥氏体晶界开裂。可见，泄漏裂纹应萌芽于熔合线附近的粗晶区，随着运行应力作用下，裂纹环向扩展，尾部逐渐偏离于熔合线附近粗晶区，向细晶区界面延伸。

由于裂纹萌芽于粗晶区与焊缝界面，且焊后经过无损检测合格，经过一定时间的运行，因而，可以排除焊接热裂纹及冷裂纹，而是在运行过程中萌芽并扩展的。T23 钢的冶金原理为较多的沉淀强化元素，如 W、V、Mo、B 等，属于低合金高强度耐热钢，裂纹沿熔合线 T23 侧母材奥氏体粗晶界扩展，呈典型的脆性断裂等，根据这些特征，具备再热裂纹性质。

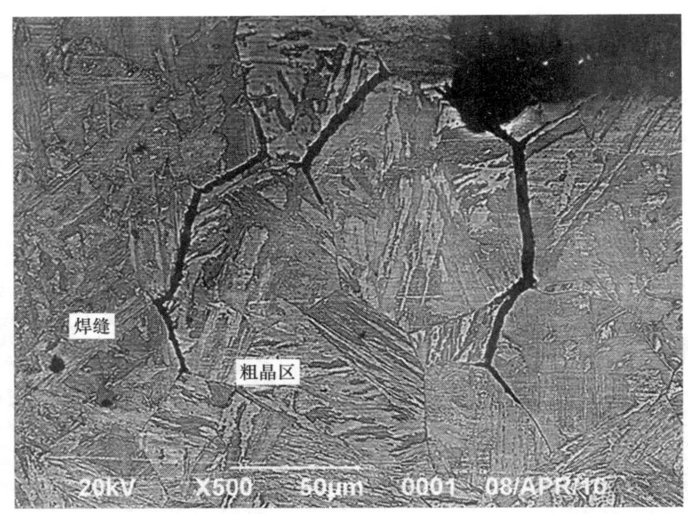

图 4-62　T23 侧焊缝熔合线形态

T23/12Cr1MoV 异种钢焊缝运行时管内蒸汽设计温度为 492℃，工作温度接近再热裂纹敏感温度区间（500~700℃）的下限，长时间的运行温度下会促进再热裂纹萌芽。

T23/12Cr1MoV 异种钢焊缝为小口径薄壁管，属于集箱短接管与受热面管对接焊缝，集箱短接管在制造时难免存在偏差，与管排安装对口时难免出现强制对口情况，焊接时会有较大拘束度，焊后会存在焊接残余应力，热态运行时管道内蒸汽设计压力为 5.57MPa，且负荷变化会造成温度、压力变化，具备了产生再热裂纹的力学条件。

T23 钢中除了存在一定量的杂质元素外，还有微合金化元素硼，焊后冷却速度对硼的偏析量和偏聚程度产生影响，硼会沿晶界偏聚，与杂质元素共同弱化了晶界强度。在焊接过程中，热影响区的粗晶区经历了高于 1100℃的热循环，高温使粗晶区的碳化物充分地溶入固溶体；由于焊前取消了预热和焊后热处理，小口径薄壁管焊层少更易快速冷却，使这些碳化物来不及析出，形成了过饱和的固溶体，使晶内强化。在随后高温运行下，粗晶区碳杂质在晶界析出偏聚，从而使晶界弱化，又由于粗晶区奥氏体晶粒粗化，晶界总面积减少，使晶界处于弱势，在外力作用下，蠕变变形将集中于强度较弱的晶界处，这种应变集中所产生的附加应力，将促使晶界进一步切变。

由于焊缝与粗晶区界面两侧化学成分、晶粒位向、强度及硬度均存在较大差异，在界面区域易产生应力集中，界面处的应力集中使其更容易发生损伤和破坏；且容易使应力产生的滑移带总是与晶界交互作用，在晶界处产生位错塞积和应力集中，随着运行时产生的外加塑性应变的增加，界面处缺陷密度将逐渐升高，最后在界面晶界处形成裂纹，并进一步造成沿晶开裂。

综上所述，再热裂纹萌芽与扩展是造成 12Cr1MoV 与 T23 异种钢焊缝早期失效的主要原因，裂纹萌芽于粗晶区，优先在 T23 侧焊缝与粗晶区界面应力集中部位产生。

T23 异种钢焊缝在焊接热循环作用下，热影响区的粗晶区经过高于 1100℃热循环，使大多数沉淀物溶解，但焊接工艺取消了预热及焊后高温回火，小口径薄壁管使焊接热快速冷却，从而未能够使粗晶区的铬碳化物和细小的钒和铌氮碳化物沉淀，形成了淬硬的马氏体组织，形成粗大晶粒组织，促进再热裂纹的产生。焊后应进行焊后热处理，经过高温回火后，使热影响区铬碳化物和细小的钒和铌氮碳化物完全沉淀，改善焊缝及热影响区组织结构，细化焊缝及粗晶区组织，提高焊接接头韧性及改善接头组织蠕变特性，消除焊接残余应力，减少界面应力集中程度，有利于避免再热裂纹产生。

国内超（超）临界机组锅炉运行经验表明，T23 材料容易发生焊缝裂纹，因此，选材时应避免使用 T23 材料；使用 T23 材料时应加强焊接、热处理工艺及过程质量控制，T23 材料焊接应进行焊后热处理，以改善焊缝及热影响区组织结构，提高焊接接头综合性能。

2. 铁素体 / 奥氏体异种钢焊缝

【案例 4-23】末级过热器出口 T92/HR3C 异种钢焊缝断裂失效

某电厂 1 号炉为哈锅生产的 HG3100/27.6-YM3 型超超临界参数变压运行直流锅炉，2009 年 12 月 28 日投产。末级过热器管共有 100 屏，每屏由 l6 根管组成，顶棚上方出口连接管材质为 T92。为了避免现场异种钢焊接工作，在 SA-213S30432 和 T92 材料的出口连接管之间设计了一段 300 mm 长的异种钢过渡段，布置在锅炉顶棚管上方，由 150mm 长的 HR3C 过渡短节（ϕ 54 × 14mm）和 150 mm 长 T92 过渡短节（ϕ 54 × 12mm）组焊而成。S30432/T92 异种钢过渡段在锅炉厂内制造完成，采用自动热丝 TIG 焊接工艺，焊后经 705~730℃保温 40min 的焊接退火热处理，该热处理一般采用缝隙炉设备进行，据了解也有采用单个加热器进行局部热处理。

2011 年 6 月 4 日，该锅炉末级过热器出口段第 88 屏外向内数第 13 根管位于顶棚上方的 HR3C/T92 异种钢焊接接头沿 T92 侧熔合线处整体断裂。对上、下断口进行仔细观察，发现断裂沿异种钢接头 T92 侧熔合线和热影响区发生。内壁在距离异种钢焊缝根部熔合线 1~2 mm 处开始颈缩变形，断口平整。T92 过渡短节靠近异种钢焊缝附近严重胀粗减薄，管子胀粗部位内外壁表面均可见龟裂纹，T92 侧断口也较平整，如图 4-63 所示。仔细观察，两侧断口表面均有舌苔状金属附着物，呈剪切断裂特征。

HR3C 不锈钢过渡短节及焊缝均无明显胀粗变形，而 T92 过渡短节在靠近异种钢对接焊缝附近的局部管段却发生了严重的胀粗变形，T92 侧断口外缘直径为 64.0mm，T92 侧断口的内缘直径为 52.2mm，几乎与 HR3C 侧断口的外缘直径相当，如图 4-64 所示。说明异种钢接头 T92 侧热影响区内外表面在断裂发生前均发生了变形开裂和颈缩过程。T92 过渡短节在距异种钢焊缝 15mm 胀粗最大为 67.7mm，距 75mm 处为 55mm，如表 4-3 所示。对发生胀粗的 T92 母材采用里氏硬度计进行测试，发现其硬度局部异常，在距焊缝约 50mm 内硬度值 HBHLD 从 140 逐渐升高至 178，低于 DL/T 438—2016《火力发电厂金属技术监督规程》推荐硬度 HB 范围 180~250 的下限，且呈现出越靠近异种钢焊缝硬度越低的规律，而超过 50mm 范围以外的母材硬度符合规程要求。

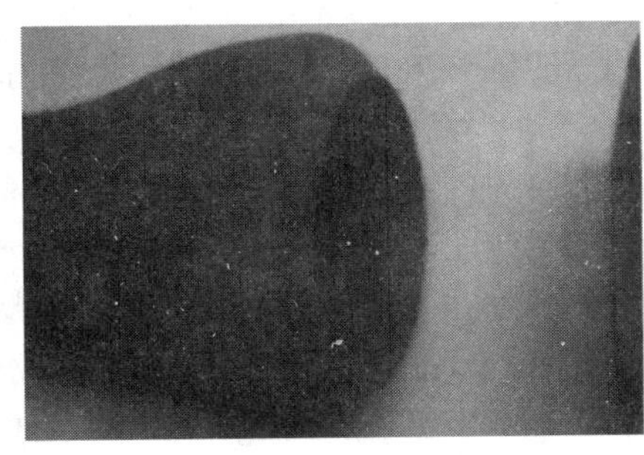

图 4-63 T92 侧断口形貌

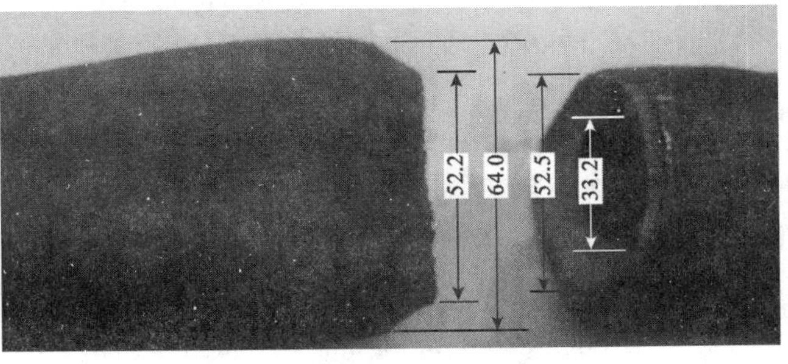

图 4-64 断口处胀粗变形形貌

表 4-3　失效管 T92 侧母材胀粗测量结果

距离断口边缘（mm）	测试结果（mm）	胀粗率（%）
15	67.7	25.4
50	57.9	7.2
75	55.0	1.9
200	54.3	0.6

对发生胀粗的 T92 过渡段短节进行光谱分析，材质符合设计要求。对胀粗最严重部位取样进行横向截面金相组织观察，组织为铁素体 + 碳化物 + 贝氏体（残余奥氏体转变），而非正常的回火马氏体组织，如图 4-65 所示，可能为焊后热处理温度过高所致，该部位的显微硬度 $HV_{0.2}$ 测试为 167，对应部位表面硬度 HB 测试值为 150；而对该 T92 过渡短节未明显胀粗部位进行覆膜金相检验，组织正常，如图 4-66 所示，对应部位表面硬度 HB 测试值为 200。

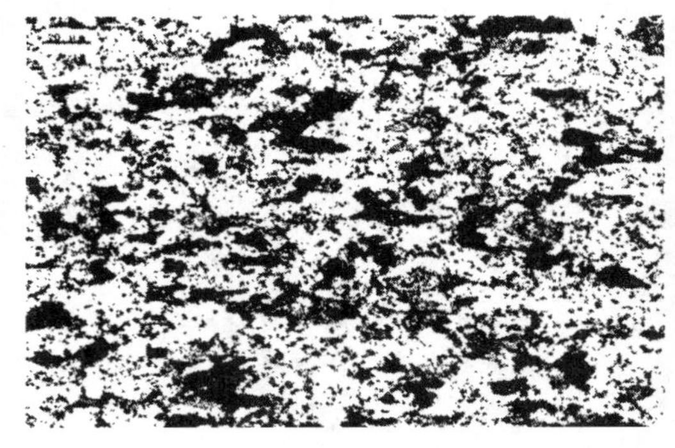

图 4-65　T92 短管胀粗部位金相组织形貌

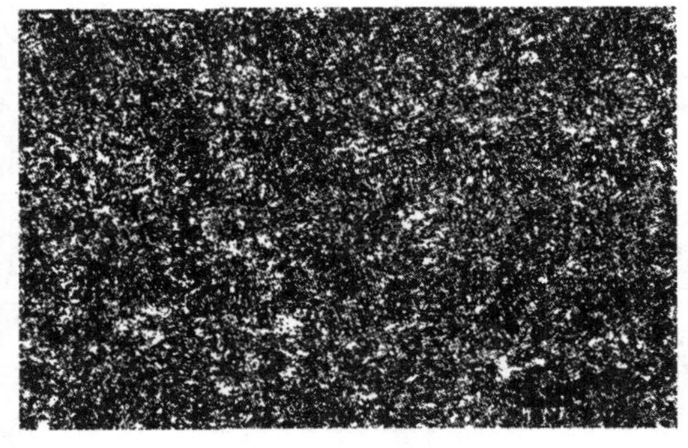

图 4-66　T92 短管未胀粗部位金相组织形貌

从以上试验结果可知，T92 短节管母材存在局部组织异常和性能下降，造成 T92 短节管母材局部失效应是由于该部位受到异常加热。由于该短节位于顶棚上方约 200mm，排除运行过程中受烟气局部加热的可能，只能是其在制造或安装过程中该部位受到局部加热。据了解该批异种钢焊缝制造过程存在单个加热器进行局部热处理现象，可能原因是焊后热处理过程中存在因控温热电偶损坏或热电偶安装位置不当等原因导致的热处理温度过高，超过了 780℃，而使焊接接头附近的 T92 管段发生局部组织异常和硬度、强度性能下降。

由于是焊后热处理导致的焊缝附近的 T92 管段局部组织异常和性能下降，在高温高压蒸汽内压力作用下，在紧邻焊缝的 T92 管段发生了局部胀粗，然而奥氏体不锈钢材质的焊缝强度未受到任何影响，因而对 T92 侧管子的环向鼓包胀粗起到拘束限制作用，从失效 T92 管端的最终形态看，局部管段已逐渐胀粗变形趋于球状，因此，在受到焊缝严重拘束作用下的 T92 侧焊缝热影响区的管子轴向应力已逐渐接近管子周向应力。T92 侧热影响区在管子胀粗带动下产生整圈均匀变形和内外表面开裂，当表面开裂和变形减薄到一定程度时，开始沿最薄弱部位（距离焊缝 1~2 mm 处）产生快速的剪切滑移，直至最终断裂。

结论：该锅炉末级过热器出口的 T92/HR3C 异种钢焊接接头发生局部胀粗和环向剪切断裂失效的最主要原因是焊缝附近的 T92 管段组织异常和性能下降。导致这一情况发生的最可能原因是该焊接接头在进行焊后热处理时，工艺控制不当导致实际热处理温度过高。

针对同类型锅炉应对末级过热器出口所有 T92/HR3C 异种钢过渡段的 T92 侧管段进行宏观、胀粗及硬度检查，且应重点检查靠近异种钢焊缝的管段，发现管子胀粗、鼓包、开裂等异常应更换异种钢过渡段；硬度明显异常（硬度 HB 低于 170）应进行金相组织检查，必要时也应更换异种钢过渡段。此外，对 T9l 或 T92 材料与不锈钢对接的异种钢焊接接头验收的时候，应增加 T91 或 T92 侧热影响区和母材的硬度检验，必要时进行金相检验抽查。另外，设计时应充分考虑异种钢焊缝安装、检修及避免异种钢焊缝运行工况恶化等情况，奥氏体不锈钢与铁素体类异种钢焊缝应布置在炉顶大包内，且最好应高于顶棚密封浇注料 150 mm，以便于异种钢焊接接头的定期检查及避免炉膛内恶劣工况对异种钢焊缝早期失效的影响。

【案例 4-24】长期运行下铁素体 / 奥氏体异种钢焊缝裂纹

某电厂 1 号锅炉在运行 4.7 万 h 时发生过热器 T91/TP347H 异种钢焊缝裂纹，裂纹在 T91 侧，沿熔合线开裂，如图 4-67 所示，为典型的铁素体 / 奥氏体异种钢焊缝早期失效，从宏观上看，破坏发生在低合金钢材料和高合金焊缝的熔合线上，经过显微金相分析，失效发生在距离熔合线的铁素体钢内，裂纹在外表面原始奥氏体晶界上形成并发展，主要原因为高温长期运行过程中，在以镍基或奥氏体钢材料为填充焊缝中，沿熔合线析出球块状的碳化物，使熔合线成为一个薄弱面，在铁素体 / 奥氏体钢膨胀系数大而造成的热应力作用下，蠕变裂纹就沿熔合线的碳化物形成和发展，最终导致开裂。

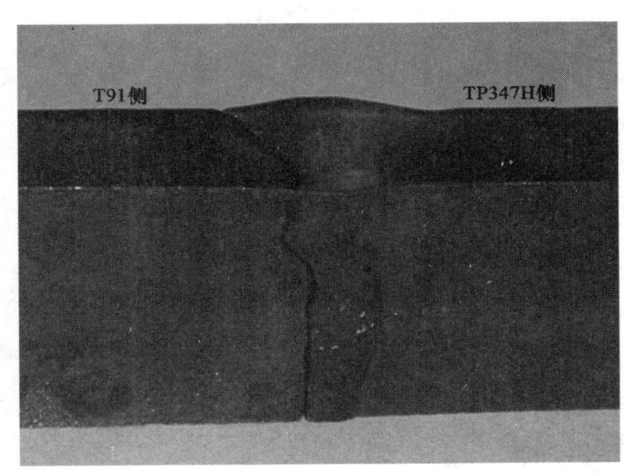

图 4-67　长期运行下铁素体 / 奥氏体异种钢焊缝裂纹形貌

国外根据异种钢焊缝运行实际得出了一些经验，如加拿大 OH 公司统计认为 5000h（350 次启停后），约 1.55% 失效；英国 CEGB 统计认为：奥氏体填充金属的，1 万 h 失效，概率大于或等于 1%；镍基填充金属，5 万 h 概率才达到大于或等于 1%；美国统计认为：奥氏体填充，最早发生 2.9 万 ~12.5 万 h，平均 7.4 万 h；镍基填充，最早为 4 万 ~12 万 h，平均为 10 万。

铁素体 / 奥氏体异种钢焊缝裂纹失效与焊接缺陷无直接关系，失效主要是由于蠕变裂纹伴随着沿熔合线析出的大颗粒碳化物而生产，国外多年来多锅炉异种钢焊缝早期失效研究表明：① 时效条件对界面 Ⅰ 型碳化物生长影响，对于 2.25Cr1Mo- 镍基焊缝而言，运行前经过 700℃以上高温回火，令碳化物尽早析出，颗粒变细，使 Ⅰ 型碳化物出现较晚，延长寿命；相反，低于 650℃回火时，碳化物析出晚，但成长颗粒大，Ⅰ 型碳化物出现的早；

② 高温回火焊缝影响长期运行下界面的第二相的形态与数量；未经过高温回火后接头，运行温度下镍基焊缝界面上较多较大颗粒碳化物析出；经过高温回火后，析出物较少；经过高温回火后，避免过早形成Ⅰ型碳化物，延长寿命；③ 填充材料强度尽量与母材相近，有利于减少界面拘束度，减缓蠕变速率。因此，针对奥氏体钢与铁素体钢焊接接头，应注意：

（1）应尽量避免接头设计在热应力大的区域。

（2）应采用镍基焊材，填充材料强度、线膨胀系数尽量与母材相近。

（3）焊接时应按铁素体侧材料进行热处理（高温回火）。

第四节　磨损、吹损

受热面磨损问题一直是困扰发电企业的一个难点问题。磨损是受热面管泄漏中非常普通的一种形式，一般分为机械磨损、飞灰磨损和蒸汽吹损。

水冷壁磨损一般容易发生在风、油、煤粉入口附近以及吹灰器附近管子，由于风或煤粉的吹损而使水冷壁局部减薄，目前一般采用加防磨装置。因而在停炉检修期间，必须对风、油、煤粉入口以及吹灰器附近等管子进行检查，是否有防磨装置偏斜、管子局部磨损等严重情况，一经发现及时处理。

对屏式过热器、高温过热器以及高温再热器等管排重点检查管排是否出列严重、防磨装置偏斜、脱落等异常情况，加强对这些异常情况管子进行重点检查，并及时按设计要求恢复处理。

低温过热器、低温再热器、省煤器是“四管”磨损泄漏的主要部件，泄漏的主要发生部位为烟气走廊形成的地方，具体为与炉墙紧挨部位：紧挨包墙的部位以及与中隔墙相挨的部位，由于这些部位存在与侧墙间隙较大、炉墙漏风等问题，易形成烟气走廊，使局部磨损严重；中隔墙密封不严、密封件损坏或开裂，造成前后竖井烟道窜风，易造成局部磨损加剧；炉墙或人孔门等密封不严，造成侧墙局部跑冷，会造成该局部区域受热面局部磨损加剧；防磨装置脱落、偏斜、损坏等均会造成局部磨损加剧。因而，在检修期间，应重点检查，逢停必检。此外，管排出列、间距不均、防磨装置安装不到位等地方也应重点检查。

结构异型部位尤其是膜式受热面（水冷壁、包墙）导致烟气或灰飞流向突然改变，使在该异型部位拐角处局部磨损加剧，因此，应加强异型部位的防磨措施，并定期加强检查。

在运行检修期间，重点检查炉墙附近管排磨损情况，受热面管屏是否存在节距不均、管子出列严重等问题；无管屏节距定位装置，安装阶段管屏间距无法控制，防磨罩安装不到位，偏斜、不固定等问题，对于上述问题应及时纠正。间距不均势必造成烟气流速不均，防磨罩安装不到位，从而造成局部磨损加剧。

一、机械磨损

机械磨损一般由于定位卡块失效或夹持不牢造成管排与管排之间、管排与夹持管之间出现磨损。

【案例 4–25】夹持管机械碰磨

某电厂 1 号超超临界锅炉 2014 年底检修时，发现后屏进口段炉右数第 2 屏管子与定位夹持管存在碰磨，造成定位夹持管严重磨损，磨损深度超过 3mm，需对定位夹持管进行更换处理，如图 4–68 所示。

图 4–68　后屏夹持管机械碰磨

【案例 4–26】夹持管与屏式过热器碰磨

某沿海电厂 1 号锅炉为哈尔滨锅炉厂制造的直流锅炉，锅炉型号为 HG–1135/25.4–YM1，2015 年 7 月投运，2018 年首次内部检验时对受热面检查发现：屏式过热器夹持管与屏式过热器垂直管段普遍存在碰磨现象。其中左数第 4、5、6、7、11、14、15、17、18、19、20 屏前数第 1 根管子从下往上约 4m 处，夹持管和垂直管段碰磨严重，磨损部位减薄约 1.5mm，如图 4–69 所示。

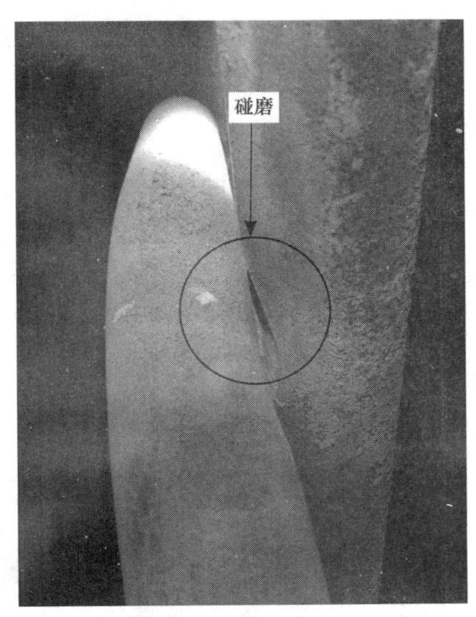

图 4–69　夹持管与垂直管段碰磨

机械碰磨还存在由于设计、制造、安装及检修等错误，导致管屏过长而造成碰磨。某电厂超临界锅炉，由于高温过热器、高温再热器在炉膛中间部分管屏过长，造成管屏底部与水平烟道水冷壁之间膨胀间距小于设计值，在运行过程发生相碰，利用检修机会对该批管屏进行了整体割管处理。

二、飞灰磨损

飞灰磨损一般发生在工作环境温度较低的后烟井受热面。由于烟气中含有大量飞灰，飞灰中携带大量坚硬颗粒，冲刷管子表面，使低温受热面出现飞灰磨损。一般容易出现磨损的部位是炉内尾部受热面与包墙之间或蛇形管间的间隙形成的“烟气走廊”的区域，受烟气冲刷的第一排管子中心点及两侧磨损最严重。烟气速度越高，磨损现象越容易发生，后烟井常有因积灰堵塞烟气通道现象，通道的堵塞增加了烟气的流速，会导致磨损现象的发生。

炉膛、人孔门和中隔墙等漏风也会引起磨损。中隔墙密封不严会严重磨损中隔墙管、省煤器管、低温过热器、低温再热器及侧墙包墙管，因而应重点对中隔墙与侧包墙、低温再热器与侧包墙、低温过热器与侧包墙等部位的检查，要核查设计图纸，并现场检查密封焊缝质量是否符合设计及有关规程要求。

【案例 4–27】穿中隔墙部位未密封造成局部磨损加剧

某电厂 2 号超超临界锅炉 2015 年进行内部检验时，发现汇集集箱至包墙入口集箱连接管（规格为 ϕ 159 × 30mm，材质为 15GrMoG，最小计算壁厚为 21.4mm）穿中隔墙下部护板位置多处磨损，减薄量在 8~10mm 之间，磨损的连通管共 14 根。其磨损的主要原因为连通管套管设计不合理、套管长度不够、未与护板形成密封，如图 4-70 所示，导致连通管穿护板位置漏灰，造成磨损。对连通管磨损部位进行了更换；同时对连通管套管进行了设计改进，加长套管长度，保证其在运行过程中能与护板形成密封。

图 4-70　连通管密封结构及磨损形貌

【案例 4-28】中隔墙未密封导致局部磨损泄漏

某电厂 4 号炉是哈锅采用 ABB-CE 公司引进技术设计、制造的亚临界压力、一次中间再热、自然循环筒炉。采用平衡通风、直流式燃烧器四角切圆燃烧方式锅炉，锅炉型号为 HG-1021/18.2-PM27。该炉于 2005 年投运，2009 年发现中隔墙与侧包墙连接部位泄漏，现场检查发现由于中隔墙鳍片间割开后未按设计要求密封，导致前后竖井烟道串风，造成局部磨损泄漏，如图 4-71、图 4-72 所示。

图 4-71　中隔墙未密封部位泄漏位置

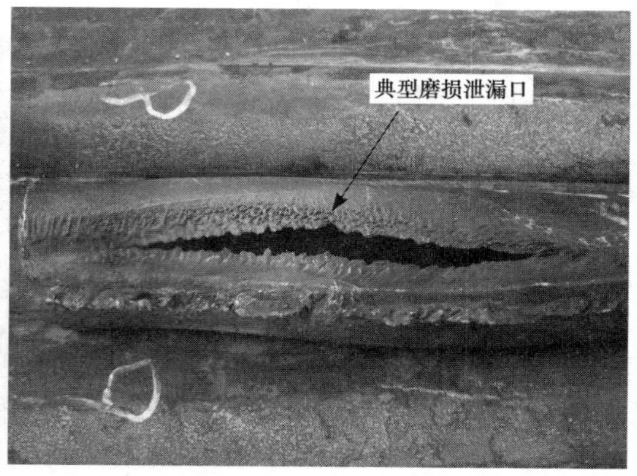

图 4-72　中隔墙位置磨损泄漏宏观形貌

【案例 4-29】1 号炉省煤器进口集箱管座爆管

某电厂 300MW 机组 2012 年 2 月 27 日运行发现 1 号机组省煤器位置发生爆漏，停机经通风冷却，进入炉内检查爆漏位置为省煤器进口集箱（规格为 ϕ 323.9 × 60mm，材质为 SA-106C；管子规格为 ϕ 51 × 6mm，材质为 SA-106C）低温再热器侧从中隔墙往前第 1 排右数第 2 个管座角焊缝位置发生爆裂。

从图 4–73、图 4–74 可以看出，爆口附近 100mm 距离位置为集箱穿中隔墙处，穿墙位置留有较宽间隙未密封，由于再热器烟气挡板长期处于全开状态，其烟气压力低于过热器侧，运行过程中低温过热器侧烟道烟气由间隙处漏入再热器侧，长期冲刷，导致管壁磨损减薄。经扩大检查，在类似位置发现多处较为严重的减薄情况（5 个省煤器出口集箱穿墙位置管座磨损、包墙下集箱前后墙连通管穿中隔墙位置多处磨损，均在再热器侧）。

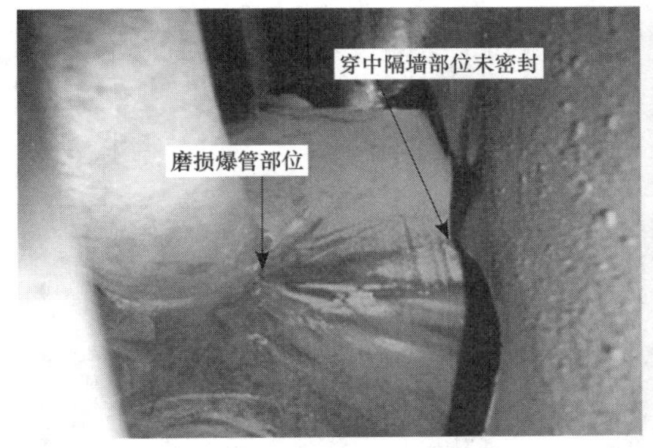

图 4–73　低温省煤器爆管形貌

图 4–74　前后墙连通管穿中隔墙位置磨损

综上所述，爆管的主要原因是省煤器进口集箱在穿中隔墙位置未密封，导致烟气由过热器侧串入再热器侧，造成省煤器管长期局部磨损爆管。

【案例 4–30】水冷壁燃烧器区域鳍片未密封造成的局部磨损

对某电厂 600MW 超临界机组 4 号锅炉进行内部检验时发现，水冷壁燃烧器区域少量鳍片未密封，造成严重局部磨损，水冷壁规格为 ϕ 38.1 × 7mm，材质为 SA213–T2，如图 4–75 所示，现场实测壁厚仅为 4.2mm。宏观分析可知，磨损区域沿未密封区域呈外小窄、内宽趋势，可见，局部磨损区域是由炉外向炉内产生风速造成的。运行过程中炉膛内压力相对较低，水冷壁燃烧器风压、输煤粉等压力均大于炉膛内压力，燃烧器与炉墙接口部位难免存在漏风现象，含煤粉及风沿附近鳍片未密封局部区域进入炉膛内，造成鳍片未密封区域管表面局部磨损加剧。因此，应加强鳍片密封及检查，对未密封或鳍片开裂部位进行恢复处理，并及时针对局部磨损区域进行更换或补焊处理。

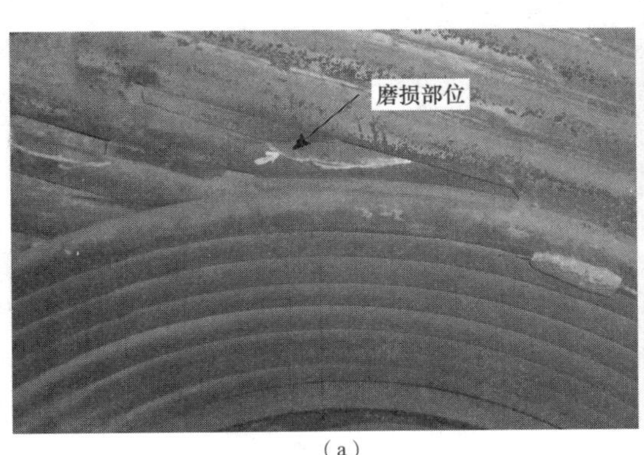

（a）

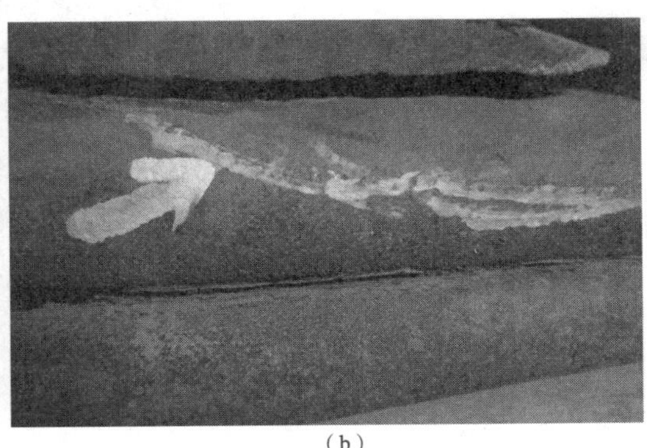

（b）

图 4–75　燃烧器附近水冷壁鳍片未密封造成局部磨损情况

（a）水冷壁燃烧器附近局部磨损形貌；（b）局部磨损宏观形貌

【案例 4–31】人孔门密封未严导致局部磨损

某电厂燃煤锅炉为 HG–1021/18.2–PM27 型 300MW 亚临界中间再热自然循环煤粉锅炉。低温再热器规格为 ϕ 63 × 4.5mm。该炉于 2005 年 9 月试运行，2006 年 8 月 29 日在炉标高 45m 处炉左人孔门附近低温再热器发生泄漏。

低温再热器泄漏位置在炉左人孔门附近从左向右数第 2 排 1、2 根及第 3 排 1、2 根，如图 4–76 所示。泄漏口周围均比较薄，均有严重磨损的痕迹，泄漏口向外，第 2 排 1、2 根及第 3 排 1 根泄漏口周围均有明显冲蚀的现象，3 排 2 根泄漏口附近没发现冲蚀的迹象，可见，低温再热器泄漏次序是由 3 排 2 根先起爆，吹出来的蒸汽吹爆 3 排 1 根，然后，3 排 1 根蒸汽相继吹爆 2 排 2 根、2 排 1 根。

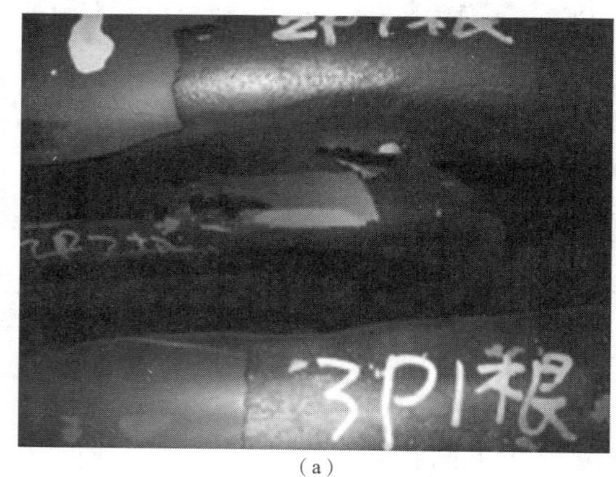

（a）

（b）

图 4–76 低温再热器泄漏口宏观形貌

（a）泄漏现场；（b）泄漏口宏观形貌

对低温再热器泄漏层进行宏观检查，发现低温再热器管排泄漏附近以及相对应炉右侧低温再热器管明显有磨损迹象，对这些明显磨损的受热面管进行测厚检查，检查结果如表 4–4 所示，同样，对下一层低温再热器管排进行宏观检查，发现磨损有所好转，但人孔门附近管排磨损比同层其他的相对严重些，对有明显磨损的管进行测厚检查。

表 4–4 明显磨损现象的低温再热器管测厚检查

测量位置	厚度（mm）	测量位置	厚度（mm）
炉左数 1–1	1.8	炉右数 1–2	3.2
炉左数 1–2	3.2	炉右数 2–2	2.6
炉左数 2–3	2.1	炉右数 3–2	2.5
炉左数 3–2	2.5	炉右数 4–2	2.4
炉左数 4–2	2.6	下一层炉左 1–1	2.6

从表 4–4 可知，磨损基本上发生在管排第 2 根，由于第 1 根有防磨片的防护，磨损较少，炉左侧爆管附近第 1 排和下一层炉左侧人孔门附近第 1 排第 1 根，由于防磨片磨穿，

从而使管子磨损加剧，磨损严重的地方集中发生在人孔门附近。

对上述人孔门进行外观检查，如图 4–77、图 4–78 所示，泄漏管附近的人孔门无内套，人孔门铁皮直接隔离炉内、炉外，缺少相应的保温措施，其他的人孔门有内套保温，但是，里面缺乏进一步的保温措施。

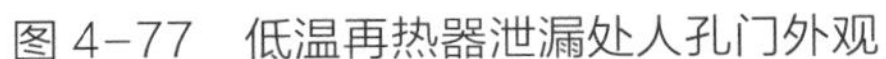

图 4–77　低温再热器泄漏处人孔门外观

图 4–78　低温再热器其他人孔门外观

对取样管进行机械性能、化成成分及金相试验分析，均符合要求。

从泄漏口外观形貌可知，泄漏口周围均比较薄，均有严重磨损的痕迹，泄漏口向外，泄漏管附近管排严重磨损。由于泄漏管附近人孔门内无保温套筒，铁皮直接隔离后竖井内、外，缺少相应的保温措施，从而可能引起传热加剧，促使人孔门附近局部烟气温度相对较低，相对应的局部烟气压力相对较低，使人孔门附近局部烟气流速加快。

灰粒磨损与温度有关，在较高的温度区域，灰粒处于软化阶段，此时，灰粒硬度不高，磨损作用小。受热面管的磨损速度与灰量、灰的磨损性、灰粒速度和烟气温度等有关，即

$$E_m=57.2P_a v^{3.3}/T_p \tag{4–1}$$

式中 E_m——受热面管磨损速度，nm/h；

P_a——灰的磨损参数，与灰中含碳量等有关的参数；

v——烟气速度，假定烟气速度与灰粒速度相同，m/s；

T_p——烟气温度，K。

由式（4–1）可知，随烟气速度的提高，灰粒对受热面管磨损程度与其速度的 3.3 次方成正比；当温度降低时，灰粒硬度增加，磨损加剧。

对于顺序布置的管排，第 1 排管子灰粒碰撞概率比第 2 排的要大得多；在同一颗粒尺寸下，流速大时颗粒与管壁的碰撞频率也较大。第 1 排管道由于有防磨片防护，有些防磨片被磨穿，防磨片磨穿后管道磨损也较严重；第 2 排管道侧面由灰粒直接磨损，磨损较严重。

由式（4–1）可知，爆管人孔门附近烟气温度较低、压力较低、流速较高，从而使局部管排磨损加剧。从表 4–4 可知，相对应的其他人孔门附近管排也发生相应的磨损加剧现象。

低温再热器泄漏原因是泄漏管人孔门附近局部烟气温度相对较低、压力相对较低、流

速相对较高，从而使局部管子受灰粒磨损加剧，使泄漏管管子减薄严重，当管子壁厚少于设计壁厚时，以至承受不起温度和压力的作用，从而产生泄漏。

综上所述，低温再热器管子泄漏的原因是由于人孔门保温措施不到位，炉内、外热交换加剧，促使人孔门附近温度降低、压力降低，使人孔门附近烟气流速加剧，管子磨损急剧加快，管壁减薄严重，当管壁最小壁厚低于设计壁厚时，承受不起温度和压力的作用下，发生泄漏。

因此，应加强人孔门及炉墙的保温密封措施，尽量使炉内烟气温度、流速及压力均匀化，防止局部磨损加剧。

【案例 4-32】防磨装置脱落、损坏导致局部磨损加剧

某电厂 3 号锅炉为 B&WB-1025/18.44-M 型锅炉，是北京巴·威（Babcock & WilCox）公司引进美国 B&W 公司 RBC 锅炉技术设计制造。2018 年 6 月防磨防爆检查发现中隔墙从上往下第 1 层检修通道（低温过热器垂直通道）内，中隔墙靠近低温过热器侧阻流板存在损坏、遗失现象，如图 4-79、图 4-80 所示，导致中隔墙密封板往下约 200mm 处存在局部磨损情况，壁厚磨损减薄超过设计壁厚的 25%，达 32%，其中最薄处为 4.76mm，中隔墙设计材质为 13CrMo44、规格为 ϕ 51 × 7mm。

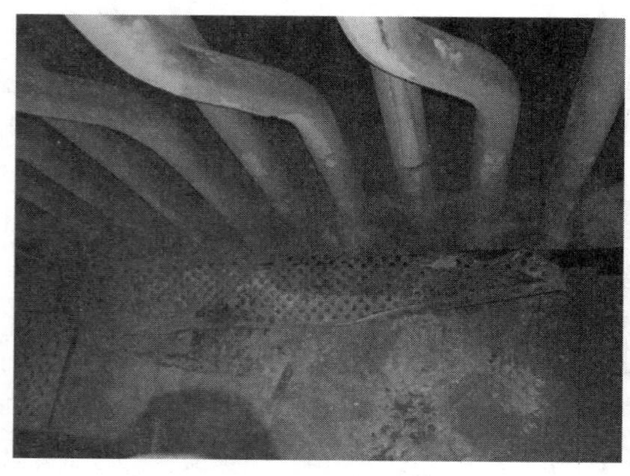

图 4-79　中隔墙阻流板损坏

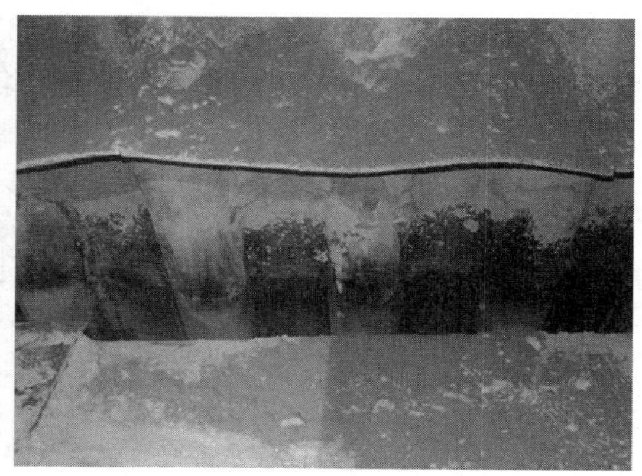

图 4-80　中隔墙低过侧局部磨损宏观形貌

【案例 4-33】燃烧器、喷风口等密封拉裂导致局部磨损加剧

某电厂 3 号锅炉为 B&WB-1025/18.44-M 型锅炉，是北京巴·威（Babcock & WilCox）公司引进美国 B&W 公司 RBC 锅炉技术设计制造。2018 年 6 月防磨防爆检查后墙水冷壁从下往上数第 3 层燃烧器右侧燃烧器侧，距离右墙约 4m 处侧墙风喷口右侧挡板变形，导致密封不严，临近第 1 根管存在明显磨损现象，如图 4-81 所示。

【案例 4-34】燃尽风吹损减薄

对某电厂 3 号锅炉进行防磨防爆检查发现水冷壁上层燃尽风喷口上沿高度，后墙水冷壁左数第 8~13 根存在吹损现象，吹损部位长度约 300mm。左（东向西）数第 13 根吹损部位壁厚 4.25mm，如图 4-82 所示。左（东）侧墙水冷壁从后往前数第 13 根吹损，吹损部位长度约 200mm，壁厚 5.89mm。水冷壁材质为 25MnG、规格为 ϕ 60 × 6.5mm。

【案例 4-35】结构异型部位导致局部磨损加剧

对某 300MW 机组 3 号锅炉水冷壁进行检查发现后墙水冷壁上层吹灰孔往上 1.2m

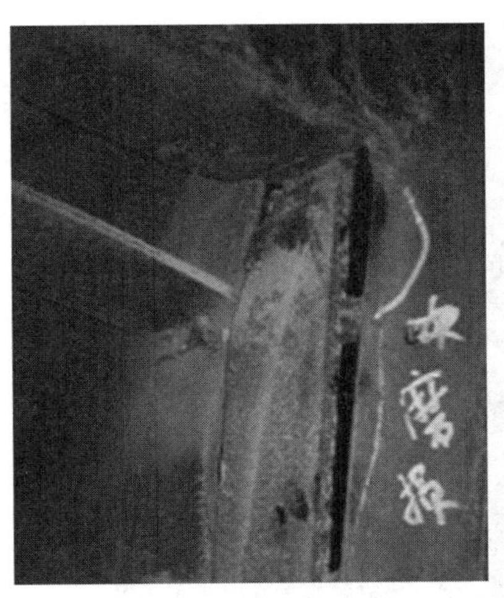

图 4–81　下往上数第 3 层燃烧器右侧喷风口右侧水冷壁局部磨损

图 4–82　后墙水冷壁管吹损

处（卫燃带上沿），锅炉左后角、右前角和右后角结构异型部位部分管子磨损减薄（见图 4–83）：左后角处，左侧墙水冷壁后数第 1 根管子厚度测量为 4.20mm，后墙左数第 1 根管子厚度测量为 5.60mm；右前角处，右侧墙水冷壁前数第 1 根管子厚度测量为 4.64mm，第 2 根厚度测量为 4.83mm，第 3 根厚度测量为 6.36mm；右后角右墙后数第 1 根厚度测量为 4.9mm；折焰角下部拐角处，后水冷壁左数第 1 根管子及右数第 1 根管子从拐角往上 500mm 处磨损减薄（见图 4–84）。左数第 1 根减薄处厚度测量为 3.60mm，右数第 1 根减薄处厚度测量为 4.70mm。水冷壁材质为 25MnG、规格为 ϕ 60 × 6.5mm。

图 4–83　水冷壁左后角磨损

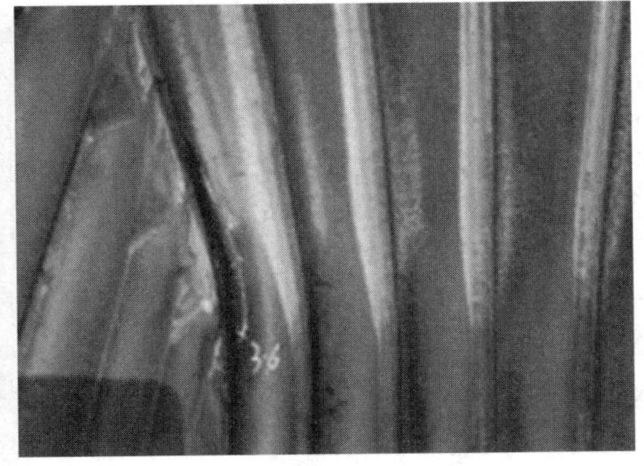

图 4–84　后水冷壁折焰角左数第 1 根磨损

【案例 4–36】水冷壁凝渣管穿墙异型管部位局部磨损

某电厂 2 号锅炉水冷壁凝渣管穿墙部位存在耳板结构，因此，该部位水冷壁管存在异型结构，在水冷壁耳板两侧拐角处存在局部磨损加剧，导致磨损减薄泄漏，图 4–85 所示位置产生局部严重磨损；左右侧第 1 根凝渣管穿墙部位未有耳板相连接的结构，直接磨损相邻水冷壁拐角部位。因此，对所有凝渣管穿墙部位应进行重点检查，发现出现局部磨损严重情况时，应核查其结构设计是否合理，并及时与制造厂家联系进行结构改进，避免磨损情况的屡次发生。

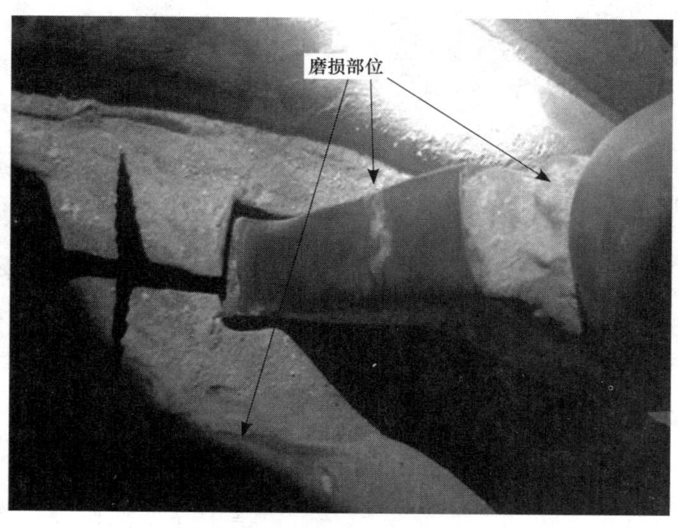

图 4-85　凝渣管穿墙部位局部磨损位置

三、吹灰蒸汽吹损

电站锅炉均有发生因吹灰器吹灰不当而引起泄漏，吹灰器故障如卡涩不动、投运时间过长、吹灰角度偏斜等，均会对附近管子造成吹损。因而每年至少进行 1 次对吹灰器及附近管排的检查，加强对锅炉内吹灰器管及阀门的检查，重点检查吹灰器附近管排；对锅炉内吹灰器进行调整，优化吹灰方式，防止吹灰蒸汽对受热面管吹损情况发生；运行过程中，应加强对吹灰器的合理投运，避免超时投运；同时加强对吹灰器的维护管理，对出现故障的吹灰器应及时进行维修或更换；优化尾部通道吹灰方式，避免采用蒸汽吹灰装置。

【案例 4-37】水冷壁吹灰器吹损减薄

对某电厂 1 号超超临界锅炉进行检修时发现 8 个吹灰器附近共 79 根水冷壁管在向火侧迎风面均存在严重的吹损壁厚减薄，减薄厚度在 2~3mm 之间，如图 4-86 所示，调查发现由于该 8 个吹灰器在运行过程进入炉膛开始吹灰后不能正常转动，从而造成一侧水冷壁管被吹损减薄。

图 4-86　水冷壁吹灰器不转动造成一侧管吹损

【案例 4-38】某 300MW 机组 3 号锅炉水冷壁吹灰蒸汽吹损

2018 年检修时对水冷壁检查发现前、后墙水冷壁，上层及从上往下第 2 层吹灰孔附近部分管子存在吹损减薄现象，如图 4-87 所示，对管壁有明显减薄的管子进行了壁厚测量，减薄最严重处厚度仅为2.40mm。水冷壁材质为25MnG、规格为ϕ 60 × 6.5mm。

图4-87　后墙上层吹灰孔附近管子吹损

【案例4-39】低温过热器吹灰通道吹灰蒸汽吹损减薄

2018年某300MW机组3号锅炉检修时对低温过热器通道进行检查发现低温过热器从上往下数第1层水平段（垂直低温过热器通道内），前吹灰器通道内，从上往下第1根管子，距离中隔墙约2m处，管夹部位未安装防磨片，导致管子局部存在吹损减薄情况，最薄处为5.49mm，如图4-88所示。低温过热器设计材质为12Cr1MoVG、规格为ϕ51 × 6.5mm。

【案例4-40】省煤器防磨装置遗失导致吹灰蒸汽吹损

2018年对某300MW机组3号锅炉进行检修时发现低温过热器最上层通道处，前排省煤器吊拉管前侧（前吹灰器通道内），从低温过热器水平管最上1根往上0~2m处防磨片遗失，如图4-89所示，造成省煤器吊挂管存在明显吹损痕迹。

图4-88　低温过热器第1层前吹灰通道内第1根管夹处管子吹损情况

图4-89　省煤器吊拉管防磨片遗失

【案例4-41】低温再热器防磨装置偏斜、损坏、遗失等导致吹灰蒸汽吹损

2018年，对某300MW机组3号锅炉进行检修时发现：低温再热器最上层垂直段，左数第1~10排、120~125排前数第1根管子，防磨片往上0~200mm处磨损最薄处厚度为3.56mm，如图4-90所示，材质为15CrMoG、规格为ϕ 60 × 5mm；低温再热器最上层垂直段，左数第20排第1根管子中部防磨片缺失（见图4-91）；左数第100排前数第1根管子防磨片偏转（见图4-92）。

图 4-90　管子磨损

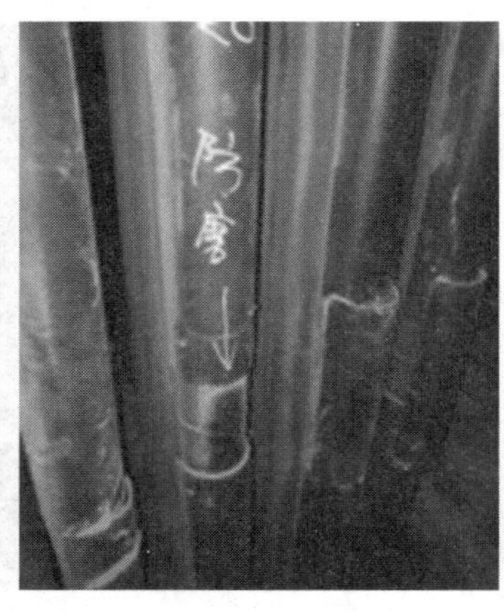

图 4-91　20 排防磨片缺失

图 4-92　100 排防磨片偏转

第五节　腐蚀

腐蚀是导致锅炉受热面失效、引起火力发电厂事故停机的主要原因之一。锅炉受热面的腐蚀根据腐蚀部位和环境的不同可分为水汽侧腐蚀和烟气侧腐蚀两大类。水汽侧腐蚀常见的腐蚀类型有氢腐蚀、碱腐蚀、坑腐蚀、氧腐蚀、氯脆、奥氏体不锈钢的晶界腐蚀等。烟气侧腐蚀分高温腐蚀和低温腐蚀。

锅炉“四管”腐蚀一般分为水汽侧腐蚀和烟气侧腐蚀两种，其中水汽侧腐蚀有水蒸气氧化腐蚀、垢下腐蚀（氢腐蚀、碱腐蚀、介质浓缩腐蚀）、氧腐蚀等；烟气侧腐蚀与部件工作环境的温度、气体成分、煤质成分以及灰飞粒度运行状况等有关，具有腐蚀速度快、区域集中以及突发性等特点，烟气侧发生的高温腐蚀主要为硫腐蚀、氯腐蚀以及钒腐蚀等。

在大修期间，严格按规程对水冷壁、省煤器等进行取样分析，对结垢严重地方应检查是否存在垢下腐蚀问题、由于水垢影响传热而产生的垢下裂纹及材质劣化问题，对于热负荷最高的下辐射区，应重点检查，如有问题，扩大检查范围。加强锅炉给水水质管理，及时加强化学清洗工作，防止水冷壁管结垢现象发生；对于水冷壁硫腐蚀严重的部位，建议采取表面防护措施。

在奥氏体不锈钢弯头部位容易发生晶间腐蚀裂纹，对于电站锅炉不锈钢管及弯管应进行固溶处理，有无固溶处理可以采用金相检验法进行验证。

一、烟气侧腐蚀

锅炉“四管”高温腐蚀问题是燃煤锅炉普遍存在的问题，是影响锅炉安全运行的主要原因之一，因而加强锅炉“四管”高温腐蚀的检查与防护，是检修期间的一个重要工作。

高温腐蚀主要发生在金属壁温较高的过热器、再热器和水冷壁。由于燃料中含有 V_2O_5、Na_2O、SO_3 等低熔点氧化物，在高温下，它们与管子发生化学反应产生新的氧化物，这些低熔点氧化物与金属表面生成的氧化物进一步发生化学反应，生成结构松散的钒酸盐，逐渐沿着受热面管道局部区域渗入管子内部，造成高温腐蚀。

低温腐蚀主要发生在省煤器、空气预热器等部位。由于燃料中的硫燃烧产生 SO_2，其中一部分进一步氧化变成 SO_3，在低温部位和水蒸气结合生成 H_2SO_4，当烟气或管壁金属温度低于酸露点温度时，H_2SO_4 在金属表面凝结，使受热面发生严重腐蚀。低温腐蚀因酸对锅炉管子的侵蚀，使其外表面产生沟槽和凹坑，从而失去承担压力的能力。

由于部分电厂煤质偏离设计值，所以锅炉受热面高温腐蚀问题是燃煤锅炉普遍存在的问题。某厂 5 号超超临界锅炉，运行约 2 万 h 后对水冷壁（规格均为 ϕ 28.6 × 6.4 mm，管材为 15CrMoG）进行检查，发现高温区大面积存在高温腐蚀，腐蚀减薄严重，最薄处为 3.2mm，严重区域水冷壁管宏观上呈锥形需换管面积超过 320m^2。因而要求加强锅炉受热面尤其水冷壁管高温腐蚀的检查与防护。对于热负荷最高的下辐射区，应重点检查；对于水冷壁腐蚀严重的部位，可采取表面防护措施。

1. 水冷壁高温硫腐蚀

【案例 4-42】某 300MW 机组锅炉水冷壁高温硫腐蚀

对某电厂 3 号锅炉水冷壁进行检查发现下层燃尽风高度处，左侧墙水冷壁中部区域部分管子高温腐蚀（见图 4-93、图 4-94）。对管壁有明显减薄的管子进行了壁厚测量，减薄最严重处为 3.82mm，材质为 25MnG，规格为 ϕ 60 × 6.5mm。

图 4-93　第 24~27 根高温腐蚀

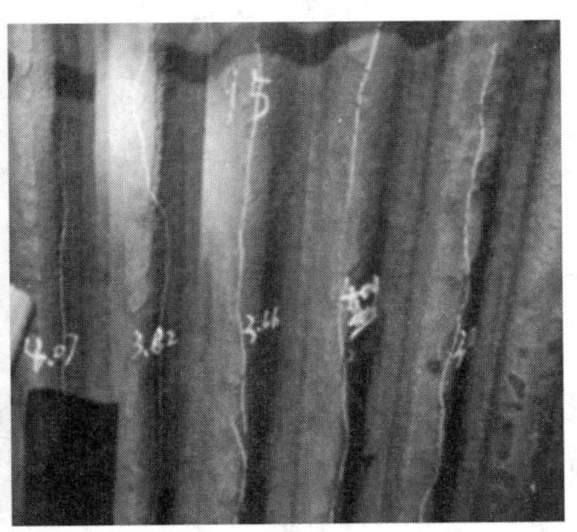

图 4-94　第 93~97 根高温腐蚀

【案例 4-43】某 600MW 超临界机组 7 号锅炉水冷壁高温腐蚀

某 600MW 机组 7 号锅炉在 2016 年进行锅炉内部检查中发现水冷壁左、右侧硫腐蚀严重。炉膛左、右两侧水冷壁从底层燃烧器高度至顶层吹灰器高度处，存在严重的大面积高温腐蚀。高温腐蚀处最小壁厚为 2.55mm，如图 4-95 所示。水冷壁材质为 T12，规格为 ϕ 31.8 × 7mm。

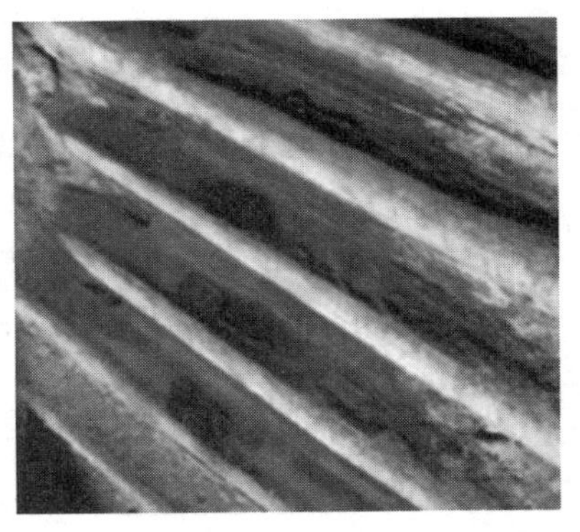
图 4-95　水冷壁高温腐蚀

2. 外壁氧化腐蚀

锅炉设备长期在高温下运行，难免存在内壁、外壁氧化情况，内壁氧化膜增厚会造成传热效果欠佳，导致材质长期过热；受热面中外壁氧化皮增厚则说明传热效果不佳，管材已经超温。应特别关注在湿蒸汽环境下或外部雨水环境下锅炉设备的高温氧化，外壁在湿蒸汽或雨水等环境下氧化快速腐蚀，导致壁厚严重减薄，发生泄漏。

针对疏水、排气管等存在外壁腐蚀减薄部位应采取防腐蚀措施，并定期加强检查。

【案例 4-44】1 号锅炉水冷壁下集箱疏水管爆管

某 1 号机组容量为 600MW，锅炉型号为 DG2030-17.6/Ⅱ型，生产厂家为东方锅炉（集团）股份有限公司（简称东锅），投产时间为 2006 年 4 月 12 日。2012 年 1 月 4 日 13:35，机组负荷为 530MW，运行人员发现汽包水位波动，给水量及减温水量急剧增大，同时就地检查发现锅炉炉底大包内右墙水冷壁下集箱处有泄漏声，初步判断右墙下集箱 2 号分集箱疏水管管座拉裂，产生泄漏，管子规格为 ϕ 28×4mm，材质为 15CrMo。2011 年 1 月 5 日 08：30，开启炉底大包人孔门，进入炉底大包内对泄漏部位进行检查，发现泄漏处位于右侧水冷壁下集箱 2 号分集箱疏水管弯头部位。

宏观检查发现：

（1）爆破位置在 2 号分集箱疏水管管接头后的第一个 90° 弯头处，连同弯头外弧面的下半整块长约 15mm 掉落，如图 4-96 所示。

（2）该疏水管的管子外壁呈现明显严重腐蚀现象，表面非常粗糙，表面灰垢较厚，爆口呈现很不规则形状，测量爆口边沿最薄处的剩余壁厚为 1mm，位于水封槽挡板外的其他位置直管表面经初步处理测厚约为 3.0mm。

图 4-96　水冷壁疏水管泄漏宏观形貌

（3）该爆破部位位于炉底水封插板与内存挡灰板之间，正下方是水封槽，运行过程中长期暴露于炉内从挡灰板透过的烟气中，同时也暴露于从下部水封槽表面蒸发的水蒸气中。

（4）泄漏管是水冷壁下集箱疏水管，在锅炉运行过程中，需要进行定期排污。

综上所述，水冷壁下集箱疏水管长期运行在挡灰板透过的炉内烟气中、下部水封槽表面蒸发的水蒸气等腐蚀环境中，且运行过程中进行定期排污，外表腐蚀减薄与内壁冲刷减薄是造成疏水管爆管的最直接原因。

【案例 4-45】2 号炉分隔屏至辅助蒸汽联络管爆管

某 300MW 机组 2 号锅炉至辅助蒸汽联络管在运行中爆管，运行工质为蒸汽，蒸汽温度为 268~358℃，压力为 1.5MPa，联络管材质为 20G，规格为 ϕ 108×4mm，运行时间为 20 年。

宏观检查发现联络管外层包有保温棉，保温棉外层有铁皮保护，现场检查发现铁皮有破损；联络管外部腐蚀严重，存在明显的浮锈，如图 4-97 所示。对泄漏部位进行壁厚测量，壁厚最薄处只有 0.96mm。

图 4-97　联络管泄漏宏观形貌

联络管已运行 20 年，电厂环境大气腐蚀相较于其他地区更为严重，联络管外面包裹铁皮破损，雨水渗入后造成联络管的长期腐蚀，导致联络管有效壁厚严重下降，最薄处实测壁厚只有 0.96mm，外壁局部严重腐蚀减薄应是爆漏故障产生的主要原因。

【案例 4-46】7 号炉疏水、排气管道外壁腐蚀严重

某电厂 7 号锅炉为东锅制造，锅炉型号为 DG1900/25.4 Ⅱ 2，2007 年 6 月投运，2016 年 12 月检修，累积运行 6.3 万 h。检修时发现锅炉标高 70.8m，炉右侧排气门操作平台处垂直水冷壁出口排气管有明显外壁腐蚀坑，规格为 ϕ 33.4 × 7.1mm，弯头实测壁厚为 4.24mm，计算需要最小壁厚为 4.32mm；省煤器出口排气管外部严重腐蚀，规格为 ϕ 33.4 × 7.1mm，弯头实测壁厚为 4.69mm，计算需要最小壁厚为 5.20mm；锅炉标高 50m，炉右侧疏水操作平台，顶棚出口集箱疏水管外壁腐蚀严重，规格为 ϕ60.3 × 9.7mm，弯头实测壁厚为 4.74mm，如图 4-98、图 4-99 所示。

外部雨水渗入是造成炉外管外壁氧化腐蚀加剧减薄的主要原因。

图 4-98　省煤器出口排气管腐蚀

图 4-99　顶棚出口集箱疏水管腐蚀

二、水汽侧腐蚀

超（超）临界锅炉过热器、再热器管大量使用奥氏体不锈钢，应重点关注氯脆和晶界腐蚀问题。奥氏体不锈钢对氯离子极为敏感，百万分之几的浓度含量的氯离子就会对其进

行腐蚀，一旦汽水品质受到污染，将造成管子的腐蚀，氯离子腐蚀形貌为穿晶或混晶形态，腐蚀后将使材料的力学性能下降，材料脆化，因此也称“氯脆”。另外，由于空气中含有氯离子，安装过程中奥氏体不锈钢管存放保护不严，也会致使奥氏体不锈钢管出现大量氯腐蚀坑；由于水压试验用水氯离子含量可能超标，如果水压试验后未将水放干，也会致使奥氏体不锈钢管出现大量氯腐蚀坑。奥氏体晶界腐蚀问题主要从两方面考虑，即介质问题和材料问题。介质问题可以通过严格控制汽水品质得到很好解决，材料问题主要是由于奥氏体不锈钢晶界贫铬所致。奥氏体不锈钢在450~850℃长时间停留时，钢中C会向晶界扩散，并与晶界处Cr形成$Cr_{23}C_6$型碳化物，从而使得晶界形成贫铬区，当Cr含量小于11.7%时，使得晶界失去抗腐蚀能力，形成晶间腐蚀。解决晶间腐蚀的措施除选用低碳、超低碳和加钛或铌的奥氏体不锈钢外，还可以通过固溶处理和稳定化处理将C固定在奥氏体中或碳化钛、碳化铌中，减少Cr的碳化物形成，提供钢的抗晶间腐蚀能力。

1. 锅炉水冷壁氢腐蚀（垢下腐蚀）

锅炉“四管”腐蚀检修中水冷壁是检修期间检查的重点部位，水冷壁一般容易发生结垢、硫腐蚀等问题，因而，在大修期间，严格按规程对水冷壁、省煤器等进行取样分析，对结垢严重地方应检查是否存在垢下腐蚀问题、由于水垢影响传热而产生的垢下裂纹及材质劣化问题，对于热负荷最高的下辐射区，应重点检查，如有问题，扩大检查范围。加强锅炉给水水质管理，及时加强化学清洗工作，防止水冷壁管结垢现象发生。

锅炉水冷壁管在运行中易产生沉积物下的腐蚀，其根本原因是由于水质原因或排污不畅造成的水冷壁管内壁沉积污垢，在高温运行过程中水冷壁管内壁发生腐蚀，造成壁厚减薄及材质损伤，国内外发电厂曾多次发生因沉积物下腐蚀严重而造成的频繁爆管故障。

【案例 4-47】水冷壁氢腐蚀泄漏

某电厂6号锅炉为东锅生产的DG680/13.7-20型，露天布置，超高压自然循环汽包炉，燃烧器四角布置，2005年5月投产，已累计运行超过5.8万h，过热器出口蒸汽压力为13.7MPa，过热器出口蒸汽温度为540℃，在设计煤种下，50%负荷至满负荷下，水冷壁设计工质温度为294.7~341.7℃。2011年2月—2012年12月间，6号锅炉水冷壁发生5次泄漏，泄漏位置均在标高15~20m之间，在燃烧器中间部位，且均在炉墙中间部位附近，泄漏部位均为向火侧纵向裂纹，泄漏口为典型的开天窗，向火侧内壁均存在腐蚀层及不同程度的溃疡性腐蚀坑，其背火面内壁则未发现明显腐蚀污垢的现象，泄漏管外壁存在黑色的致密的氧化膜，管子均无明显的胀粗现象，如图4-100、图4-101所示。取样管为左侧水冷壁从左向右数63根，左侧水冷壁共121根，标高约20m，规格为$\phi 60\times6.5$mm，材质为20G。

图 4-100　典型泄漏口宏观形貌

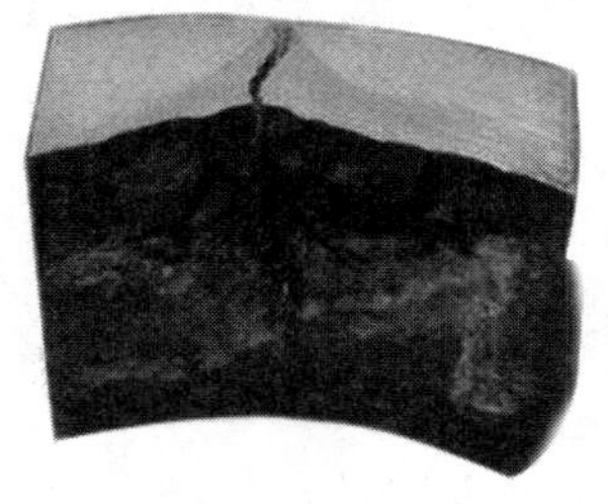
图 4-101　内壁沉积物腐蚀表面形貌

调查投运至泄漏期间运行化学水质情况，结果如图4-102所示，炉水pH值在9.17~9.48范围内，符合设计及GB/T 12145—2016《火力发电机组及蒸汽动力设备水汽质量》要求；磷酸根离子质量浓度在2.4~5.87mg/L范围内，平均为3.12mg/L，运行最高值达5.87mg/L，超出了GB/T 12145—2008规定的小于或等于3mg/L要求。

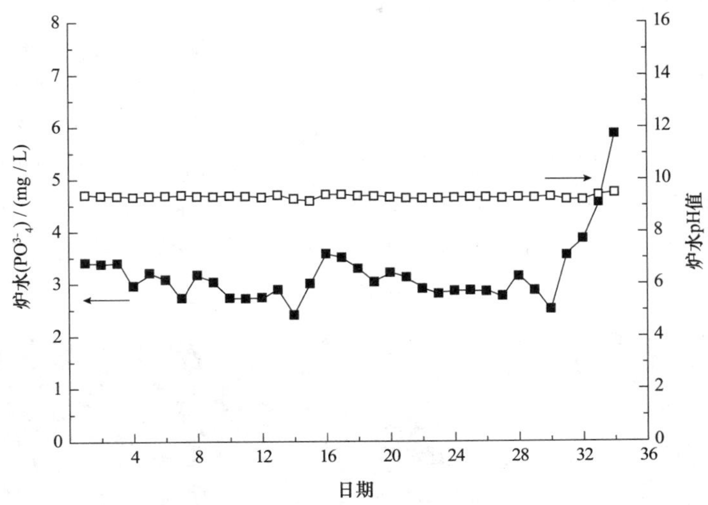

图4-102　锅炉运行某段期间炉水中PO_4^{3-}含量与pH值

对取样管进行化学成分分析，符合要求。对水冷壁取样管背火侧及向火侧分别取样进行室温拉伸试验，所有取样管中室温力学性能符合GB/T 5310—2017《高压锅炉用无缝钢管》要求。

使用X射线衍射（XRD）对向火侧内壁沉积物表面剥落物进行物相分析，结果发现主要由Fe_3O_4、Fe_2O_3及少量的Na、Zn、Ca、Mg等磷酸盐组成。分别对背火侧、向火侧内壁沉积物表面进行能谱分析，结果如表4-5所示，从表4-5可知，水冷壁管背火侧的内壁沉积物表面存在Na、Mg、P、Ca元素，即含有Na、Mg、Ca等氧化物或磷酸盐；水冷壁管向火侧内壁沉积物表面存在Na、Mg、P、Ca、Zn元素，即还有Na、Mg、Ca、Zn等氧化物或磷酸盐。向火侧中内壁沉积物中比背火侧多了Zn元素，且Na、Mg、P、Ca、Zn等氧化物或磷酸盐含量比背火侧明显增多。

表4-5　**水冷壁管内壁背火侧、向火侧内表面能谱分析**　Wt，%

位置	O	Na	Mg	P	Ca	Mn	Fe	Zn
背火侧	20.89	1.42	1.26	0.25	0.85	1.34	73.59	—
向火侧	26.06	2.17	2.52	7.78	8.53	1.75	44.51	4.98

锅炉水冷壁管内壁沉积物主要由氧化铁垢、磷酸盐水垢混合而成，其中背火侧内壁外表面沉积物主要由Na、Mg、Ca等磷酸盐与氧化铁组成，其沉积物层内则主要由磷酸钙与氧化铁组成；向火侧内壁沉积物外表面沉积物主要由Na、Mg、Ca、Zn等磷酸盐与氧化铁组成，其沉积物层内则主要由Ca、Mg等磷酸盐与氧化铁组成。对比而言，向火侧中内壁

沉积物外表面中比背火侧增加了 Zn 元素，且 Na、Mg、P、Ca、Zn 等元素含量比背火侧明显增多；向火侧中内壁沉积物内层中比背火侧增加了 Mg 元素。可见，水冷壁壁温越高，内壁沉积物种类、腐蚀速度及腐蚀程度增加，即增加了 Zn、Mg 等盐的沉积腐蚀，且腐蚀速度明显增快，外层及内层明显增厚，在一定温度范围锅炉水冷壁管内壁才会产生 Zn、Mg 等氧化物或其相对应的磷酸盐沉积现象。

图 4-103（a）所示为背火侧内壁金相组织，组织为铁素体 + 珠光体，具有带状组织，内壁未见脱碳现象，且未见显微裂纹。图 4-103（b）所示为向火侧内壁金相组织，组织为铁素体 + 珠光体，内壁金相组织有带状组织痕迹，存在严重脱碳和沿晶微裂纹。从图 4-104 所示水冷壁管向火侧内壁沿晶裂纹分布形态可知，沉积物下腐蚀材质损伤裂纹分布形态与珠光体分布形态基本一致，且裂纹均在晶界处珠光体侧萌芽，显微裂纹边界呈白亮色。可见，微裂纹是由于沿晶处珠光体中渗碳体的迁移、反应，造成脱碳而产生的，且具有明显氢脆特征。

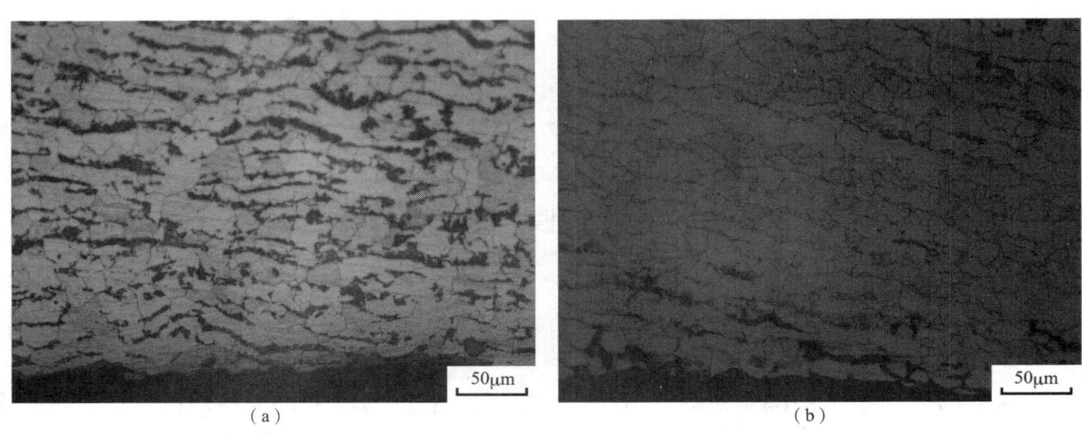

（a）　（b）

图 4-103　沉积物腐蚀下内壁金相组织

（a）背火侧内壁金相组织；（b）向火侧内壁金相组织

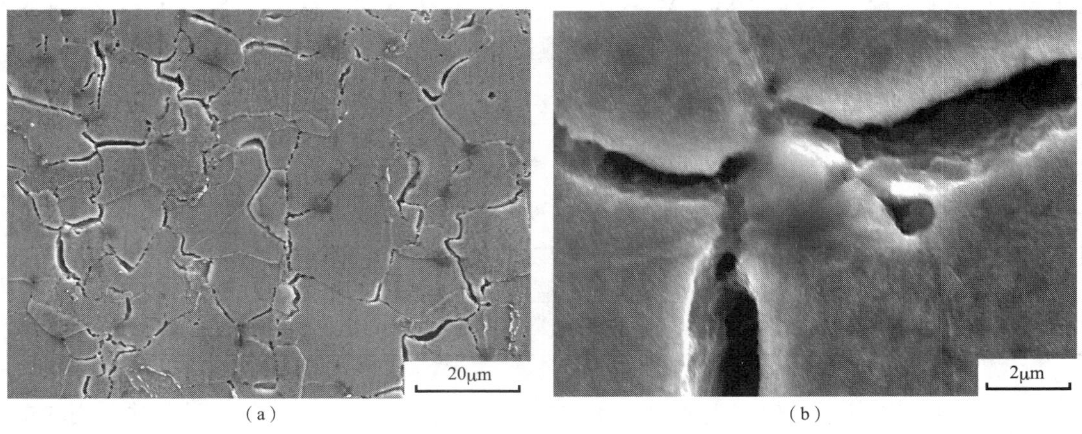

（a）　（b）

图 4-104　沉积物腐蚀下向火侧内壁组织扫描电镜图

（a）20μm；（b）2μm

对锅炉水冷壁内壁沉积物表面形态、氧化膜形态及其能谱分析结果进行分析，其内壁沉积物下腐蚀损伤特征为管内壁均存在较为严重的腐蚀氧化层，沉积物下管材内壁组织存在严重脱碳、沿晶微裂纹现象，沿晶裂纹形态与原始组织中珠光体形态保持一致。

综上所述，管内壁均存在较为严重的腐蚀氧化膜；沉积物下管材内壁组织存在严重脱碳、沿晶微裂纹现象，沿晶裂纹形态与原始组织中珠光体形态保持一致，具有氢腐蚀特征；从长期炉水品质统计结果看，水质存在异常现象。具有典型的氢腐蚀泄漏特征。

2. 奥氏体钢晶间腐蚀

【案例 4-48】冷加工成型后未固溶处理导致弯头开裂

某 600MW 超临界燃煤发电机组，锅炉为超临界参数变压直流本生型锅炉，一次再热、单炉膛、尾部双烟道结构。最大连续蒸发量（B-MCR）为 1903t/h，过热器出口蒸汽压力为 25.4MPa，过热器出口蒸汽温度为 571℃。该锅炉高温过热器炉膛内材质均为 SA213-TP347H，规格均为 $\phi45\times7.8$mm。共 31 屏，每屏由 20 根管子弯制而成。自 168 h 试运行通过后，在累计运行时间不到 1000 h 内，即于 2006 年 5 月 30 日、7 月 2 日和 7 月 22 日、8 月 28 日相继发生 4 次下部弯管内侧周向裂纹泄漏故障，对其余过热器弯头进一步进行着色检测中又发现了 3 根过热器弯头内侧出现了环向裂纹，裂纹长约 1/4~1/3 圆周。发现共计 8 根存在裂纹管子，其中发生在第 3、4 圈管子上裂纹计有 5 根，第 2 圈 1 根，第 20 圈 2 根。

对断口进行宏观分析，从图 4-105、图 4-106 所示可知，裂纹管子外壁呈黑灰色，裂纹爆口处开口较小，沿环向开裂，第 1 次爆裂处裂纹长约 50mm；第 2 次爆裂处裂纹长约 60mm，测量最宽处张口约 1.2mm，裂纹沿内弯向外弯扩展，裂纹比较平整，源区位于外壁，裂纹由外壁向内壁发展，裂纹较为平整，无明显塑性变形，现场检查发现高温过热器管内弯堆积一层厚厚煤灰，煤灰堆积痕迹如图 4-105 所示。

图 4-105　弯管开裂现场

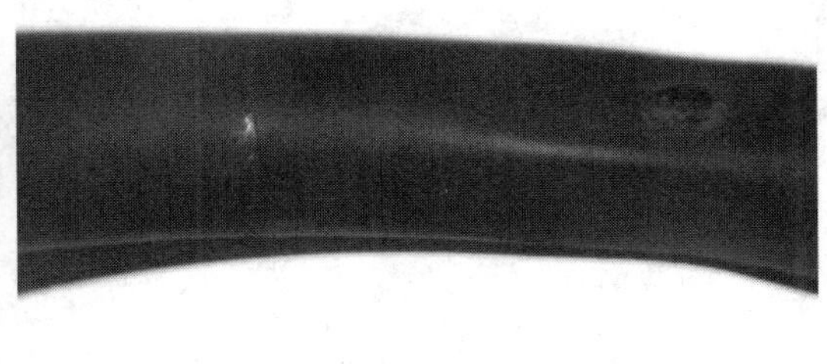

图 4-106　裂纹表面宏观形貌

注：3 号炉高温过热器炉右第 6 屏外数第 3 圈爆口（$\phi45\times7.8$mm，SA213-TP347H）。

测量裂纹处壁厚及外径，各爆漏和裂纹管子未见胀粗与壁厚减薄现象。

对开裂失效弯管取样进行化学成分、室温拉伸试验分析，均符合要求。

对弯管裂纹取样做金相分析，试样经常规试验方法制成，用王水侵蚀，在 LECO-500 金相显微镜上观察、照相。

对所取试样进行金相分析，从图 4–107、图 4–108 可知，材料组织为奥氏体，晶粒度为 4~4.5 级。裂纹是沿晶裂纹，裂纹尖端有分支，沿晶裂纹的扩展方向与拉伸应力垂直，说明弯头具有一定的残余拉应力，晶间裂纹开口附近没出现明显的晶粒变形，说明材料没有受到较高的拉应力，基本上是脆断。

图 4–107　裂纹显微组织

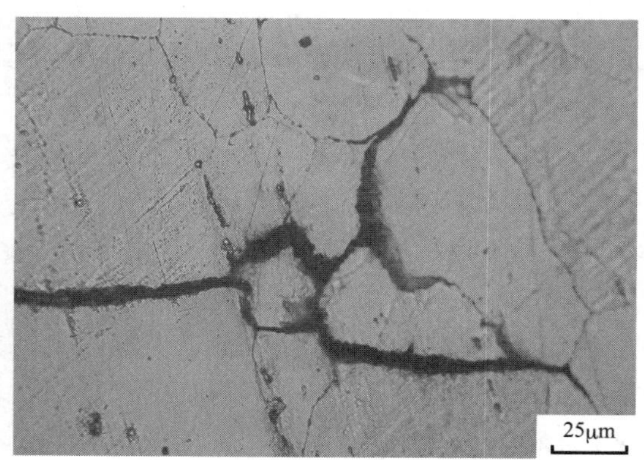

图 4–108　裂纹尖端显微组织

取弯管裂纹断面进行表面扫描电镜分析，结果如图 4–109、图 4–110 所示。从图 4–109 所示可知，裂纹断面上明显有细小的球状物，断口形貌均呈冰糖块状，表现明显的沿晶脆断特征。对细小球状物进行能谱分析，断口上附着物的主要成分是氧及硫元素，其中硫含量（质量分数）在 0.8%~1.5% 之间。可见断面晶间附着物可能是氧化物或硫酸盐等组成。

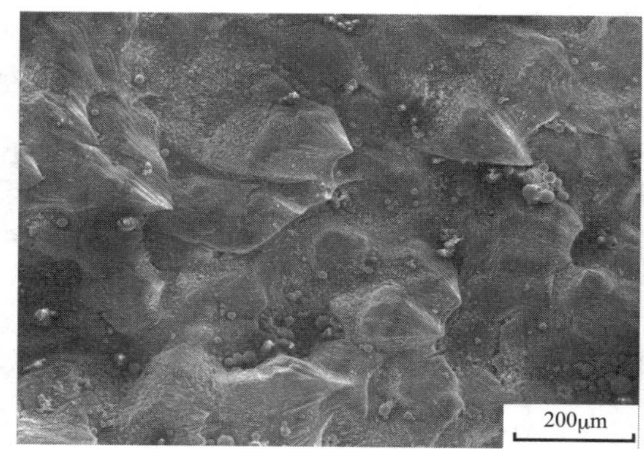

图 4–109　裂纹断面形貌

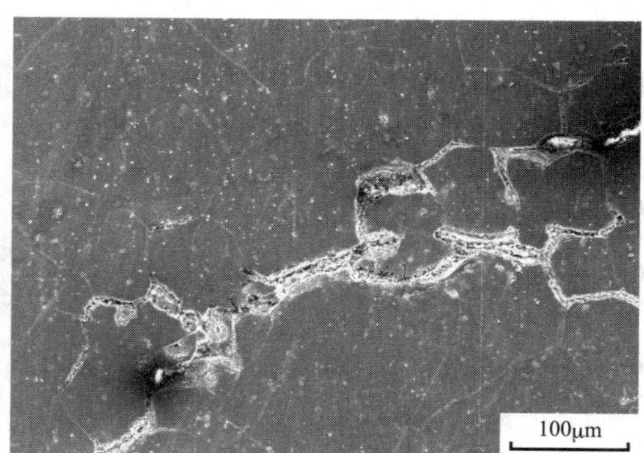

图 4–110　裂纹尖端组织形貌

化学成分分析与常温力学性能表明：弯管材质化学成分与力学性能均符合 ASTM A213/A213M《锅炉过热器和换热器用无缝铁素体和奥氏体合金钢管》要求。

材料经过不到 1000h 运行后，晶粒度为 4 级，符合 ASTM A213/A213M《锅炉过热器和换热器用无缝铁素体和奥氏体合金钢管》中规定的 TP347H 奥氏体钢晶粒度应为 7 级或更粗的要求。

应力腐蚀发生在材料显微化学成分、显微结构环境及机械应力等综合条件下，奥氏体不锈钢发生在具有富铬碳化物的晶间，即具备敏化条件，但是，重要的环境因素包括氧离子、氯离子、氟离子、硫离子、温度和 pH 值，外部载荷的应力、残余应力（焊接或冷加工产生）的改变，都会产生应力腐蚀裂纹。

扫描电镜分析裂纹断口形貌发现裂纹断面含有细小的弥散物，能谱分析表明附着弥散物的主要成分是氧及硫元素，则细小弥散物可能是氧化物、硫化物或硫酸盐等组成。在600℃附近，有足够的硫开始偏析以致造成晶界应力腐蚀开裂，硫可能会影响裂纹尖端邻近区域氧化物的溶解性。这种增强作用使物质扩散进（或出）裂纹尖端区域变得容易，从而增加了腐蚀速率。Bruemmet 等发现，硫增强了镍的晶间应力腐蚀开裂，关于镍腐蚀的其他研究报告也认为硫可能是有害的。硫偏析增强了晶间应力腐蚀开裂，硫似乎是晶间应力腐蚀开裂的主要原因。

为了尽量减少热处理工序、加快生产进度、降低生产成本，同时还需防止锅炉高温受热面不锈钢的晶间腐蚀和应力腐蚀导致强度失效，国内有些锅炉厂家根据《ASME 锅炉及压力容器规范国际性规范　Ⅰ　动力锅炉建造规则 2004 版》PG-19 奥氏体冷加工成型规定，在设计上进行了改进，以避免热处理工序。《ASME 锅炉及压力容器规范　Ⅰ　动力锅炉建造规则 2004 版》PG-19 奥氏体冷加工成型规定：奥氏体合金制造的受压件的冷加工成型区域，应在下列两个条件下按表 4-6 所给出的温度进行热处理 20min 或 10min，取两者中较大者：

（1）最终成型温度小于表 4-6 中规定的最低热处理温度。

（2）设计金属温度和加工应变超过表 4-6 所规定的范围。

表 4-6　　较低温度的限制范围时，后冷加工成型应变范围和热处理要求

级别	UNS 号	设计温度*（℃）	成型应变（%）	超过设计温度和应变限制范围时最低热处理温度超过（℃）
304	S30400	580~675	20	1040
304H	S30409	580~675	20	1040
304N	S30451	580~675	15	1040
309S	S30908	580~675	20	1095
310S	S31008	580~675	20	1095
310H	S31009	580~675	20	1095
316	S31600	580~675	20	1040
316H	S31609	580~675	20	1040
316N	S31651	580~675	15	1040
321	S32100	540~675	15	1040
321H	S32109	540~675	15	1095
347	S34700	540~675	15	1040
347H	S34709	540~675	15	1095
347HFG	S34710	540~675	15	1180

续表

级别	UNS 号	设计温度*（℃）	成型应变（%）	超过设计温度和应变限制范围时最低热处理温度超过（℃）
348	S34800	540~675	15	1040
348H	S34809	540~675	15	1095
690	N06990	580~675	15	1040

* 大于前者，但小于或等于后者；这里只是提供与该锅炉中高温过热器设计温度相符的温度区间。

但是，根据 ASTM A213/A213M《锅炉过热器和换热器用无缝铁素体和奥氏体合金钢管》中规定的 TP347H 管的加工方法不同，原材料管固溶处理温度可能不一样，当冷加工时，固溶温度应大于 1100℃；当热轧时，固溶温度应大于 1050℃。因而，当高温过热器 TP347H 管供货时加工温度为热轧时，其最终热处理温度可能低于表 4-6 中规定的最低热处理温度，从而，无论冷加工成型应变为多少，都应按表 4-6 中规定温度进行热处理。

高温过热器弯管冷加工成型后未经过固溶处理及退应力等相应措施，从而使弯管存在一定的残余应力。运行中弯管综合应力来源于钢管最终冷加工成型、弯头的冷变形产生的残余应力，过热器安装中弯头张角变化产生的附加应力，运行中的结构应力及热膨胀应力等。冷加工对奥氏体不锈钢性能造成影响，变形量越大其晶内析出和晶间析出越多越迅速，塑性变形增大了晶间腐蚀的敏感性。

综上所述，高温过热器弯管冷加工成型后未经过固溶处理，增加了晶间腐蚀敏感性，在高温腐蚀运行环境下，综合应力的影响造成应力腐蚀开裂。

针对此类问题，应对使用的高温过热器奥氏体不锈钢管原始材质、最终热处理工艺及报告等进行检验与审查，供货状态组织、供货加工工艺及后续工艺应符合 ASTM A213/A213M《锅炉过热器和换热器用无缝铁素体和奥氏体合金钢管》等有关规范要求；当原材料采用热轧成型时或冷加工成型，其最终固溶温度少于 1095℃时，后冷加工成型后应进行固溶处理；为了使 TP347H 等奥氏体不锈钢在冷变形后有足够的持久强度，奥氏体不锈钢（尤其在温度 600℃附近及以上运行时）冷加工后，应进行固溶处理、稳定化及消除应力等处理措施。

第六节　结构问题

一、汽包结构应力拉裂

汽包是亚临界以下参数电站锅炉中用以进行汽水分离和蒸汽净化、组成水循环回路并储存锅炉水形成自然循环压力差的筒形容器，主要作用是接纳来水、进行汽水分离和循环供水，向过热器输送饱和蒸汽。汽包结构复杂，汽包筒体比较厚且大，汽包内部装置较多，具有汽水分离、蒸汽清洗、加药、排污等功能。汽包工作环境复杂，汽包不但承受很高的内压、高温，还承受水汽液面变化、蒸汽温度变化等交变应力、水汽腐蚀以及汽包本身结构应力等，工作环境恶劣。因此，汽包在长期运行过程中，筒体内壁容易产生裂纹，与汽包相连的内部结构件以及下降管、给水管、连通管、安全附件等部位容易产生结构应力疲劳拉裂，在检修过程中要重点监督，汽包内部结构件与筒体连接部分每次 A 修均应检查是否存在开裂，超过 5 万 h 后应重点抽查汽包筒体内壁及焊缝表面裂纹情况，并对集中下降管、给水管管座焊缝进行 100% 内部及表面裂纹排查。

【案例 4–49】汽包筒体裂纹

某电厂 1 号锅炉为亚临界参数一次中间再热自然循环单汽包固态排渣煤粉炉，1995 年 12 月投入运行，至 2007 年 4 月，运行约 5.5 万 h。

2007 年 4 月大修，对汽包内部进行宏观检查时，发现汽包母材有 4 处裂纹，裂纹长 200、50、60mm 以及在另一处 300mm × 200mm 范围内存在 20 多条小裂纹，裂纹位于汽包中部、炉后侧、水侧，如图 4–111、图 4–112 所示。

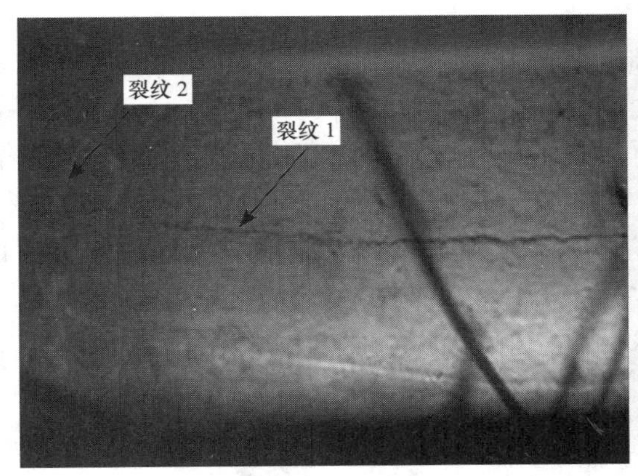

图 4–111　1 号锅炉汽包内壁裂纹

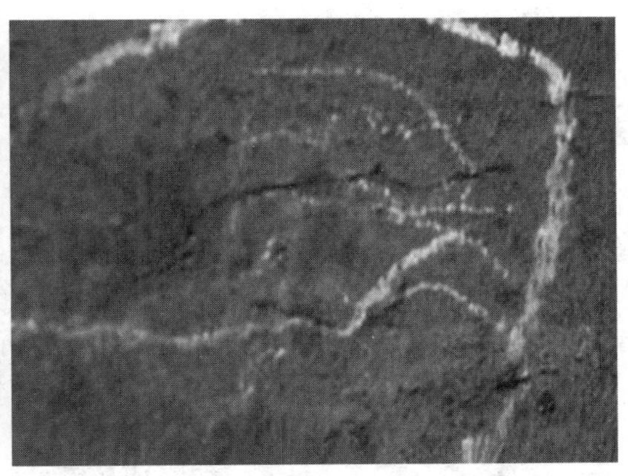
图 4–112　1 号锅炉汽包内壁密集裂纹

所有汽包母材裂纹均为纵向裂纹，未见横向裂纹。所有汽包母材裂纹全部在水位线附近的水侧，汽侧肉眼检查暂时未见裂纹。所有汽包母材裂纹均开口相对较宽，边缘锋利，锯齿状。

母材材质为 SA–299；筒身内径为 1778mm；壁厚为 200mm；无开孔筒身所需最小壁厚为 166.02mm；冲压后测厚 21 点，最小壁厚为 204.6mm。

汽包筒身在制造过程中经每 4h 910~930℃冲压正火，每 4h 590~610℃回火，整体进行了每 5.5h 607~635℃退火；400℃后出炉进行空气冷却。

在汽包水位线的波动和变负荷运行产生的交变热应力、厚壁筒体结构应力、水侧腐蚀等综合作用下，在水位线附近水侧局部应力集中部位产生低周应力腐蚀疲劳裂纹。

【案例 4–50】汽包内壁环焊缝裂纹

某电厂 2 号锅炉为亚临界参数一次中间再热自然循环单汽包固态排渣煤粉炉，1998 年投入运行，至 2014 年 3 月，累计运行 91085 h，2014 年 3~5 月进行 A 级检修，同期进行锅炉内部检验，对汽包内壁焊缝表面 100%（除给水室阻挡外）进行无损检测发现：左侧封头内壁焊缝有 2 条裂纹，长度分别为 15、10mm；右侧封头内壁焊缝靠炉后侧 900mm 范围内断续存在23条裂纹，最长30mm，如图4-113、图4-114所示。

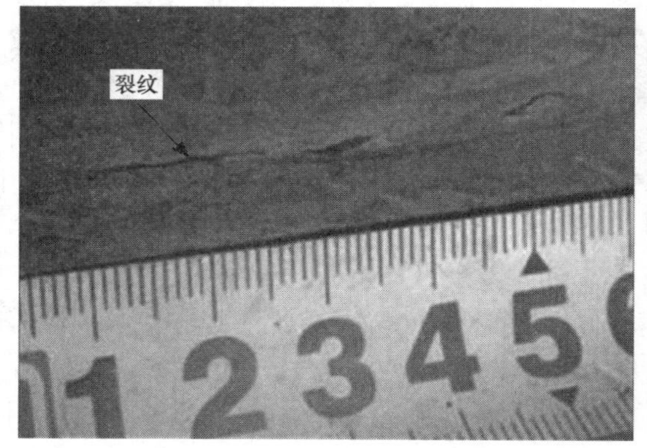

图4-113 汽包左侧封头内壁焊缝2条裂纹

图4-114 汽包右侧封头内壁焊缝裂纹

【案例4-51】汽包下降管、给水管角焊缝裂纹

由于汽包刚性较大，长期运行过程中与汽包相连接的下降管、给水管、连通管以及安全附件如安全阀等管座焊缝均可能产生疲劳裂纹。

某电厂2号锅炉为亚临界参数一次中间再热自然循环单汽包固态排渣煤粉炉，1998年投入运行，至2014年3月，累计运行91085 h，2014年3~5月进行A级检修，同期进行锅炉内部检验，对下降管、给水管管座焊缝进行100%检查时发现，炉左至右数第3根下降管连接汽包筒体角焊缝有3条裂纹，最长为10mm；第4根下降管连接汽包筒体角焊缝有4条裂纹，最长为15mm，如图4-115所示；炉左至右数第3根给水管连接汽包筒体角焊缝有2条裂纹，长度分别为60、20mm，如图4-116所示。

图4-115 汽包下降管座焊缝裂纹

图4-116 汽包给水管座焊缝裂纹

【案例4-52】汽包内部附件连接部位裂纹

汽包内部结构件、预埋件与内部装置焊缝开裂现象较多，因此，应重点加强检查。图4-117所示为2017年对某2号锅炉进行内部检查发现汽包内旋风分离器支座存

在裂纹；图 4-118 所示为 2017 年对某 4 号锅炉进行内部检查发现汽包内部预埋件焊缝裂纹。

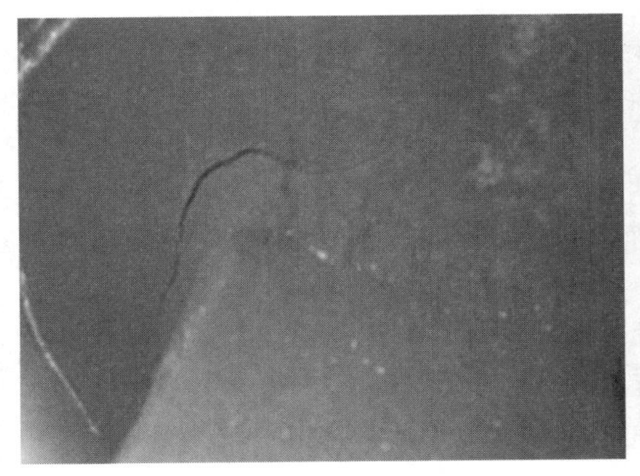

图 4-117　2 号锅炉旋风分离器支座裂纹

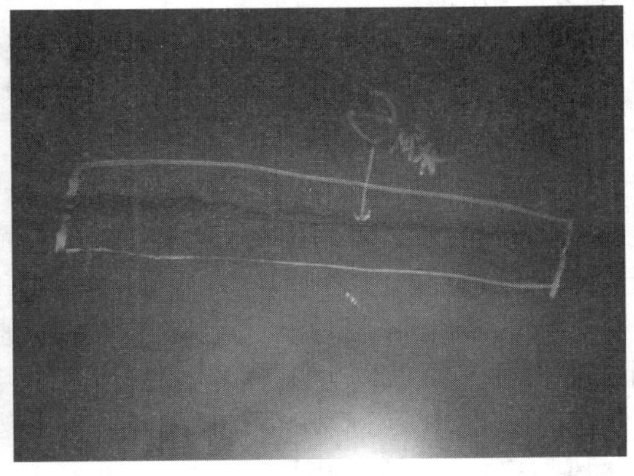

图 4-118　4 号锅炉汽包预埋件焊缝间裂纹

【案例 4-53】汽包相连联通管座焊缝裂纹

某电厂 2 号锅炉是哈锅设计制造的 HG-670/140-13 型、强制循环、单汽包、燃煤锅炉。该锅炉 1988 年投运，至 2013 年 6 月大修，累计运行时间约为 180000 h。对汽包短接管、仪表管等管座角焊缝进行磁粉检测，发现：

（1）汽包 B 侧第 1 根饱和蒸汽管管座角焊缝 1 处裂纹，长度约为 40mm，如图 4-119 所示。

（2）汽包 A、B 侧电触点水位计上管座角焊缝裂纹，裂纹靠近电触点水位计上管熔合线侧，裂纹断续整圈，如图 4-120 所示。

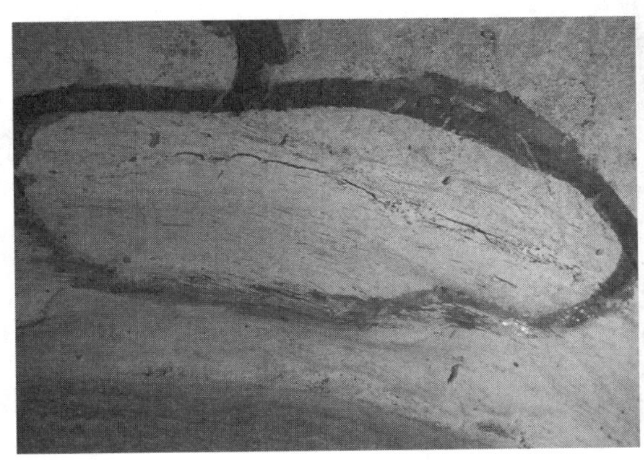

图 4-119　汽包 B 侧第 1 根饱和蒸汽管座角焊缝裂纹

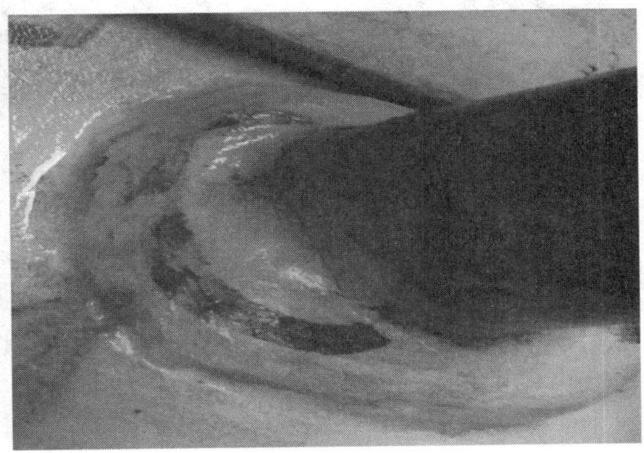

图 4-120　汽包 A、B 侧电触点上管座角焊缝裂纹

二、受热面管

对于受热面管应重点监督检查结构异型部位，如水冷壁燃烧器、吹灰器、上水冷壁与下水冷壁接口部位、冷灰斗、鳍片过宽部位以及水冷壁部位与密封板、密封封箱等连接部

位；包墙过热器应重点关注左、右侧包墙与后包墙连接部位膨胀拉裂问题；每次检修时均应重点检查左、右侧包墙与中隔墙连接部位膨胀不一致造成的拉裂问题；每次A修应宏观检查冷灰斗出渣口部位拉裂问题等。

【案例4-54】燃烧器及其附件烧损、变形

由于燃烧器的特殊性，在运行过程中燃烧器及其附件最容易烧损、变形，如果未及时按设计进行恢复，可能发生火焰偏斜、贴壁、冲刷受热面现象，严重影响锅炉安全稳定运行。因此，每次检修时应对燃烧器及其附件进行检查，对存在烧损、变形的应按设计要求进行恢复，并做好该燃烧器附近受热面的全面检查，防止因燃烧器冲刷或一次风等吹损减薄引起水冷壁泄漏。

某电厂350MW超临界机组1号锅首次进行锅炉内部检验时发现：燃烧器附件存在不同程度的损坏、变形，如前墙从下往上第2层燃烧器、左数第2个燃烧器密封圈移位，第3个燃烧器密封圈变形开裂，见图4-121；燃尽风喷口均有不同程度烧损变形，后墙下层燃尽风喷口均有不同程度结焦堵塞，见图4-122。

图4-121　燃烧器密封圈变形开裂

图4-122　燃尽风喷口变形、结焦

【案例4-55】水冷壁鳍片过宽导致烧损、开裂

锅炉水冷壁采用上下水冷壁结构，由于上下管结构的存在，在过渡段存在水冷壁鳍片过宽现象，同时在吹灰孔以及人孔门等位置也存在鳍片宽度大于设计值现象，在运行过程中，由于冷却不到位，极易造成该鳍片过热烧损、开裂，并在热应力作用下，裂纹逐渐扩展至水冷壁管，从而造成爆管。

1. 烧损的区域

鳍片过宽可能造成烧损的区域主要体现在：

（1）吹灰器孔、看火孔区域，重点在热负荷高区域。

（2）过渡段鳍片过宽区域。

（3）屏式过热器、辐射再热器等受热面管穿水冷壁墙部位鳍片过宽区域。

（4）检修或安装时鳍片过宽区域。

2. 处理措施

（1）加强对鳍片过宽区域检查。

（2）对鳍片过宽区域加强防护，避免热负荷过高；优化结构，避免鳍片过宽结构出现。

（3）对于吹灰器孔、看火孔、屏式过热器穿墙等区域割除过宽鳍片，对鳍片延伸母材裂纹进行清除。

（4）加强安装及检修质量管理，杜绝安装、检修时鳍片过宽情况发生。

2014 年 2 月 22 日，某电厂 2 号锅炉标高 31m 处最下层短吹左数第 6 个吹灰器孔口的前水冷壁异形管发生泄漏，水冷壁的材质为 SA210C，规格为 $\phi76 \times 9$mm。泄漏处位于管子下弯折处鳍片的根部，裂口呈周向，外壁吹损严重，如图 4–123、图 4–124 所示；将裂口打开，可以看到横向裂纹的内壁开裂长度较外壁短，说明外壁先开裂，裂口断面可见明显的汽水冲刷痕迹。另外，泄漏水冷壁管的化学成分符合标准要求，管段开裂处未见外径胀粗和壁厚减薄，且显微组织正常，可排除超温爆管的可能；管子由外壁向内壁开裂，外壁未见明显的腐蚀痕迹，可判断泄漏与腐蚀无关；与鳍片焊接处的水冷壁管母材组织正常，焊接处未见焊接缺陷，可排除焊接缺陷导致开裂的可能。在锅炉启动加热和运行过程中，由于吹灰器孔口部位水冷壁管与周围水冷壁管周向受热面积不同，所以其温度与正常部位水冷壁温度有明显差异，受附近温度正常部位水冷壁结构的约束，这部分水冷壁的温度偏差造成的热膨胀不能向外分散，只能向孔口集中。这部分热膨胀使开孔四周产生热应力，尤其在开孔的弯折处出现很大的应力集中，使得水冷壁管弯折处鳍片焊缝根部存在较高的峰值应力，此应力随着锅炉的启停和吹灰过程而循环交替，使吹灰器孔口水冷壁管弯折处鳍片焊缝拉裂，因鳍片焊缝拉裂延伸入水冷壁管，造成泄漏。

图 4–123　水冷壁泄漏现场位置

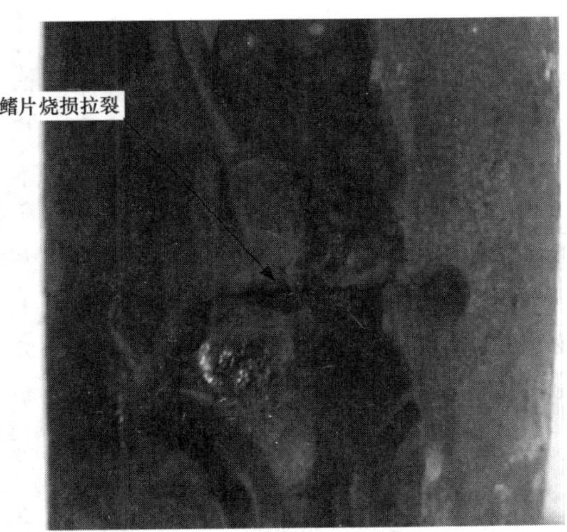

图 4–124　水冷壁泄漏口宏观形貌

某电厂 1 号锅炉 2015 年 5 月大修时，对水冷壁进行外观检查，发现过渡段区域水冷壁鳍片存在大面积的开裂、穿孔，如图 4–125 所示，对穿孔鳍片进行打磨时，发现裂纹已延伸至水冷壁管，如图 4–126 所示；吹灰孔、观察孔附近的水冷壁区域也存在鳍片开裂的现象。

图 4-125　水冷壁过渡段鳍片大面积被烧损

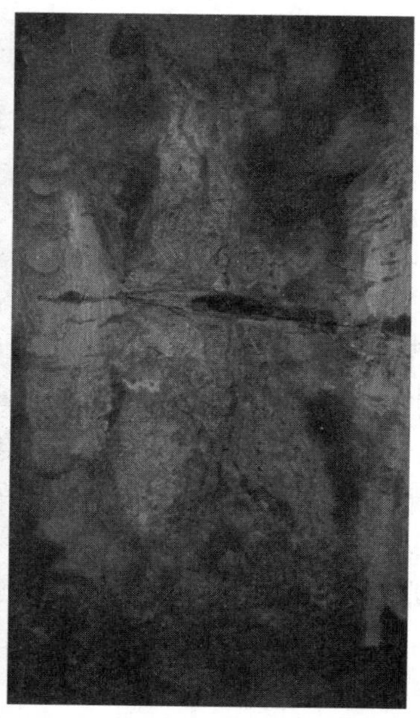

图 4-126　鳍片裂纹延伸至母材形貌

三、集箱结构因素造成热疲劳损坏

集箱的结构缺陷主要包括设计、制造、安装过程中由于管理失误或经验不足，造成结构设计不合理，不便于现场安装、检验；制造、安装时未按设计要求进行导致运行过程中出现膨胀不畅等缺陷。

集箱由于长期运行，在高温高压环境下，管座角焊缝尤其最外圈受力最大的管座角焊缝易产生疲劳裂纹失效。近年来出现多起因设计不合理，集箱设计过长，运行过程中由于管屏膨胀与集箱膨胀不一致，经过膨胀差累积后造成集箱两端管座角焊缝大面积开裂。

通过安装、运行、检验验证了的设计不合理的缺陷，应采取设计变更的方式，由设计单位出具变更单进行改进；对于未按设计要求进行制造、安装造成运行过程中出现膨胀不畅等缺陷，应按设计要求进行更改。

【案例 4-56】长期运行下高温段出口集箱筒体及管座辐射状裂纹

已经接近或超过设计寿命使用的在役锅炉，长期高温运行过程中可能存在高温段出口集箱筒体及管座辐射状裂纹，严重情况裂纹贯穿集箱筒体，导致泄漏。

某电厂 1、2 号锅炉为英国巴布科克动力公司制造的亚临界参数一次中间再热自然循环单汽包固体排渣“W”火焰煤粉锅炉，锅炉型号为 TGM00-4570-2575，1991 年投运，1 号锅炉累积运行 210985 h，2 号锅炉累积运行 192924 h，2018 年 4 月，对 1、2 号机组进行检查，发现高温再热器出口集箱均存在管座及筒体裂纹，高温再热器出口集箱规格为 ID533 × 68mm，材质为 P22。

对 2 号炉高温再热器出口集箱进行宏观检查发现，在集箱炉左侧第 1 屏前数 2、3、4 根管之间，发现一条表面裂纹，裂纹从第 2 根管一直贯穿至第 4 根管座，从裂纹表面内侧存在白色集盐推断，裂纹已经裂透；第 2~4 根管座焊缝管侧存在环向裂纹，如图 4-127 所示；对高温再热器宏观检查发现的裂纹进行打磨，打磨深度约为 20mm 时，裂纹由外表面的一条裂纹演变成 3 条裂纹，并从前数第 4 根管孔内发现延伸至筒体内壁，可见，裂纹由筒体内壁萌芽并向外壁扩展开裂，集箱筒体内管孔明显存在密集的裂纹；从 2 号炉高温再热器出口集箱左侧第 1 排管割管对内部进行内窥镜检查，2 号炉高温再热器左侧第 1 排第 5 根集箱管孔附件集箱筒体内部存在疑似裂纹情况。

2018 年 6 月，对 1 号机组高温再热器集箱检查同样发现，炉右侧第 1 屏管屏的 3、4 根管之间，有一条贯穿两个管座之间的表面裂纹；3、4 根管座角焊缝也存在环向裂纹；对 1 号机组高温再热器出口集箱右侧第 1 排割管进行内窥镜检查发现，集箱内部管孔内存在密集裂纹，如右侧第 1 排前数第 4 个集箱内管孔边缘疑似密集裂纹，如图 4-128 所示。

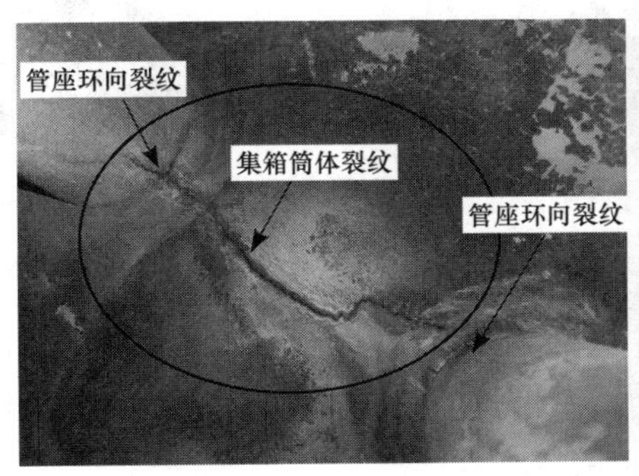

图 4-127　高温再热器出口集箱筒体及管座裂纹

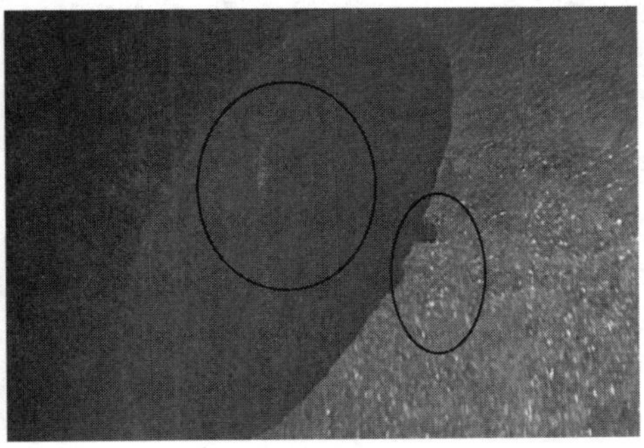

图 4-128　高温再热器出口集箱内管孔裂纹

从上可知，1、2 号锅炉高温再热器出口集箱筒体及管座均存在裂纹，筒体裂纹由内壁向外壁扩展，萌芽于筒体管孔处，管孔处存在密集呈辐射状的裂纹，管孔裂纹呈蒸汽流入辐射状，部分裂纹连续穿过两个以上管孔，缺陷性质严重，危害性大。

由于高温再热器出口集箱及其管座结构因素，长期高温运行下集箱管座焊缝因结构因素产生疲劳裂纹；高温再热器集箱管座为插入式，受热面管端部与集箱管孔连接部位在锅炉启停过程中容易积水，随着长期高温运行过程中产生热疲劳裂纹，由于蒸汽由受热面管流入集箱内部，从而形成蒸汽流入辐射状裂纹，裂纹在集箱筒体内扩展，最终导致筒体贯穿。

针对此类情况，对接近或超过设计寿命的机组，应尽快安排对高温再热器集箱、高温过热器集箱等高温集箱及其管道等进行机组寿命评估，经机组寿命评估合格后方可投入使用；设计制造单位应优化集箱管孔及管座连接方式，避免长期高温运行中热疲劳裂纹出现。

【案例 4-57】水冷壁集箱安装与设计不符，集箱连接部位膨胀拉裂，导致水冷壁鳍片拉裂延伸母材泄漏

2011 年 1 月 29 日，某电厂 3 号超临界锅炉前侧水冷壁发生泄漏，泄漏位置为炉前下部水冷壁左数第 3 个进口集箱左数第 1 根水冷壁鳍片拉裂，造成管子泄漏，材质为 SA-213T12，规格为 $\phi35\times6.5$mm，泄漏宏观形貌如图 4-129 所示。

1. 对现场情况进行调查与检查发现

（1）炉底大包前水冷壁下部集箱（共 12 个回路小集箱）相邻集箱端部密封连接焊缝多处裂开，造成水冷壁鳍片焊缝拉裂，因鳍片焊缝拉裂延伸入水冷壁管。

（2）水冷壁下部集箱相邻集箱端部预埋件扁钢未开坡口、且未焊透，如图 4-130 所示，根据设计图纸核实，设计要求开 V 形坡口并采用全焊透结构，安装施工焊缝与设计图纸要求不符。

图 4-129 炉底前水冷壁泄漏宏观形貌

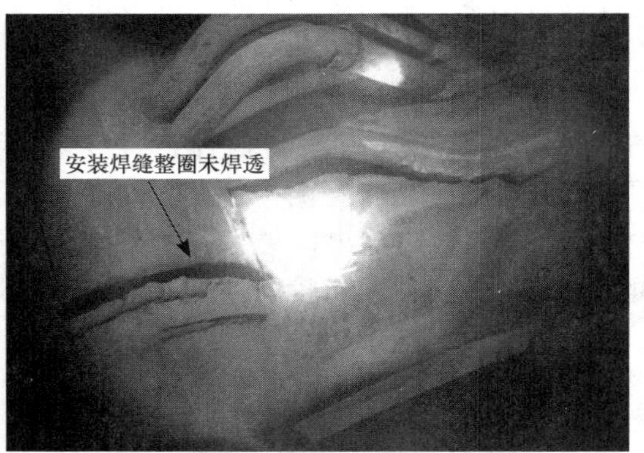

图 4-130 水冷壁下集箱端盖连接部位焊缝

（3）前部斜坡水冷壁的五层中心的膨胀死点未与珩架焊接，且刚性梁有两处割开未连接。

（4）斜坡水冷壁上的部分插销未安装；从热态膨胀量的痕迹看，炉左膨胀量明显小于炉右侧膨胀量。

综上所述，由于水冷壁下部相邻集箱端部连接安装焊缝与设计不符，膨胀死点未按要求焊接，刚性梁断开，且部分插销未连接，造成膨胀量过大或与设计不一致，从而使两集箱端盖处连接安装焊缝拉裂，使水冷壁鳍片焊缝拉裂，延伸至水冷壁管导致泄漏。

2. 处理及预防措施

（1）要现场检查密封、安装焊缝质量是否符合设计及有关规程要求，现场检查是否存在鳍片、集箱端盖焊缝拉裂部位裂纹延伸至母材现象，发现问题及时处理。

（2）按设计图纸核查安装施工质量，尽快按设计要求进行恢复。

（3）加强对锅炉膨胀系统部位的排查，发现问题及时处理。

【案例 4-58】水冷壁炉膛设计宽、集箱结构设计不当导致管座角焊缝裂纹

某电厂 600MW 超临界机组 1 号锅炉为“W”火焰超临界锅炉，炉膛宽约 32m，水冷壁前墙出口集箱设计为整根长集箱，前墙共 726 根水冷壁管，规格均为 $\phi 31.8 \times 7.5$mm、材质为 15CrMo，采取垂直管与带弯头的异形管与水冷壁上集箱相连，进行首次内部检验时发现水冷壁前墙出口集箱有 281 个垂直管管座角焊缝存在裂纹，且主要集中在集箱两端管座角焊缝位置，如图 4-131 所示。

图 4-131 水冷壁出口集箱管座角焊缝裂纹

对于集箱管座角焊缝进行基建锅炉检验和内部检验时应按规程要求进行抽检，重点抽查膨胀系统受阻集箱、高温段集箱等管座角焊缝；对于设计过长的集箱如水冷壁出口集箱应重点对集箱两端管座角焊缝进行抽查，屡次出现角焊缝开裂现象时，应联系制造厂进行设计更改。

【案例 4-59】包墙过热器集箱结构设计与安装不当，膨胀受阻导致管座焊缝开裂

2011 年 2 月 14 日，某电厂 3 号超临界锅炉后炉顶后包墙上集箱右数 1 号集箱从右向左数第 1 根受热面管发生泄漏，材质为 15CrMoG、规格为 $\phi42 \times 6.5$mm。具体泄漏口如图 4-132 所示。

对后包墙上集箱进行检查发现，后包墙上集箱左侧集箱左侧第 1 根、右侧上集箱右数第 1 根及右数第 2 号集箱右数第 1 根管座焊缝存在裂纹，如图 4-133 所示。

图 4-132　后包墙右侧上集箱管座焊缝裂纹泄漏

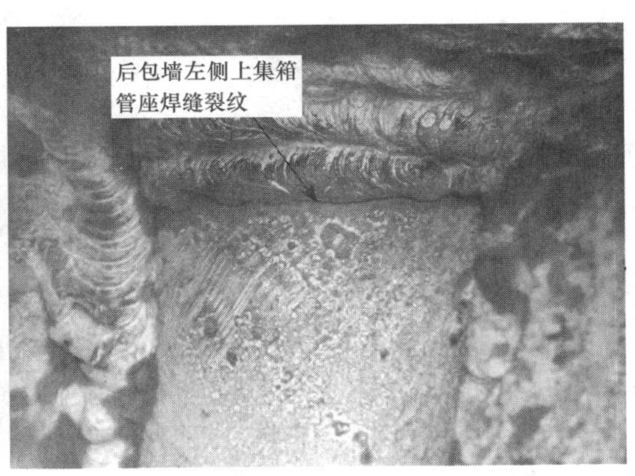

图 4-133　后包墙左侧上集箱管座焊缝裂纹

1. 检查情况

对炉顶密封及后包墙、左右侧包墙等上部密封情况进行检查发现：

（1）左右侧包墙与后包墙上集箱密封部位完全开裂，如图 4-134 所示。

（2）炉顶二次密封板与左右侧、后包墙密封焊存在开裂现象。

（3）左侧包墙与后包墙拐角部位的密封板存在明显挤压变形，且现场检查发现左侧包墙与密封钢结构间隙约为 10mm，如图 4-135 所示。

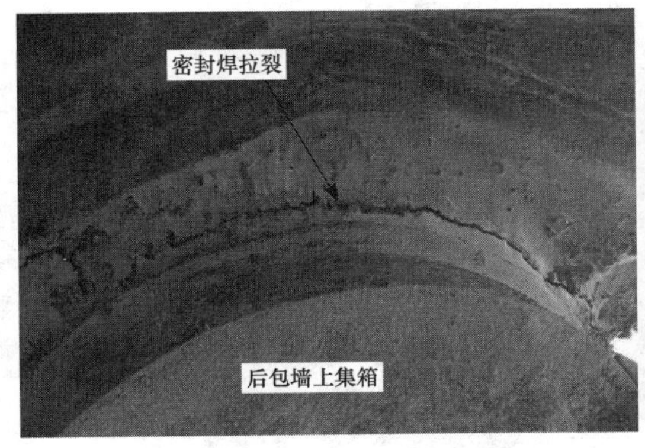

图 4-134　后包墙密封拉裂

图 4-135　侧包墙与左包墙密封板挤压情况

（4）右侧包墙预埋件与右侧密封结构存在焊死现象，使右侧包墙与右侧密封钢结构膨胀间隙为0mm。

（5）后包墙与后部密封结构间隙约为20mm。

对炉顶刚性梁进行检查，左、右侧与后侧刚性梁拐角部位及内侧刚性梁等存在焊接现象，且后侧与右侧刚性梁拐角部位焊缝存在拉裂现象，如图4–136所示。刚性梁存在膨胀受阻现象，从而使拐角部位焊缝拉裂。

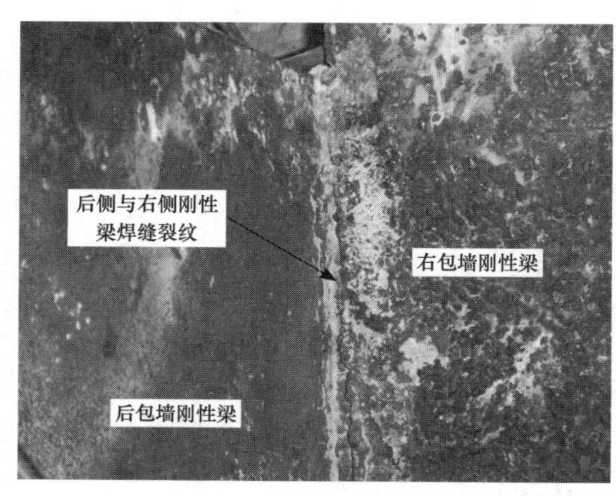

图4–136　后包墙密封拉裂

综上所述，炉顶因设计、安装等原因使上部包墙过热器存在膨胀受阻，造成膨胀应力过大，在薄弱部位造成开裂，从而发生泄漏。

2. 处理及预防措施

（1）加强对泄漏部位及所有后包墙上集箱左右侧管座焊缝进行检查，发现问题及时处理。

（2）根据设计图纸，从上往下，对炉墙密封、膨胀、刚性梁连接及部件连接等进行检查与处理，要保证包墙、顶棚等炉墙的自由膨胀。

（3）及时联系制造厂家，对炉顶密封、结构等进行复核，并提出处理及改进方案。

【案例4–60】穿墙管密封部位膨胀拉裂

穿墙管密封处由于其结构的特殊性，各部件容易受热膨胀引起热应力，出现问题现场难于发现，检修起来也非常困难，因而在安装阶段，密封安装应引起足够重视。主要发生在折焰角水冷壁与凝渣管密封、炉顶管屏（包括屏式过热器、高温过热器、高温再热器等）与顶棚密封处，顶棚穿墙管密封处尤为突出。由于炉墙密封板与受热面管受热程度不一致、热膨胀不一致，在运行过程中，长期作用下会造成拉裂。

每次A修均应进行无损检测检查，对于受热面管与密封板直接焊接密封的情况，建议改为过渡密封方式，消除炉墙密封板与受热面管直接焊接，减少因热膨胀不一致而产生的应力，防止因长期运行的热膨胀不一致问题影响锅炉安全运行。

某电厂3号超临界锅炉高温再热器与顶棚穿墙密封处存在泄漏，泄漏位置高温再热器规格为$\phi51\times4$mm，材质为T91。现场检查发现泄漏位置为高温再热器穿顶棚部位安装密封焊处存在开裂导致泄漏。并对高温再热器穿墙部位进行检查发现有少量密封弯板直接与高温再热器母材焊接，如图4–137所示。经核查图纸可知，该密封弯板密封焊设计应安装在离套管上部边缘约40mm筒上，而现场安装时工艺不当导致现场密封焊

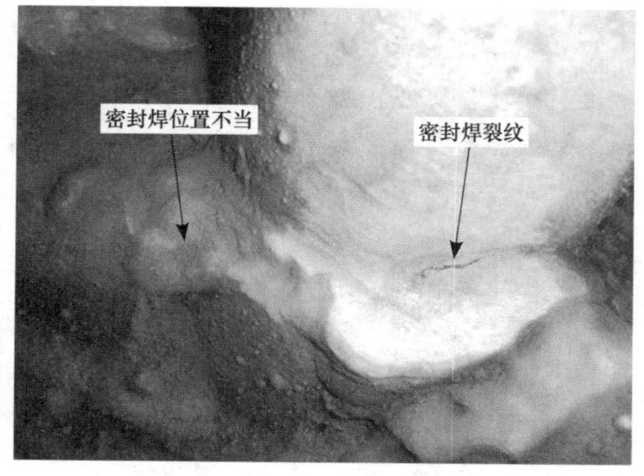

图4–137　穿墙管密封焊现场情况及裂纹宏观图

直接焊在母材上，且现场未进行焊后热处理，造成焊接缺陷以及对母材组织造成损伤，运行过程中在膨胀应力作用下造成开裂泄漏。

【案例 4-61】减温器结构设计不当，笛形管断裂

某电厂 1 号锅炉为 600MW 超临界锅炉，2007 年 10 月投运，运行 1 年后进行内部检查中发现二级减温器笛形管断裂，断裂位置为笛形管与喷水管连接处，如图 4-138 所示。并对所有减温器进行内窥镜检查发现笛形管均断裂，且断裂位置相同。经核查设计图纸可知，该批减温器笛形管均设计为悬臂梁结构，笛形管与对侧减温器内套筒及内壁均未采用连接结构，运行过程中受蒸汽流动、喷水等振动影响，造成笛形管在支点位置（笛形管与减温器内连接处）发生断裂。减温器笛形管结构形式设计不当是造成喷水笛形管断裂的主要原因。

图 4-138　二级减温器笛型管断裂宏观形貌

以后每年检修检查每个减温器的笛形管均发现断裂，后经返厂重新设计改造为穿透式结构，消除悬臂结构造成的振动弯曲应力过大的影响，连续运行几年均未再发生断裂。

【案例 4-62】吊耳、附属结构等与设备连接焊缝裂纹

吊耳、加强筋、膨胀节等结构件与集箱、管道、汽包等锅炉主要设备相连，其相对于集箱、管道、汽包等主设备刚性而言，结构件相对属于柔性结构，在其与主设备相连接的焊缝容易产生疲劳裂纹。因此，针对此类焊缝应在大修期间进行 100% 表面无损检测。

对某电厂 600MW 超临界机组锅炉进行内部检验时发现汽水分离器吊耳角焊缝存在裂纹，如图 4-139 所示；对某电厂 1000MW 超超临界机组 2 号锅炉进行首次内部检验时发现炉左侧汽水分离器筒体与加强筋板角焊缝开裂，如图 4-140 所示；某电厂 300MW 机组 3 号锅炉高过、高温再热器出口管道炉右侧出大包棚膨胀节管板变形、焊缝开裂，如图 4-141 所示；某电厂 2 号机组为 600MW 超临界机组，在首次进行锅炉内部检验时发现炉左侧主蒸汽管道与钢结构相连接预埋件弧形板焊缝裂纹，如图 4-142 所示。

图 4-139　汽水分离器吊耳角焊缝裂纹

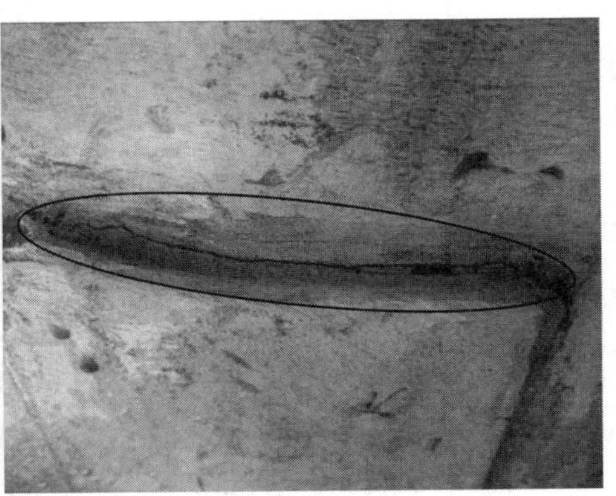

图 4-140　汽水分离器加强筋板焊缝裂纹

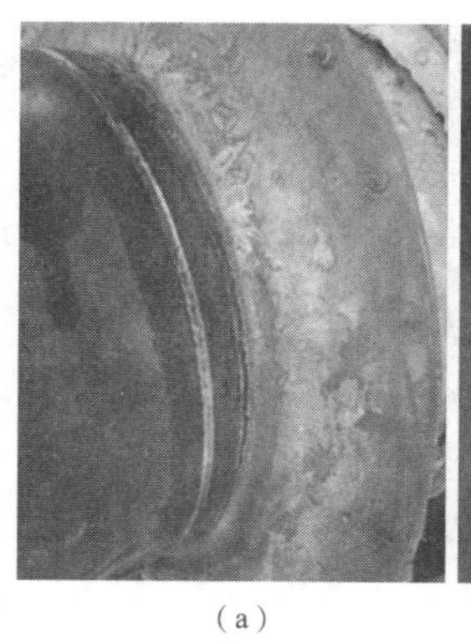
（a）

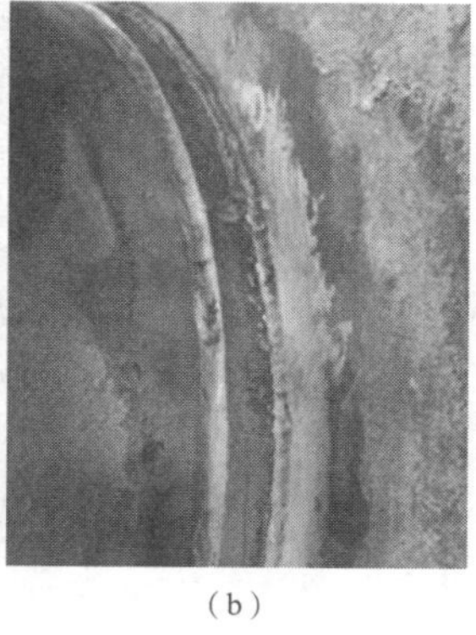
（b）

图 4-141　膨胀节管板焊缝裂纹
（a）高温再热器出口管道；（b）高温过热器出口管道

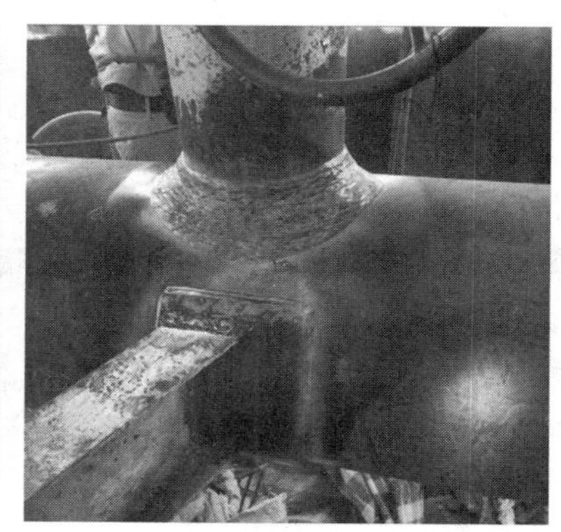

图 4-142　主蒸汽管道弧形板焊缝裂纹

四、管道结构因素造成热疲劳裂纹

炉侧和机侧管道测温、测压、取样管以及排空气管等管座由于结构因素易产生裂纹，炉侧和机侧疏水、测温、测压、取样以及排空气管等小管相对所连接的集箱、管道而言，属于柔性结构，容易在连接角焊缝处产生疲劳裂纹，特别是机炉外一次门前管道及其焊缝（尤其是 T91、T92 材质焊缝）。

因此，对与“四管”、集箱相连的小口径管角焊缝以及安全门管座焊缝应进行 100% 表面无损检查；针对 T91、T92 材质小口径管及其焊缝进行 100% 光谱、硬度确认，对硬度超标焊缝进行更换处理；对于疏水管、排空管等管座角焊缝屡次出现裂纹的，应检查管系是否存在膨胀受阻现象，如果受阻应进行整改处理，如松开固定点，并加装 U 形弯头等措施。

【案例 4-63】管道疏水、仪表等结构角焊缝热疲劳裂纹

对某电厂 1 号超临界锅炉首次进行内部检验时，发现主蒸汽管道安全阀管座、集箱排空气管座、主蒸汽管道上仪表管座角焊缝存在裂纹，如图 4-143~ 图 4-145 所示。检查高温再热蒸汽管道时发现两侧疏水管管座角焊缝均在左右侧开裂，如图 4-146 所示，对该疏水管布置情况进行检查发现，其从高温再热蒸汽管道引出后不长，即被固定在钢架上，限制了其左右膨胀，这与其角焊缝左右侧开裂结果相符。对某 4 号锅炉右侧中间下降管分配集箱管座角焊缝进行磁粉检测，发现疏水管座角焊缝偏右侧存在 1 条裂纹，长度约为 50mm，如图 4-147、图 4-148 所示。

图 4-143　安全阀管座角焊缝裂纹

图 4-144　排空管管座角焊缝裂纹

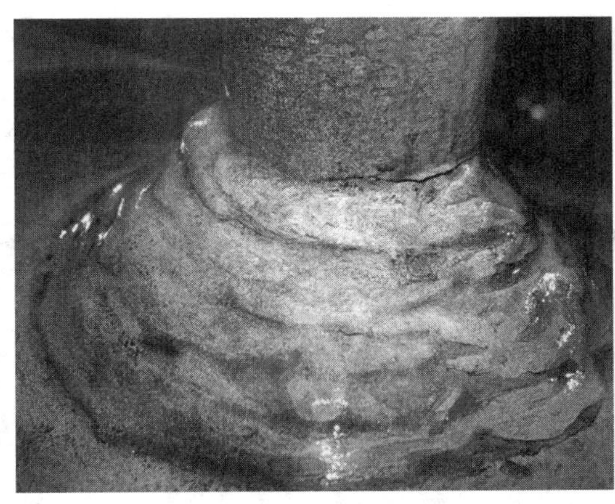
图 4–145　仪表管管座角焊缝裂纹

图 4–146　炉右侧热段疏水管管座角焊缝裂纹

图 4–147　某 4 号锅炉下降管分配集箱疏水管

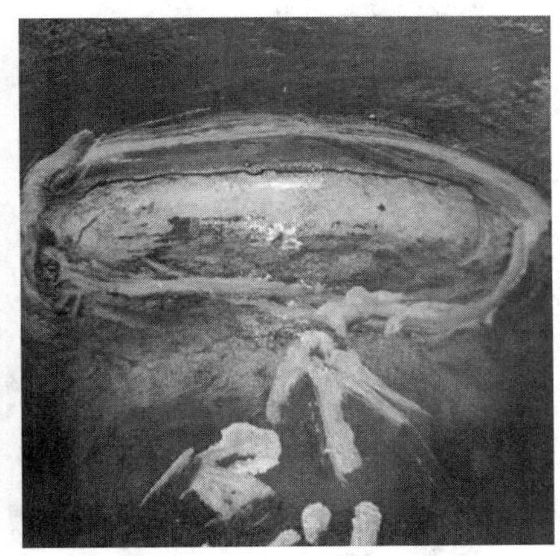
图 4–148　某 4 号锅炉下降管分配集箱疏水管座裂纹

为了防止产生疲劳，设计中应尽量减少应力集中；运行中避免不必要的频繁的交变载荷；选择抗蚀能力高的材料，消除残余应力，采取表面防腐措施等。

【案例 4–64】高温再热蒸汽管道疏水管孔及疏水管道连接部位辐射状裂纹

某电厂 4 号锅炉为超临界参数变压直流本生型锅炉，一次再热、单炉膛，尾部双烟道结构。最大连续蒸发量（B–MCR）为 1903t/h，过热器出口蒸汽压力为 25.4MPa，过热器出口蒸汽温度为 571℃。2006 年投运，2019 年 1 月累计运行约 6 万 h，发现高温再热蒸汽管道疏水管角焊缝发生泄漏。

进行宏观检查发现在高温再热蒸汽管道与疏水管连接角焊缝处存在裂纹，裂纹在疏水管道侧熔合线处，裂纹从内壁向外壁扩展泄漏。经割除疏水管道及清除高温再热蒸汽管道疏水管道插入焊缝部位，发现疏水管道内壁存在呈周向辐射状裂纹，高温再热器蒸汽管道疏水管孔也存在成周向辐射状裂纹，如图 4–149~ 图 4–151 所示，查设计图纸可知，管座采用插入式结构，如图 4–152 所示，高温再热器蒸汽管道疏水管座为插入式，疏水管端部与高温再热蒸汽管道管孔连接部位存在凸台及未焊透的情况，在锅炉启停过程中容易积水，随着长期高温运行过程中产生热疲劳裂纹，由于疏水蒸气由高温再热蒸汽管道流入疏水管内部，从而形成蒸汽流入状辐射状裂纹，裂纹在疏水管及高温再热蒸汽管道管孔筒体内扩展，由于疏水管道壁厚相对较薄，最终在疏水管最薄弱区即角焊缝热影响区贯穿开裂泄漏。

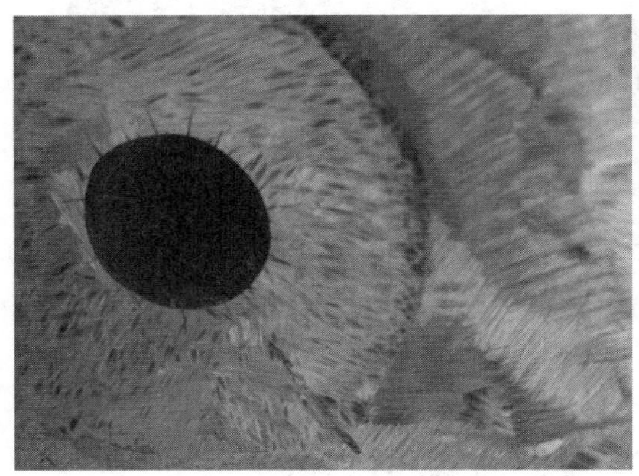

图 4-149　再热热段疏水管孔裂纹

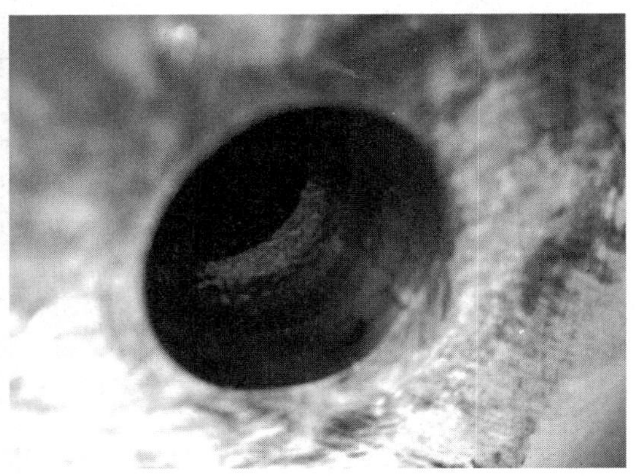

图 4-150　再热热段疏水管孔内壁裂纹形貌

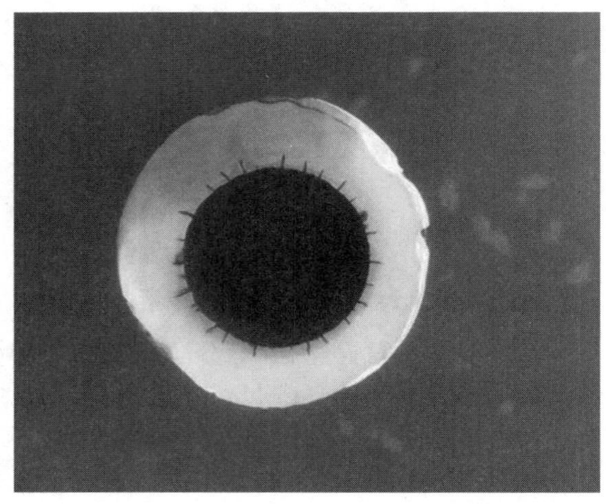

图 4-151　再热热段疏水管内壁裂纹

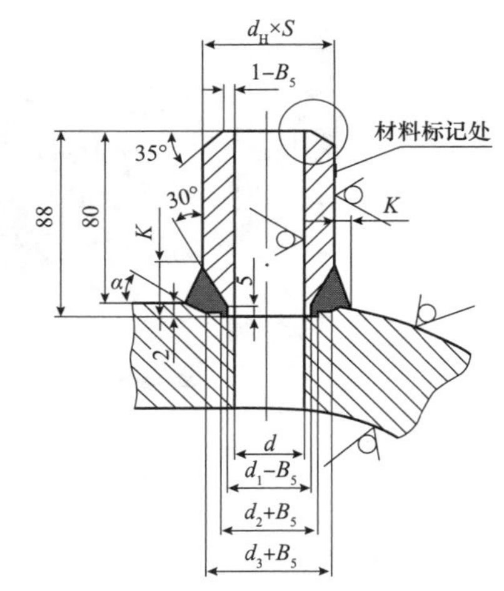

图 4-152　再热热段疏水管管座插入式结构

针对此类情况，对累积运行时间超过 6 万 h 的类似设计结构部位进行检查，发现问题及时处理；设计制造单位应优化管孔及管座连接方式，避免长期高温运行中热疲劳裂纹出现。

五、阀门结构

阀门由于其结构具有壁厚、形状复杂等特殊性，在制造过程中特别在铸造过程中，容易产生制造缺陷，壁厚且形状复杂阀门在高温长期运行过程中，具有较大的结构应力，运行过程中缺陷容易扩展，从而产生严重安全隐患。

阀门缺陷一般产生在肩部、阀体及内部铸造或锻造缺陷部位，因此，进行在役锅炉内部检验时，均应针对堵板阀、止回阀等阀门内、外表面进行检查，部分缺陷情况与基建时新堵板阀相似，可能由于原有缺陷处理不彻底或在新的缺陷中因运行应力作用下产生，大部分裂纹出现在堵板阀肩部位置，由于阀体厚度相对较厚，所以长时间运行过程中因在肩部位置受交变热应力作用而产生。

每次 A 修时，均应对堵板阀（止回阀）进行裂纹排查，重点检查内、外表面，及时消除隐患。

【案例 4-65】300MW 机组锅炉堵板阀阀体裂纹

某电厂 300MW 机组 1 号锅炉于 2001 年 5 月投产，2012 年 10 月检查发现主蒸汽堵板阀发现 2 条裂纹，裂纹深约为 40mm，长约为 240mm，在对主蒸汽热段堵板阀裂纹进行打磨处理过程中，发现在非主裂纹附近存在长约 20mm 裂纹，如图 4-153 所示；热段堵板阀发现 13 条裂纹，热段堵板阀裂纹有两条裂纹深度超过 50mm，其余裂纹深约在 10mm 内，堵板阀设计材质为 ZG20CrMoV，如图 4-154 所示。

图 4-153　主蒸汽堵板阀肩部裂纹

图 4-154　热段堵板阀肩部裂纹

【案例 4-66】某 2 号锅炉汽 - 汽加热器至再热器三通阀体裂纹

某电厂 2 号锅炉为配 200MW 汽轮发电机组的超高压参数 670~680t/h 锅炉，锅炉型号为 HG670/13.72-WM10，累积运行约 12 万 h，检查发现炉顶 A 侧（上）汽 - 汽加热器至再热器三通阀体存在 17 处裂纹，最长约为 240mm，如图 4-155 所示；锅炉炉顶 A 侧（下）汽 - 汽加热器至再热器三通阀体存在 11 处裂纹，最长约为 230mm，如图 4-156 所示。

图 4-155　上侧三通阀体裂纹

图 4-156　下侧三通阀体裂纹

【案例 4-67】某 600MW 超临界机组锅炉堵板阀裂纹

对某电厂 600MW 超临界机组 2 号锅炉首次进行内壁检验时发现在冷段左侧堵板前侧肩角部位存在长约为 80mm 裂纹，打磨处理后深度约为 20mm，如图 4-157 所示；主蒸汽管道堵板阀外表面存在 3 处裂纹：A 侧炉后侧肩部裂纹长 15mm；炉前侧肩部裂纹长 20mm；B 侧靠炉后下部裂纹长 25mm，打磨深度约为 10mm，如图 4-158 所示。

图 4-157　左侧冷段堵板阀肩部裂纹

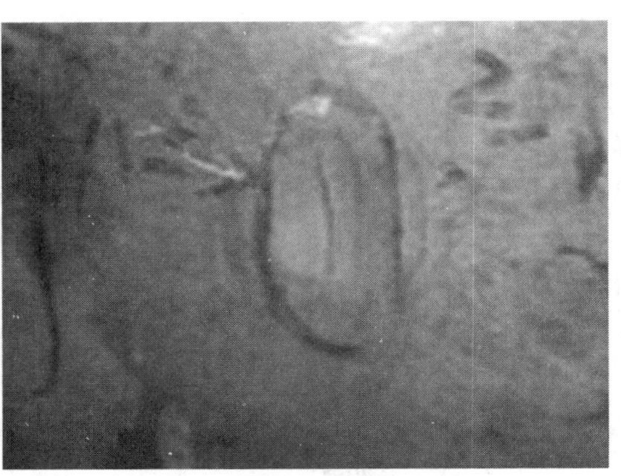

图 4-158　主蒸汽堵板阀后下肩部裂纹

六、支吊架

【案例 4-68】运行过程中支吊架存在偏斜、过载、失载等情况

有关标准规定了管道支吊架应定期进行检查，发现问题应及时进行分析和调整处理。某电厂在检查中发现由于主蒸汽管道阻尼吊架失效变成刚性吊架，致使管段膨胀方向与设计方向相反，2 个主要受力的刚性吊架失效，多个吊架不正常。

某电厂 600MW 超临界机组 1 号机组于 2006 年投入运行；2009 年 3 月进行过一次四大管道支吊架的全面检查和调整；2012 年检查中发现，主蒸汽管道支吊架问题比较严重，支吊架共 42 个，其中 14 个吊架不正常，出现偏斜、过载、失载等危险状况，占总吊架数 33%，2 组主要受力的刚性吊架失效，占总刚性吊架的 50%，如图 4-159 所示。对管道系统的可靠运行带来重大隐患，影响到整个电厂的安全运行。

图 4-159　4 号刚性吊架热态失载

经现场目视检查 7 号阻尼吊架和 8 号恒力吊架冷热态位置无变化，结合其下部的 9 号恒力吊架热位移向下，上部的恒力吊架 5、6 号热位移向上，分析认为 7 号阻尼吊架或 8 号恒力

吊架可能因为某些原因变成刚性吊架，使得管道不能按设计方向向下膨胀，致使7号阻尼吊架或8号恒力吊架抱箍成为膨胀分界点，上部分往上膨胀，下部分往下膨胀。

为进一步确定主蒸汽管道支吊架异常的最终原因，采用全站仪对主蒸汽管道8号吊架部位进行热态位移测量，测量位移值为12mm，结果表明8号存在热位移，且此值与7号和8号管段热膨胀位移一致。再仔细核查7号阻尼吊架，发现7号阻尼吊架存在漏油，行程已到最大位置，最终确定因7号阻尼吊架失效（见图4-160），变成刚性吊架，致使主蒸汽管道部分管段膨胀方向与设计方向相反。

图4-160　失效的7号阻尼吊架

处理及预防措施：先更换7号阻尼吊架，然后按照从炉顶平行向下按顺序对管道支吊架进行调整，机组重新运行并且机组参数稳定后对管道支吊架再次进行热态检查，各支吊架均处于正常工作状态，管系应力状况处于设计合理范围，冷态和热态情况下主蒸汽管道运行状态良好，调整效果良好。对主蒸汽管道2~9号支吊架管段（热膨胀方向与设计方向相反）的弯头焊缝及7号阻尼吊架处管段应进行无损检测，确保管道安全运行。

【案例4-69】运行过程中支吊架存在变形

某电厂350MW超临界机组1号锅炉标高34m，左后角燃烧器靠炉后侧弹簧吊架吊杆变形，如图4-161所示；2号锅炉低温再热器入口集箱3个支点的管托、支撑梁严重变形，托架空载，如图4-162所示。

图4-161　弹簧吊架吊杆变形

图4-162　低温再热器入口集箱管托、支撑梁严重变形

七、其他

【案例 4–70】 设计、安装不当造成原煤斗垮塌

某电厂 300MW 机组，该机组于 2003 年 9 月投产，2009 年 11 月，在运行过程中，2 号机组 A 原煤斗整体垮塌，造成被迫停机，原煤斗双曲线漏斗设计材质为 Q235AF、规格厚度为 8mm。

2 号机组 A 原煤斗临近集控室上面，垮塌现场如图 4–163 所示，A 原煤斗垮塌后向集控室倾斜，把集控室隔墙撞破，煤倒入集控室内。断裂位置为煤斗双曲线漏斗与裙筒拼接的焊缝，沿焊缝整圈脱落，如图 4–164、图 4–165 所示。对断裂后煤斗与裙筒拼接的焊缝进行宏观检查，发现存在旧断裂区域，长约 1.3m。对断裂后圆筒壁焊缝新鲜痕迹进行厚度测量，焊缝厚度测量值最大为 5.84mm，最小值为 2.00mm。

对原煤斗双曲线漏斗焊缝断口进行宏观检查，发现存在多处未焊透现象，如图 4–166 所示，未焊透部分存在明显原始板材切割痕迹，可见，未进行坡口加工。

图 4–163　2 号机 A 原煤斗垮塌现场

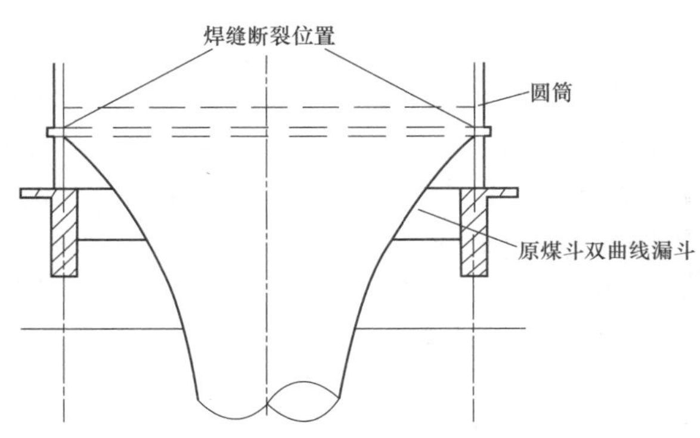

图 4–164　断裂焊缝位置示意图

图 4–165　断裂焊缝位置

图 4–166　原煤斗双曲线漏斗焊缝未焊透宏观图

对原煤斗双曲线漏斗壁厚进行测量，图纸设计要求为 8mm，实测壁厚符合设计要求。

经对原煤斗双曲线漏斗焊缝进行检查、测量、分析对比、统计，该焊缝最大未焊透深

度约达 6.68mm，未焊透最长约 1400mm，未焊透总长约为 5690mm，约占焊缝总长的 30%。

查原煤斗设计图纸，未明确注明焊缝等级，但明确标明焊缝应采用全焊透结构，即原煤斗内壁面拼接处焊板要求磨光，双曲线漏斗样图由工艺提供设计，双曲线漏斗与裙梁全熔透焊接后，要求此处磨光成流线形，如图 4–167 所示，验收规范采用 GB 50205—2001《钢结构工程施工质量验收规范》。

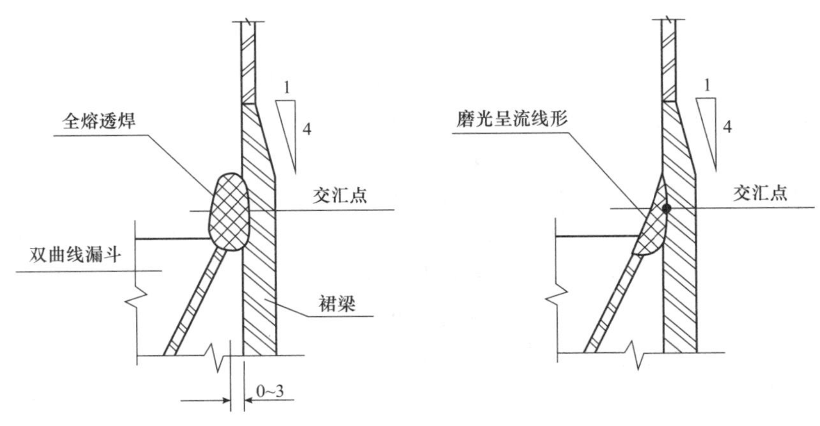

图 4–167　原煤斗双曲线漏斗与圆筒焊缝设计图纸

按照 GB 50017—2017《钢结构设计规范》中 11.1.6 规定：焊缝应根据结构的重要性、荷载特性、焊缝形式、工作环境以及应力状态等情况，按下述原则分别选用不同的质量等级：在需要进行疲劳计算的构件中，其质量等级为：

1）作用力垂直于焊缝长度方向的横向对接焊缝或 T 形对接与角接组合焊缝，受拉时应为一级，受压时应为二级；

2）作用力平行于焊缝长度方向的纵向对接焊缝应为二级；不需要计算疲劳的构件中，凡要求与母材等强的对接焊缝应予焊透，其质量等级当受拉时应不低于二级，受压时宜为二级。

按照 GB 50017—2017《钢结构设计规范》中 3.1.13 规定：在钢结构设计文件中，对接焊缝，应注明焊缝质量等级及承受动荷载的特殊构造要求。

从上述条款可知，原煤斗双曲线漏斗与圆筒壁角焊缝既承受疲劳载荷，又承受拉应力，应为一级焊缝要求，但设计图纸等资料未明确注明焊缝等级，不符合 GB 50017—2017《钢结构设计规范》要求。

对原煤斗安装及验收资料进行检查，未见有关原煤斗安装焊缝检验资料，在验收资料检查中发现，原煤斗安装焊缝存在验收等级不明确的现象，部分条款采用一级验收，如对焊缝位错采用焊缝等级为一级验收；部分采用三级验收，如对焊缝余高采用焊缝等级为三级验收，表中无损检测栏记录标明无此项，即安装单位和验收单位未进行焊缝内部无损检测。

综上所述，按照 GB 50017—2017《钢结构设计规范》有关规定，原煤斗焊缝质量等级应为一级，而设计单位在设计图纸等资料中未明确注明焊缝质量等级，不符合 GB 50017—2017《钢结构设计规范》要求。

按照 GB 50205—2001《钢结构工程施工质量验收规范》要求，焊缝质量等级为一级焊缝应采用100%超声波探伤（B级）或射线探伤（AB级）进行焊缝内部缺陷的检验，其内部缺陷分级及探伤方法应符合GB/T 11345—2013《焊缝无损检测超声检测技术、检测等级和评定法》或GB/T 3323—2005《金属熔化焊焊接接头射线照相》的规定，而安装单位未进行内部缺陷的无损检验。

从安装及验收资料检查情况表明，安装单位、验收单位未正确理解掌握原煤斗安装焊缝质量等级，也未与设计单位沟通、反馈，且未按焊缝相应质量等级进行相关焊接施工、检验及验收。

（3）现场安装焊缝质量与设计图纸要求不符，且存在严重未焊透缺陷。

原煤斗在运行过程，在煤粉的质量及振动等疲劳应力及拉应力作用下，在焊缝未焊透部位存在应力集中现象，长期运行中导致焊缝未焊透部位开裂，在运行中快速扩展，从而导致原煤斗整体掉落。安装单位未按设计图纸要求进行全熔透焊接，焊缝存在多处严重未焊透缺陷，且未进行焊缝内部无损检测，是造成焊缝早期失效的直接原因；设计单位未在设计资料上注明焊缝等级，不符合GB 50017—2017《钢结构设计规范》要求。

【案例4-71】设计、安装不当导致测温、测压、取样等导管断裂、泄漏

锅炉部件如减温器、主蒸汽、再热蒸汽管道测温、测压、取样等导管设计为0Cr18Ni9Mo2Nb、1Cr18Ni9Ti等不锈钢材质，而与相连接部件如减温器、集箱、蒸汽管道材质均为铁素体钢，现场安装采用不锈钢焊材，存在异种钢焊缝，长期运行过程中在导管角焊缝部位容易产生裂纹，导致泄漏；由于设计、尺寸及安装等原因，长期运行过程中测量及取样元件保护导管容易断裂，随蒸汽进入集箱内造成堵塞爆管。

某600MW超临界机组2号机组运行约3312 h，主蒸汽管道材质为A335P91，规格为$\phi538\times78$mm，热电偶导管直径为$\phi24$，材质为0Cr18Ni9Mo2Nb，运行过程中由于连接焊缝开裂导致导管拔脱飞离，如图4-168、图4-169所示。

图4-168　再热热段疏水管内壁裂纹

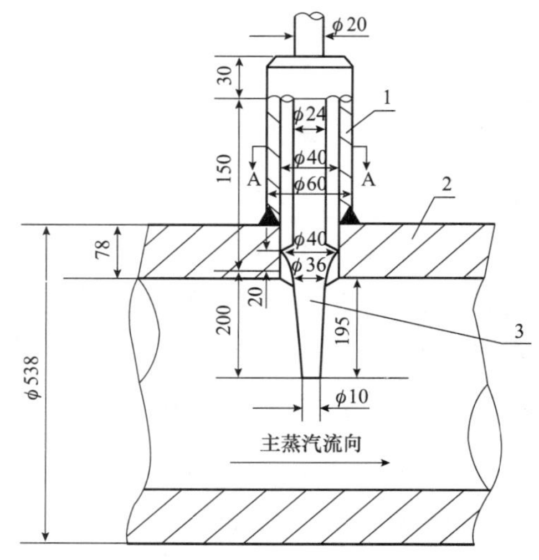

图4-169　主蒸汽热电偶安装结构

1—管座；2—主蒸汽管；3—热电偶管座

为保证管道及集箱温度、压力和取样等元件保护导管使用的可靠性，避免因测量元件保护导管焊缝开裂或导管断裂造成故障，需对测量元件套管进行换型改造，提高测量元件

保护导管的可靠性，确保机组的安全、稳定运行。

原结构容易产生以下问题，如图 4–169、图 4–170 所示：

（1）原测量元件导管设计材质为不锈钢，与相应管道、集箱材质不一致，现场焊接为不锈钢焊材，容易因热膨胀系数不一致而导致开裂。

（2）导管结构为尖端，为悬臂结构，与管道或集箱连接处易晃动，在现场焊接部位处容易断裂，随蒸汽进入集箱内部，造成堵塞爆管。

（3）原设计导管直径一般小于 40mm，部分仅为 10mm，强度不够，长期运行过程中容易断裂。

针对上述问题，应优化测量元件导管结构，如图 4–171 所示，优化后新型导管根部直径为 40mm，新套管的管体部分是一体的，牢固性更强，且下端为圆锥形（非原来的棱锥形），新型导管能与原安装孔的孔径及插深匹配，保证导管与管道或集箱可靠接触，杜绝了运行过程中晃动情况发生；导管材质设计与相应管道或集箱材质一致，确保现场安装焊缝为同种材质焊接，消除了不锈钢异种钢焊缝的影响；新导管设计深入集箱或管道内部测量长度相对较短，一般不超过内径的 30%，显著降低蒸汽作用下的力矩。从用户反馈的使用效果看，效果较好。

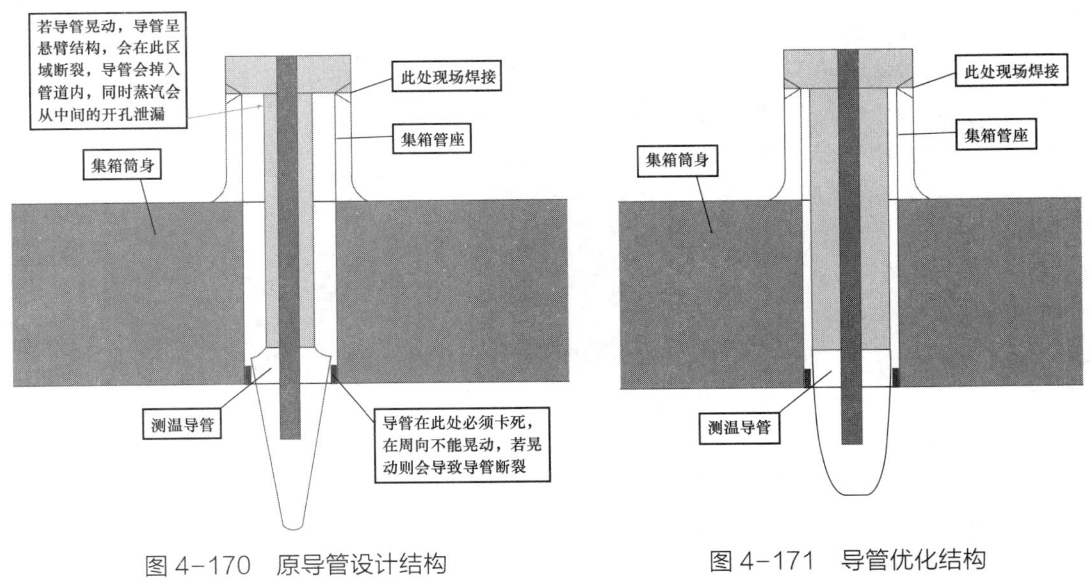

图 4–170　原导管设计结构

图 4–171　导管优化结构

参考文献

[1] 杨湘伟，焦庆丰，李文军，等．超临界机组奥氏体不锈钢管内壁氧化膜剥落问题分析 [J]. 湖南电力，2008（3）：37–40.

[2] 黄权浩，何朋非，龙会国．电站锅炉二级过热器水塞爆管原因分析 [J]. 湖南电力，2014,（04）：17–19.

[3] 谢国胜．超（超）临界机组锅炉检验 [M]. 北京：中国电力出版社，2015.

[4] 龙会国，陈红冬，万克洋．锅炉高温过热器弯管的失效分析 [J]. 腐蚀与防护，2008,（03）：157–159.

[5] 龙会国．，龙毅．奥氏体不锈钢管冷加工固溶处理问题分析 [J]. 华中电力．2007，20（4）：72–73.

[6] 2004 ASME BOILER AND PRESSURE VESSEL CODE（AN INTERNATIONAL CODE）I, RULES FOR CONSTRUCTION OF POWER BOILERS[S].

[7] 龙会国，龙毅，陈红冬 . 300MW 机组锅炉“四管”泄漏检修分析 [J]. 热力发电 . 2010，39（4）: 46–48.

[8] 龙会国，陈红冬，龙毅 . 电站锅炉部件典型金属故障分析及防止措施 [J]. 热力发电 .2011，40（6）: 97–99.

[9] 胡加瑞，陈金仪，陈红冬，等 . HR3C 钢运行前后组织性能分析 [J]. 矿冶工程，2012（10）: 110–112.

[10] 龙会国，龙毅，陈红冬 . 高温过热器 T23/12Cr1MoV 异种钢焊缝失效机理 [J]. 中国电力，2011（5）: 70–72.

[11] 王学，葛兆祥，陈方玉，等 . 低温再热器 12Cr2MoWVTiB 钢接头断裂失效机理 [J]. 焊接学报,27（9）: 89–98.

[12] 何沛，蒋为吉，郭曼久 . 硼在 12Cr2MoWVTiB 钢高压锅炉管热制管及服役过程中的变迁 [J]. 金属热处理学报，1996，17（2）: 7–16.

[13] 牛锐锋，曹怡姗，朱一乔，等 . 国产 T23 钢再热裂纹敏感性试验研究 [J]. 兵器材料科学与工程，2014（9）: 36–39.

[14] 龙会国，谢国胜，龙毅，等 . T91 管外径蠕变对组织与力学性能影响 [J]. 材料热处理学报，2015，36（2）: 149–154.

[15] 孙标，杨延彪，肖杰，等 . 锅炉末级过热器 T92/HR3C 异种钢接头断裂原因分析 [J]. 江苏机电工程，2011（11）: 77–80.

[16] 胡林明，龙会国，李光 . 低温再热器爆管原因分析 [J]. 热力发电 . 2007，36（11）: 84–86.

[17] 郑德升 . 电站锅炉省煤器爆漏原因分析及解决措施研究 [D]. 保定：华北电力大学，2004.36–38.

[18] 龙会国，邓宏平，何朋非，等 . 锅炉水冷壁管沉积物下腐蚀损伤特征及其超声检测 [J]. 无损检测，2014，36（6）: 19–23.

[19] 龙会国，谢国胜，龙毅，等 . 锅炉水冷壁管沉积物下氧化腐蚀特征及其机理 [J]. 腐蚀与防护，2014，35（6）: 579–583.

[20] 杨富，章应霖，任永宁，等 . 新型耐热钢焊接 [M]. 北京 中国电力出版社 . 2006.

第五章　在役锅炉典型特性案例分析

第一节　哈锅典型案例分析

由于相同设计理念、相同材质、相同结构及相同工艺等因素导致的设备缺陷称为特性缺陷。由于不同厂家的设计理念、工艺、结构及材质可能存在差异，因此，同一类型缺陷可能在其他厂家设计制造的锅炉设备中并未出现，而在同一设计制造厂家的同类型锅炉或不同类型锅炉均有可能出现，因此，针对特性缺陷应对该设计制造厂家的相应型号锅炉进行针对性排查，及时发现并消除安全隐患，以确保设备安全。

一、HG670/140–13 系列亚临界锅炉

HG–670/140–13 系列亚临界锅炉运行超过 5 万 h，主蒸汽管道、高温再热蒸汽管道支吊架衬板与管道连接处焊缝熔合线产生裂纹，每次 A 修时，应针对高温段支吊架衬板与管道连接焊缝进行 100% 检查与处理；条件具备时，应优化支吊架连接方式，针对高温段即设计温度大于 300℃的管道支吊架，禁止使用焊接单板（双板）或焊接支座等型式，避免焊接连接处产生裂纹而影响管道设备安全。

【案例 5–1】主蒸汽管道、高温再热蒸汽管道支吊架衬板与管道连接焊缝裂纹

某电厂 2 号锅炉是哈锅设计制造的 HG–670/140–13 型、强制循环、单汽包、燃煤锅炉。该锅炉 1988 年投运，至 2013 年 6 月大修，累计运行时间约为 180000 h。针对主蒸汽管道支吊架衬板与管道连接处磁粉探伤检查共 20 个，发现 001、005、006、007、012、013、019、024、025、026、031 号共计 11 个支吊架衬板焊缝上端或下端焊缝发现裂纹，如图 5–1 所示；再热热段支吊架与管道焊接处磁粉探伤检查共 12 个，其中 007、031、032 号共 3 个支吊架衬板焊缝上端或下端焊缝发现裂纹，如图 5–2 所示，裂纹均发生在支吊架衬板与管道连接焊缝管道侧熔合线上，为热应力下的疲劳裂纹。

图 5–1　主蒸汽支吊架衬板焊缝裂纹

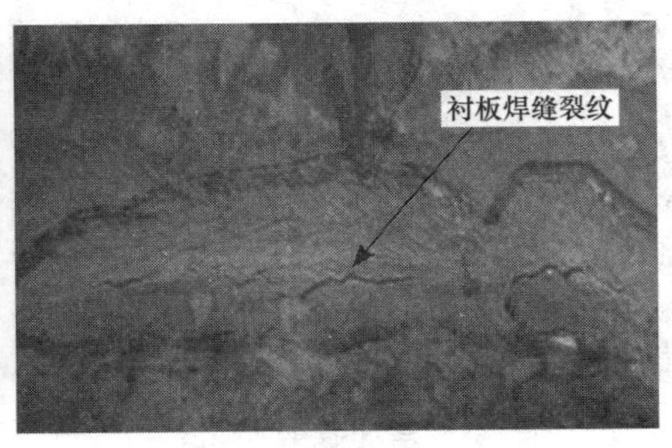

图 5–2　再热热段衬板焊缝裂纹

二、HG1021/18.2-540/540-WM 系列亚临界自然循环锅炉

HG1021/18.2-540/540-WM 系列亚临界自然循环锅炉，运行超过 3 万 h 容易产生 TP304H 等奥氏体材质屏式过热器夹持管弯头裂纹，裂纹从外表面向内侧开裂，宜用宏观及表面渗透检查，夹持管弯头应进行更换处理，采用更高等级材质 TP347H，且经固溶处理；运行超过 3 万 h，易产生穿顶棚管裂纹，特别是再热器、过热器穿顶棚部位，辐射再热器穿水冷壁部位易产生大量裂纹，宜用超声或爬波检测，应对穿墙部位结构进行改造，避免膨胀不一致造成的拉裂；运行超过 5 万 h，汽包下降管角焊缝易产生表面裂纹，宜用磁粉及超声检测；运行超过 7 万 h，低温过热器、低温再热器集箱段接管座焊缝易产生裂纹，宜用磁粉或超声进行检测。

【案例 5-2】屏式过热器夹持管弯头裂纹

某电厂 1 号锅炉为 300 MW 亚临界中间再热自然循环汽包锅炉，锅炉为单汽包、单炉膛、平衡通风、中间一次再热、固态排渣、四角切圆燃烧方式、露天戴帽布置、亚临界压力、自然循环、挡板调温、全钢构架。最大连续蒸发量为 1021t/h，高温过热器出口蒸汽压力为 18.24 MPa、温度为 540℃。分隔屏夹管材质为 TP304H，规格为 $\phi51\times6$mm，从左向右数 4 大屏，每大屏从前向后数 6 屏，共 24 屏，每小屏均有一根夹持管。锅炉运行约 62000 h 发生分隔屏夹持管 2 处泄漏故障。

现场发现分隔屏泄漏位置为从炉左向右数第 1、2 大屏第 3 小屏夹持管，夹持管泄漏口均在蒸汽出口侧小角度（17°~30°）弯头附近外侧，弯头外侧完全暴露在烟气中，内侧则与管屏接触，如图 5-3、图 5-4 所示，泄漏裂纹在弯头外侧，裂纹为横向，裂纹未见张口现象，泄漏裂纹附近外壁有密集平行的横向裂纹，泄漏和裂纹管子都未见胀粗与壁厚减薄现象，泄漏裂纹蒸汽侧张口较大，烟气侧张口较小。可见，裂纹起源于管内壁并向外扩展。外壁局部区域有弯管加工时留下的压痕和皱褶，对这些部位进行着色探伤检查，发现这些区域外壁有密集平行的横向裂纹萌生，但深度很浅，且出口侧比进口侧严重，如图 5-5、图 5-6 所示。检查周围管屏夹持管，均发现程度不一的表面横向微裂纹，从前向后数前三小屏夹持管相同弯头表面微裂纹相对严重，且均表现为炉右出口侧比炉左进口侧严重，实测炉右出口侧弯头角度为 24°，而炉左进口侧弯头角度为 19°，可见，炉右蒸汽出口侧加工变形量比炉左进口侧大。

图 5-3　分隔屏泄漏宏观形貌

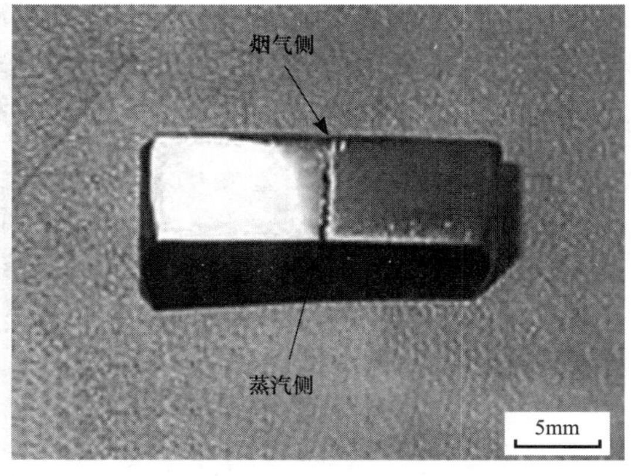

图 5-4　泄漏裂纹断面宏观形貌

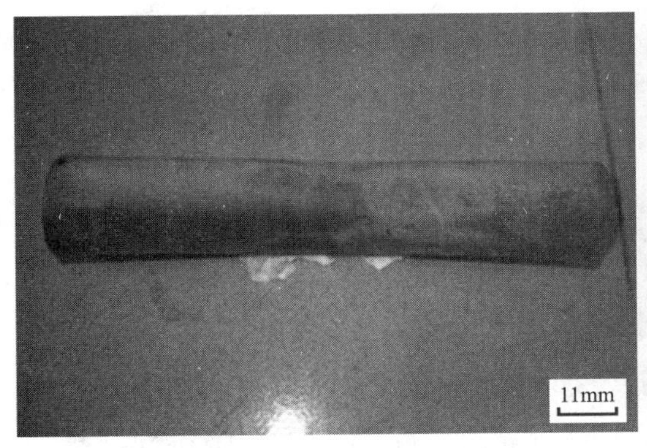

图 5-5　分隔屏弯管内弯外壁皱褶及微裂纹

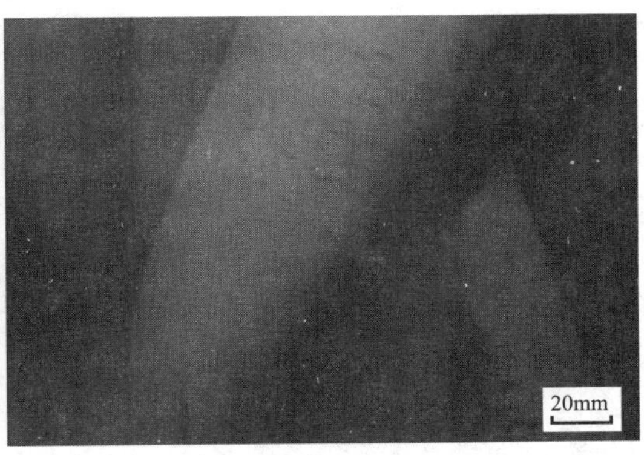

图 5-6　分隔屏弯管外弯外壁皱褶及微裂纹

对泄漏管进行化学成分、机械性能分析，均符合要求。

显微组织分析试样取样位置为泄漏裂纹尖端、外弯头外壁表面微裂纹尖端等部位。图 5-7 所示为泄漏部位主裂纹蒸汽侧显微裂纹。为典型的沿晶开裂，裂纹尖端有分叉。图 5-8 所示为对应的烟气侧显微裂纹，即表面横向微裂纹。从图 5-8 可知，蒸汽侧显微裂纹宽度较烟气侧的窄，向外扩展深度深约 1.24mm。而烟气侧显微裂纹张口宽，但深度较浅，最长约 0.95mm，且裂纹尖端钝化，尖端有明显氧化痕迹，与蒸汽侧微裂纹比较，向内侧扩展不明显。蒸汽侧显微裂纹较烟气侧扩展快，这是由于在运行、启停过程中，材料内外壁应力、腐蚀介质等分布存在差异，从而使腐蚀程度、方式存在差异。

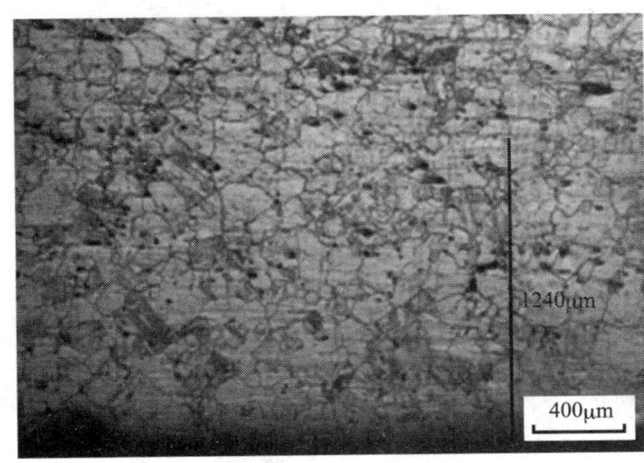

图 5-7　蒸汽侧显微裂纹

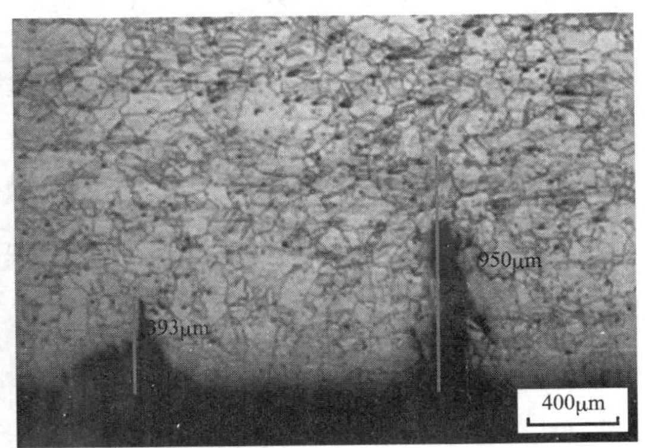

图 5-8　烟气侧显微裂纹

图 5-9 所示为蒸汽侧裂纹尖端显微组织，为奥氏体，裂纹沿晶扩展，晶间裂纹开口附近没出现明显的晶粒变形；图 5-10 所示为烟气侧表面裂纹显微组织，裂纹也是沿晶扩展，晶粒无明显变形。

图 5-11 所示为蒸汽侧显微组织，奥氏体晶间已经有很明显细小的不连续的碳化物或第二相。图 5-12 所示为烟气侧显微组织，奥氏体晶间已经有大量很明显的不连续的碳化物并混有析出物，晶间腐蚀程度较蒸汽侧严重。从图 5-11、图 5-12 可知，蒸汽侧腐蚀介质可能存在于蒸汽，其温度在 498~547℃之间，而烟气侧腐蚀介质为管子外部附着物（烟灰等）存在的熔融物或烟气，温度达到 533~704℃，很明显，两者高温运行下腐蚀方式、晶间腐蚀程度不一样，腐蚀介质、温度对奥氏体的腐蚀起着重要的作用。可见，高温运行

环境对 TP304H 奥氏体不锈钢的腐蚀方式及运行组织变化有着重要的影响。

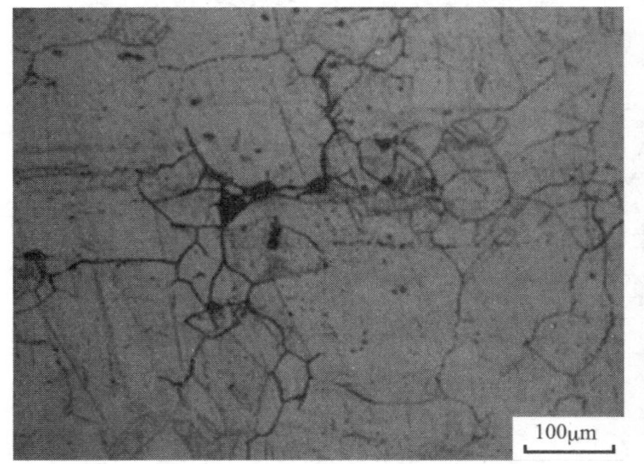

图 5-9　蒸汽侧裂纹尖端显微组织

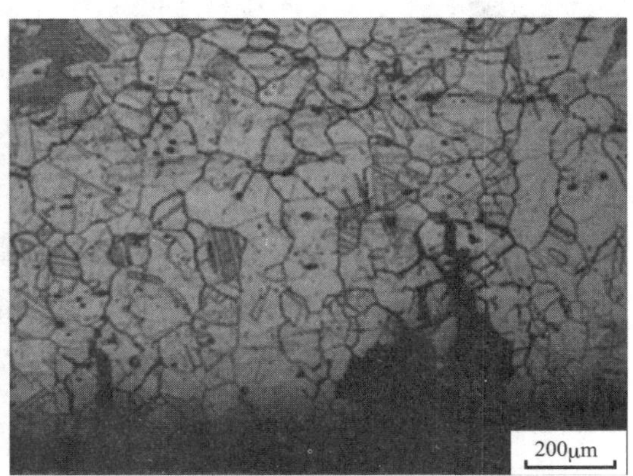

图 5-10　烟气侧裂纹显微组织

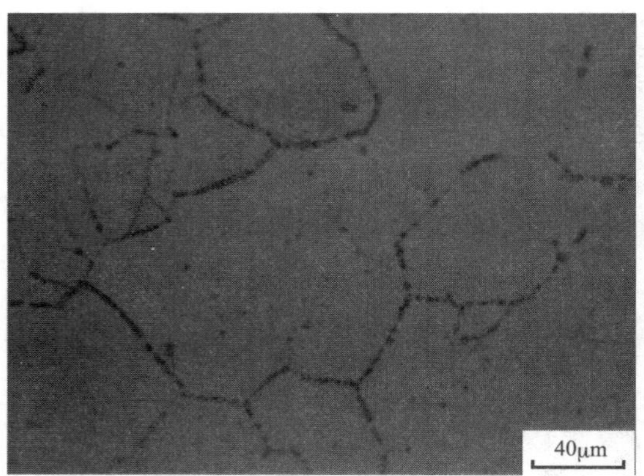

图 5-11　蒸汽侧显微组织

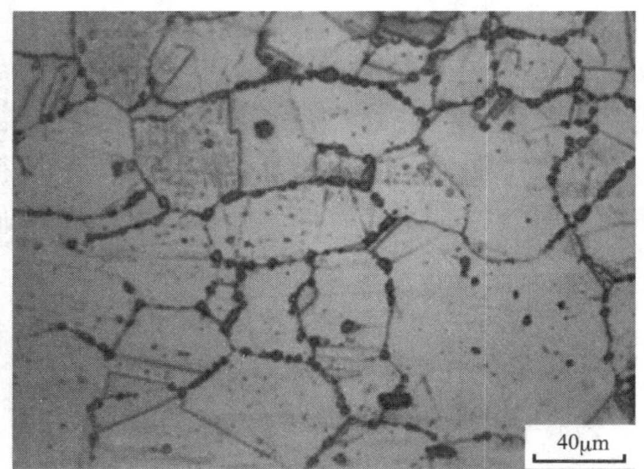

图 5-12　烟气侧显微组织

对夹持管泄漏部位进行小角度（17°~30°）弯头冷加工，奥氏体不锈钢这类冷加工敏化的材料进行 5%~20% 冷加工对于沿晶应力腐蚀开裂有恶劣的影响，原因是冷加工较低时存在的马氏体小片能引起氧化膜加速增厚，促进开裂敏感性。

奥氏体不锈钢的晶间腐蚀在 427~816℃敏化温度范围内容易发生，当然也取决于在腐蚀介质中暴露的时间，而分隔屏夹持管工作环境温度特性在此温度范围内，且经过 62 000 h 高温运行。

对组织进行分析表明，裂纹是沿晶扩展，尖端有分支，奥氏体晶间已经有大量很明显的不连续的碳化物并混有析出物，弱化晶间。

综上所述，分隔屏过热器弯头经过冷加工成型，材料腐蚀敏感性增加；且在管子外部附着物（烟灰等）存在熔融物及烟气等腐蚀气氛、弯管内部水或蒸汽中存在微量 Cl^- 或溶解 O_2 现象等高温运行环境下；长期运行过程中，除受到直管段同样应力外，还存在附加周向应力及结构应力，而且向火侧受热集中、热应力较大，管内壁应力较大；从而造成应力腐蚀，弯头外侧的蒸汽侧应力腐蚀速度较快，是造成泄漏的主要原因。

2009 年对湖南省内该制造厂生产的同类型机组进行普查，均发现同类型裂纹，即对锅炉分隔屏夹持管进行检查发现类似的横向裂纹，对分隔屏下部弯头进行检查发现有网状裂纹，如图 5-13、图 5-14 所示，湖南省内电厂锅炉横向裂纹最短运行时间约 4.1 万 h，查资料得知国内该类型机组锅炉分隔片该类缺陷最早泄漏时间仅为 3 万 h。

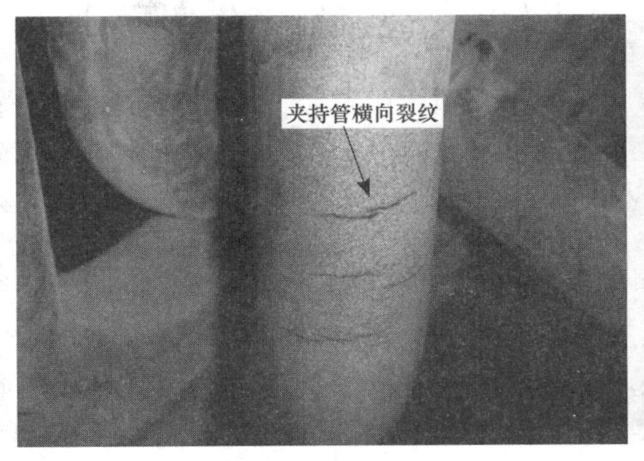

图 5-13 夹持管横向裂纹宏观图

图 5-14 分隔屏下弯头网状裂纹宏观图

针对此类缺陷采取以下措施：对余下分隔屏夹持管弯头部位及时进行更换，由于 TP304H 材质本身具有易产生晶间腐蚀的特性，且对分隔屏更换后的管子采用强度更高等级钢种如 TP347H，更换后的弯头，按规程做相应的固溶处理，防止了类似问题再次发生。

【案例 5-3】辐射再热器穿墙部位裂纹

某电厂 2 号锅炉为哈锅生产的 HG-1025/18.2-WH10 型、亚临界一次中间再热自然循环汽包炉。采用单炉膛 Π 形布置，四角直流燃烧器切向燃烧，平衡通风。1998 年 8 月投产，运行约 6.2 万 h。2010 年 7 月 1 日，2 号锅炉检修期间进行水压试验时，发现前墙辐射再热器存在泄漏点，泄压后检查，发现前墙 1 号辐射再热器集箱上排左数第 6 根与墙体密封板密封焊部位存在裂纹。

辐射再热器材质为 15CrMoG、规格为 $\phi 51 \times 4$mm，密封钢板材质为 20 g、厚度为 6 mm，管子和钢板之间采用环焊缝，焊缝高度为 4 mm。

现场对辐射再热器穿墙部位采用超声波及渗透检测方法进行扩大检查，共检查 309 根，发现裂纹 254 根，占比 82.2%，裂纹均发生在辐射再热器穿墙部位与密封板焊接部位，如图 5-15、图 5-16 所示，裂纹发生位置无规律性，管子密封焊处上下部，左右侧均发现了裂纹。

图 5-15 辐射再热器穿墙部位结构

图 5-16 辐射再热器左数 6-2 屏管子穿墙部位拉裂

由于炉墙密封板直接焊在穿墙辐射再热器管子外壁上，且密封板刚性强于辐射再热器管，在长期运行后，因结构热应力疲劳而开裂。

针对此类结构，应优化过渡密封方式，消除炉墙密封板与受热面管直接焊接，减少因热膨胀不一致而产生的应力，防止因长期运行，热膨胀不一致问题影响锅炉安全运行。

【案例 5-4】高温过热器进口集箱管座焊缝裂纹

某电厂 2 号锅炉为哈锅生产的 HG-1025/18.2-WH10 型、亚临界一次中间再热自然循环汽包炉。采用单炉膛 Π 形布置，四角直流燃烧器切向燃烧，平衡通风。1998 年 8 月投产，累积运行 91 085 h，2014 年对炉顶大包内高温过热器进口集箱管座角焊缝进行磁粉检测，发现炉前侧最外管屏炉左至炉右数第 6、40、46 根管座角焊缝，炉后侧最外管屏炉左至炉右数第 6、8、9、12、13、42、46 根管座角焊缝存在裂纹，如图 5-17、图 5-18 所示。对低温再热器进口集箱、高温过热器出口集箱、高温再热器出口集箱等管座焊缝进行抽查，未发现裂纹。检查高温过热器进口集箱管座及其管排结构，高温过热器进口管排垂直连接，管排进入炉膛内未见弯头，而同类型的再热器进口管排与相应集箱短接管连接的炉顶大包内均有弯头，缓解了高温运行下的膨胀应力。

图 5-17　炉后侧右数第 9 根管座角焊缝裂纹

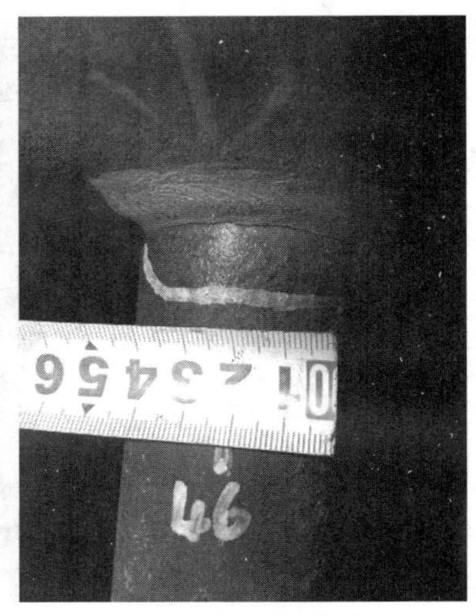

图 5-18　炉后侧右数第 46 根管座角焊缝裂纹

因此，高温再热器进口集箱管座焊缝裂纹为典型结构疲劳裂纹。

【案例 5-5】汽包筒体内壁裂纹

某电厂 2 号锅炉为哈锅生产的 HG-1025/18.2-WH10 型、亚临界一次中间再热自然循环汽包炉。采用单炉膛 Π 形布置，四角直流燃烧器切向燃烧，平衡通风。1998 年 8 月投产，累积运行 5.5 万 h；2008 年大修期间对汽包进行宏观检查发现汽包筒体内壁存在裂纹，裂纹长 250mm，宽 1mm，深 5~8mm。裂纹中部有明显的锯齿形貌，经着色、磁粉、金相检查，确定其为皱皮下疲劳裂纹，如图 5-19 所示。裂纹位于给水分配管正下方，即汽包最下部位置；在炉右侧筒体的母材上，远离集中下降管，距右侧给水管座 600mm；在裂纹周围区域，还存在有大量麻坑、小划痕等缺陷。

综上所述，受汽包变负荷运行产生的交变热应力、厚壁筒体结构应力、水侧腐蚀等综合作用，在皱皮局部应力集中部位产生低周应力腐蚀疲劳裂纹。

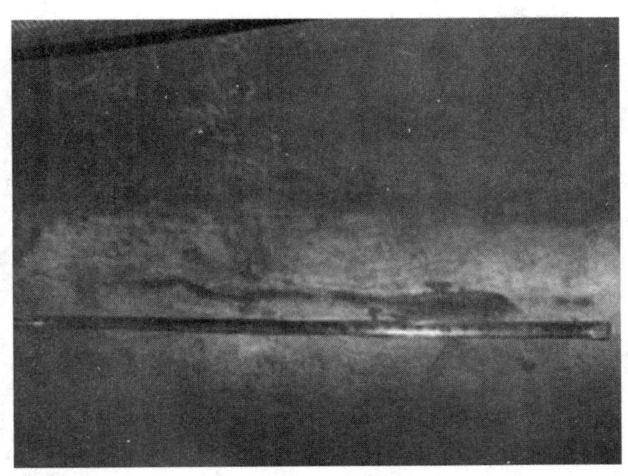

图 5-19　汽包筒体内壁裂纹宏观形貌

【案例 5-6】高温再热器倒 U 形弯连接板拉裂

某电厂 4 号锅炉是哈锅生产的 HG-1021/18.2-PM27 型四角切圆锅炉，2006 年投运，2015 年停机过程中发生高温再热器泄漏，停机冷却后进入炉内检查确认高温再热器（标高约 60m）第 17 屏（右往左数）第 8 根（后往前数）发生爆管，具体位置为高温再热器距离顶棚管中心线下方约 1m，具体位置如图 5-20 所示，每屏管排前后方向数共 22 根管子，其中两端各 8 根管子直接与进出口集箱相连，中间 6 根管子呈倒 U 形，上部没有设计吊挂装置，通过焊接的连接板与周边管子相连，连接板承受管子质量。本次泄漏位置为炉右数第 15 屏（炉后数第 6、7、8、9 根）和第 16 屏（炉后数第 6、7 根）共 6 根管子。该处管子规格为 ϕ 63 × 4mm，材质为 SA213-TP304H、SA213-T91。

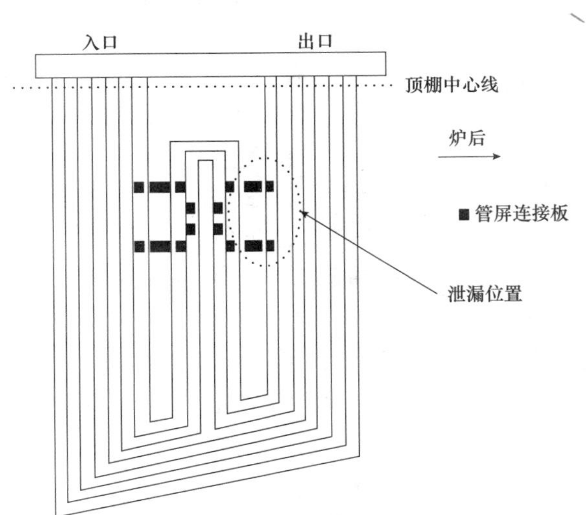

图 5-20　末级再热器泄漏位置示意图

管子两侧焊接有连接板（见图 5-21），连接板材质为 1Cr18Ni9Ti，厚度为 12mm，尺寸为 51mm × 100mm、13mm × 100mm。高温再热器每屏管排前后方向共 22 根管子，其中两端各 8 根管子直接与进出口集箱相连，中间 6 根管子呈倒 U 形，上部无吊挂装置，通过焊接的连接板与相邻管子固定，连接板承受管子质量。

初始泄漏口管子为右数第 15 屏后数第 8 根管子，泄漏位于管子上部连接板角焊缝处（见图 5-21、图 5-22），该管子下一块连接板角焊缝上部同样位置也存在裂纹；旁边第 16 屏后数第 8 根管子上部连接板同样位置也出现开裂。

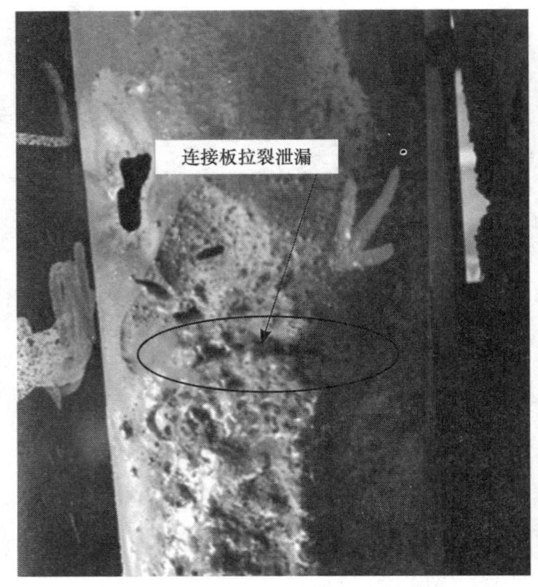

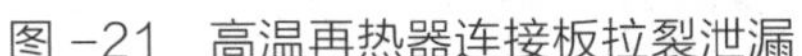

图 -21　高温再热器连接板拉裂泄漏

图 5-22　连接板状裂纹宏观形貌

高温再热器中间 6 根管子呈倒 U 形，上部未设计吊挂装置，通过焊接的连接板与周边管子相连，连接板承受中部管子的质量。连接板角焊缝为镍基焊条焊接，金相组织未发现明显异常。泄漏口位于角焊缝的热影响区，有多条裂纹。且该管子下部连接板角焊缝也存在明显裂纹。泄漏区域管子力学性能、金相组织及化学成分均符合相关标准要求。

综上所述，由于高温再热器外圈管与内圈管金属壁温不一致，使得管子之间存在膨胀差，而管子焊接在一起的连接板又使得管子间膨胀差得不到释放，长期运行形成应力集中，在管子和连接板最薄弱的地方发生拉裂。连接板材质为 1Cr18Ni9Ti，厚度为 12mm，而母材规格为 ϕ 63 × 4mm，材质为 TP304H，连接板厚度远高于母材壁厚，在应力作用下裂纹更易往母材方向发展。

对相同炉型的 3 号锅炉高温再热器倒 U 形连接板结构进行检查，均发现裂纹，因此，结构设计不合理是造成此次泄漏的主要原因。应优化倒 U 形弯头连接结构方式，避免造成应力拉裂。

三、HG1100/25.4-YM 类超临界机组锅炉

【案例 5-7】水冷壁上集箱管座焊缝裂纹

某电厂 3 号锅炉为哈锅生产的国产超临界参数复合变压本生直流锅炉，锅炉型号为 HG1100/25.4-YM1 型，2012 年 5 月投入运行，至 2013 年 8 月，累计运行 9943h，2013 年 8 月进行首次锅炉内部检验时对水冷壁上集箱管座角焊缝表面无损检测抽查发现，B 侧后数第 2、7 根角焊缝存在裂纹，均长约 15mm，裂纹位于角焊缝炉前侧焊缝与管子的熔合线处，如图 5-23、图 5-24 所示。

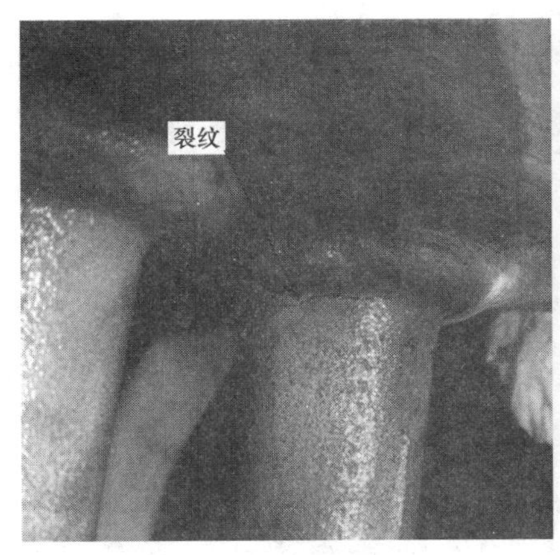

图 5-23　B 侧后数第 2 根角焊缝存在裂纹

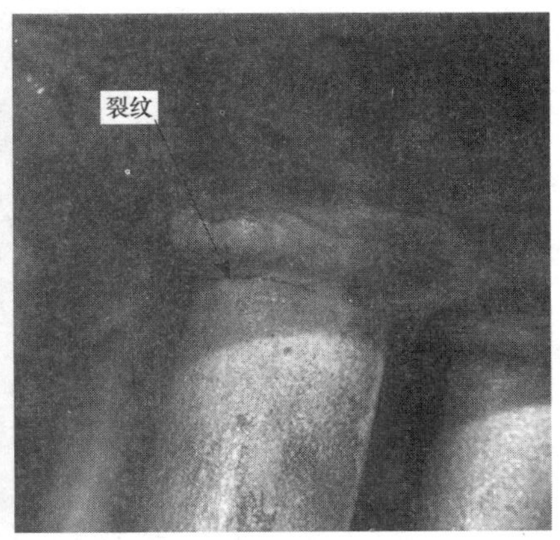

图 5-24　B 侧后数第 7 根角焊缝存在裂纹

某电厂 13 号锅炉为哈锅炉生产的国产超临界参数复合变压本生直流锅炉，锅炉型号为 HG-1125/25.4-YM1，2011 年 11 月投运，2015 年 10 月首次进行锅炉内部检验，累积运行 25 882.77 h。前墙、侧墙水冷壁上集箱共发现 22 个短接管座角焊缝存在裂纹，裂纹均位于管侧熔合线处，其中：前墙水冷壁上集箱左数第 1、2、3、5、27、28、39 根管分别存在长约 40、20、30、5、15、25、20mm 裂纹，右数第 1、2 根管分别存在长约 15、35mm 裂纹；左侧水冷壁上集箱前数第 1、2、17、18、22、26、30 根管分别存在长约 25、35、20、15、20、15、15mm 裂纹，裂纹均位于炉前侧；右侧水冷壁上集箱从炉前数第 22、24、25、26、52、89 根管分别存在长约 40、15、20、10、35、30mm 裂纹，如图 5-25、图 5-26 所示。

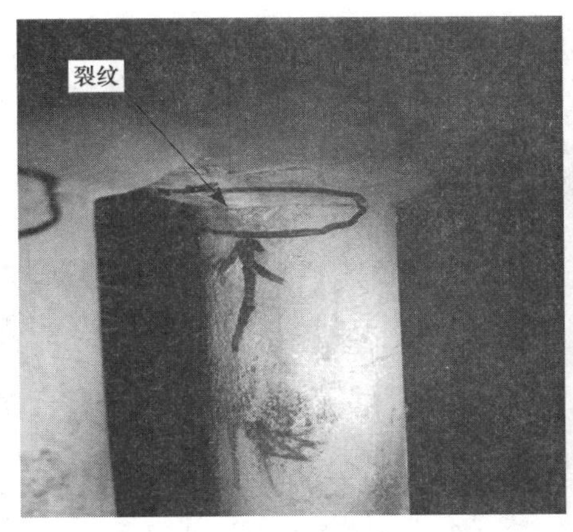

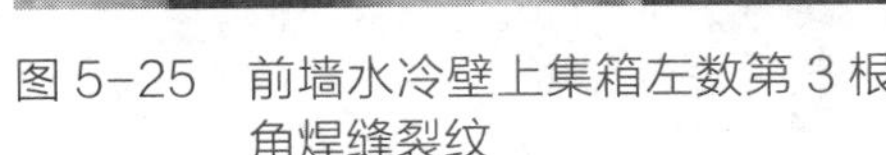

图 5-25　前墙水冷壁上集箱左数第 3 根角焊缝裂纹

图 5-26　左侧水冷壁上集箱前数第 1、2 根角焊缝裂纹

上述类型锅炉每一侧水冷壁上集箱均为一整个集箱，高温运行过程中膨胀不畅，导致管座部位产生热疲劳裂纹。

针对此类问题，应加强检查，每次 A 修均应进行 100% 表面无损检测；条件具备时，应优化水冷壁上集箱结构，将每一墙水冷壁集箱更换为多个集箱，避免膨胀量过大导致应力开裂。

【案例 5-8】炉顶大包内水冷壁与密封板焊缝拉裂

某电厂 13 号锅炉为哈锅的国产超临界参数复合变压本生直流锅炉，锅炉型号为 HG-1125/25.4-YM1，2011 年 11 月 投 运，2015 年 10 月首次进行锅炉内部检验，累积运行 25 882.77h

对侧墙水冷壁上集箱与密封板密封焊缝进行表面无损检测发现：左侧水冷壁上集箱前数第 2 根水冷壁管与密封板焊缝处存在裂纹，裂纹位于水冷壁管熔合线侧，长约 20mm，右侧相同部位同样存在裂纹，如图 5-27 所示。

图 5-27　左侧水冷壁前数 2 根与密封板焊缝裂纹

针对锅炉上部水冷壁垂直管与顶棚密封板密封焊部位易产生拉裂问题，首次 A 修时应进行表面无损检测，建议对该结构进行改造，消除膨胀不一致造成的拉裂。

四、HG1913/25.4-PM8 型超临界锅炉

【案例 5-9】水冷壁过渡区域鳍片过宽烧损拉裂

某电厂 3 号锅炉为哈锅生产的 HG-1913/25.4-PM8 型、超临界一次中间再热自然循环汽包炉，2007 年 12 月投产，2012 年 8 月发现前墙水冷壁左数第 57 根在标高约 45 m 处泄漏，材质为 15CrMoG、规格为 $\phi38 \times 6.5$ mm。

现场检查发现：

（1）泄漏管为左数第 57 根，鳍片拉裂，延伸至母材，存在明显的拉裂裂纹，裂纹泄漏后吹损第 58 根管，第 58 根吹损泄漏口蒸汽反吹第 57 根。

（2）泄漏位置为螺旋水冷壁与垂直水冷壁交叉处，如图 5-28 所示，螺旋水冷壁弯管部位鳍片变宽，造成冷却不够，在高温运行过程中，鳍片严重烧损，相同部位均存在类似的现象，如图 5-29 所示，裂纹已经延伸至水冷壁管母材。

（3）对类似弯头部位进行检查发现：鳍片均存在烧损现象，且存在不同程度、不规则的网状裂纹。

（4）泄漏位置前墙炉墙刚性梁存在歪斜现象，且该处的校平装置上侧未焊，与设计不符。

（5）前墙水冷壁振动较大，最大幅度约 ± 10mm。

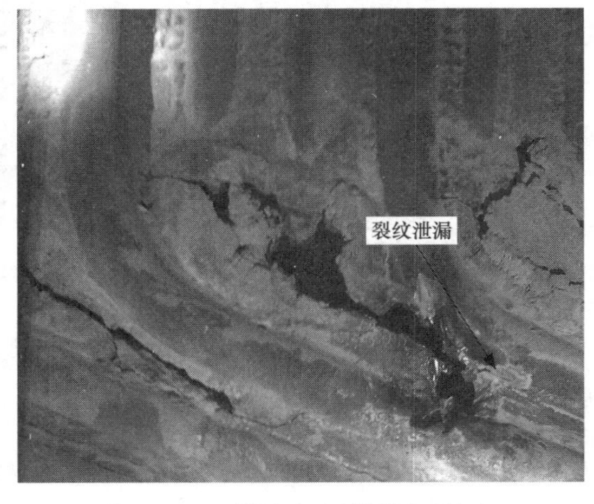

图 5-28　前墙水冷壁泄漏原始点

综上所述，螺旋水冷壁与垂直水冷壁交

叉处存在因设计原因，螺旋水冷壁鳍片宽度过宽，使鳍片未能有效冷却，造成鳍片烧损严重，从而产生应力集中区域，在运行中的应力促使鳍片裂纹萌生，当鳍片裂纹延伸至母材时，发生泄漏。

鳍片宽度过宽，造成烧损，是造成裂纹泄漏的重要原因。

对该电厂两台同类型锅炉相同部位进行检查，该部位均发生鳍片过宽造成的鳍片烧损拉裂母材的现象，因此，应对该类型锅炉所有水冷壁螺旋与垂直交叉部位的弯头区域进行检查，发现问题及时处理，对鳍片烧损的情况应按设计进行恢复，恢复后应采取防止过宽鳍片再次烧损的隔热措施，防止类似问题再次发生。

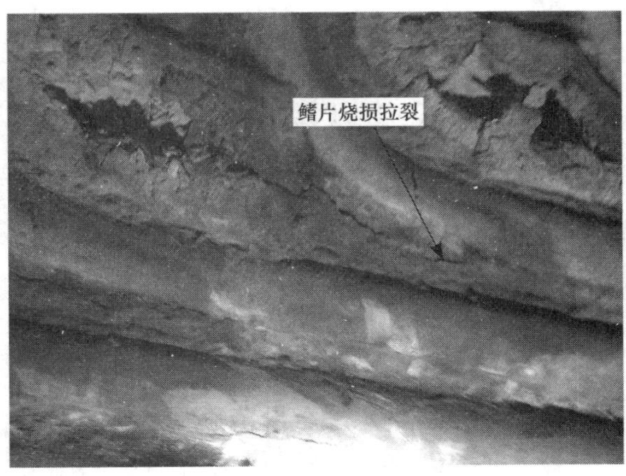

图 5-29 其他类似部位鳍片烧损拉裂情况

【案例 5-10】高温再热器倒 U 形弯异种钢焊缝开裂

某电厂 3 号锅炉为哈锅生产的 HG-1913/25.4-PM8 型、超临界一次中间再热自然循环汽包炉，2007 年 12 月投产；2015 年 3 月 12 日，高温再热器存在泄漏报警；3 月 14 日停炉检查发现左数 51 屏前数第 1 根发生泄漏。高温再热器材质为 T91/TP347H，规格为 $\phi51\times4$mm。

现场对泄漏部位进行宏观检查，发现泄漏部位为高温再热器左数 51 屏前数第 1 根，泄漏为距离顶棚约 20mm 的 TP347H/T91 异种钢焊缝 T91 侧，即靠近顶棚侧，离焊缝熔合线约 2mm 处，泄漏部位未见明显胀粗现象，断口基本呈整齐断开，从断口宏观分析，右侧断口截面表面具有锯齿状特征，表面有氧化迹象，颜色呈暗灰色，说明该区域具有裂纹特征，在泄漏前已经开裂，在高温运行过程中存在氧化现象；左侧为最新断裂，相对平整，呈亮色，如图 5-30 所示。

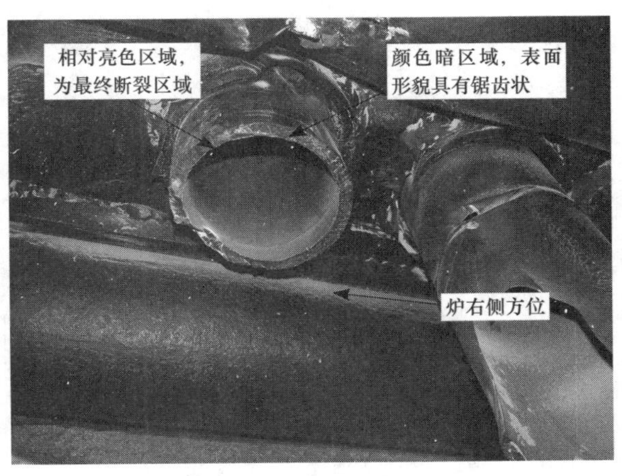

图 5-30 泄漏管泄漏部位宏观形貌

调查高温再热器设计图纸可知，高温再热器从进口集箱管排通过 3 个 U 形弯后进入高温再热器出口集箱，泄漏部位为中间的倒 U 形弯穿顶棚部位，中间管排无明显固定管夹，运行过程中容易产生振动，且穿顶棚部位存在 TP347H/T91 异种钢焊缝，由于异种钢焊缝在运行过程中，存在碳迁移及组织老化现象，在热应力及管屏运行应力及振动等综合作用下，在穿顶棚部位刚性点 T91 侧热影响区薄弱区域产生裂纹，扩展导致泄漏。

对该电厂相同类型锅炉相同部位进行检查，在高温再热器 TP347H/T91 异种钢焊缝 T91 侧发现同样裂纹。因此，应加强对高温再热器管屏进行检查，对发现存在管卡松动、管屏变形严重的，应及时进行处理，避免运行过程中管屏的振动；条件具备时，应优化高温再热器结构，特别在炉膛内穿顶棚部位应避免设计异种钢焊缝。

五、HG–1795/26.15–PM 类超（超）临界强制循环锅炉

HG–1795/26.15–PM 类超（超）临界强制循环锅炉，投产后即会产生过热器节流孔堵塞泄漏问题，每次停炉开机前均应进行节流孔堵塞射线检测，关注水冷壁三叉管节流孔沉积堵塞问题，每次检修应检查清理 1 次，应做好监控及振动消除等设备改造；运行超过 1 万 h，垂直水冷壁与螺栓水冷壁过渡区域易产生表面疲劳裂纹，宜进行宏观或表面无损检测；水冷壁高热负荷区域表面易产生热疲劳裂纹，宜进行宏观或表面无损检测；垂直水冷壁上集箱管座焊缝易产生膨胀拉裂，首次 A 修时应进行表面无损检测，应对该结构进行改造，消除膨胀不一致造成的拉裂。

【案例 5–11】水冷壁节流孔异物堵塞

某 1000MW 超超临界机组，锅炉采用变压垂直管圈直流锅炉。2 号机组于 2006 年底投产发电，至 2008 年 10 月，水冷壁先后多次发生管壁超温爆管。通过仔细检查分析，发现在水冷壁节流孔板入口处存在不同程度的结垢现象，严重部位通流面积堵塞超过一半以上，造成管内工质流通不畅，引起水冷壁超温甚至爆管。

水冷壁节流孔设计形式如图 5–31 所示，在入口集箱上部接管装焊 292 个不同内径的节流孔板，根据热负荷分配，调节各管组的流量，使之与管子的吸热量相匹配，然后通过三叉管过渡，与炉膛水冷壁相接。节流孔设计是锥斗状孔板，设计孔板材料为奥氏体不锈钢 1Crl8Ni9Ti。

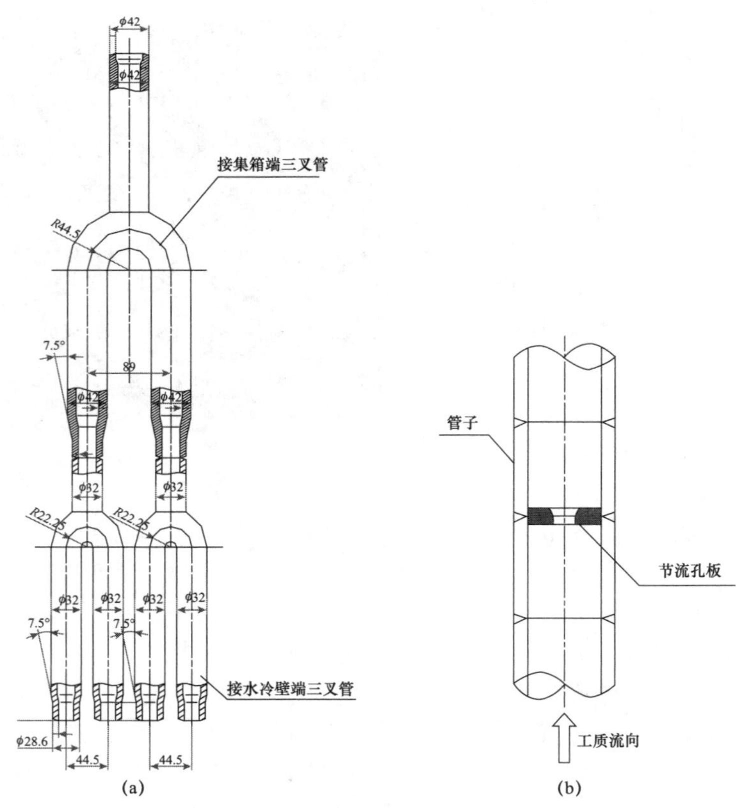

图 5–31　水冷壁节流孔形式

（a）水冷壁三叉管；（b）水冷壁节流孔

结合几次检查、处理情况，发现水冷壁节流孔磁性氧化铁沉积有以下规律：两侧墙较前后墙严重；热负荷较小区域比热负荷较大区域严重；节流孔径小的沉积较孔径大的严重。左、右侧墙下集箱内存在较多的磁性氧化铁粉末堆积；堵塞面积扩展速度较快；节流孔处的沉积物形状在节流孔的进水侧呈现菜花状，而出口方向看则成流体冲刷状。两侧墙水冷壁节流孔堵塞情况统计如图 5-32 所示。

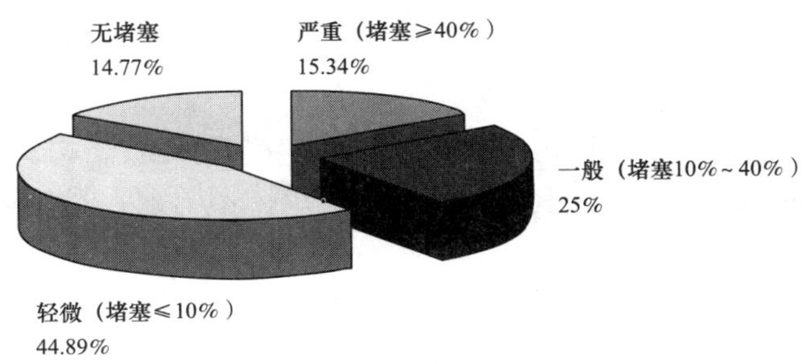

图 5-32　两侧墙水冷壁节流孔堵塞情况统计

从图 5-32 可知，运行不到 2 年，侧墙水冷壁节流孔严重堵塞情况达 15.34%。

对节流孔剖开进行检查发现：节流孔为直孔，且制造的光洁度不好，略带毛刺，材质为 1Crl3。节流孔结构及材质与设计不符。

在显微镜下观察发现垢表面呈黑色，部分表面呈棕红色，节流孔板进水侧均存在点蚀，节流孔板出水侧表面的点蚀坑明显多于进水侧，在进水侧有少量块状物，其主要成分为 Fe_3O_4，同时含有少量的 Si 或 Ca。

炉水中铁的氧化物形态主要是胶态氧化铁，还有呈溶解态的铁离子和少量细微颗粒状的氧化铁沉积。携带着上述氧化铁等物质的炉水在流经孔板后，由于端面比率较大（以 $\phi 42.7 \times 6$mm 管子与 8.5mm 孔径为例，比率在 13 倍左右）、孔内外流速变化急剧、孔板上方存在湍流区域等因素，工质流速均匀时，工质携带的铁离子等微颗粒碰撞机会较少，流速的急剧变化为微颗粒物相互碰撞创造了很好的条件，碰撞使铁离子等微小物质聚合长大并最终在孔板边缘着床，“小孔效应”导致垢物在孔板边缘较易聚集。“小孔效应”与流速变化、孔径等各种因素相关。

锥形扩口设计通过减缓流速变化有效降低“小孔效应”。

在水冷壁节流孔板处，水温超过 300℃，压力接近 30 MPa，此时水的密度在 0.7 g/cm^3 左右，受节流孔板的作用，压力突然降低，特别是侧墙区域节流孔径更小，压降更为明显，因此磁性氧化铁的溶解度更小，析出更为严重，同时由省煤器迁移至水冷壁集箱的氧化铁微粒在经过节流孔时由于紊流、磁性等作用，在节流孔板上聚集、长大。铁磁性的 1 Crl3 可能更有利于吸附工质中所携带的顺磁性杂质，上述原因加上适当的温度、压力、流速等各种因素，导致了垢物在孔板上的最初聚结。聚结形“核”完成后，由于沉积物疏松，表面粗糙，炉水中氧化铁及其他杂质会更加容易附着结晶和沉积在上面。

孔板加工的光洁度不一，所带毛刺程度等形“核”条件不同，导致垢物在相邻管子节流孔板上结垢严重程度差异。同时这种结垢、形“核”的速度，可能跟运行工况有关。

通过对几台机组汽水铁离子进行监测，铁离子含量较高的机组，水冷壁节流孔圈结垢的现象多一些。运行控制表明：启停炉过程，汽水品质较难控制，形成的垢物聚集概率较大。根据现场集箱开手孔检查和化学分析，铁离子的来源主要产生于省煤器系统。

针对此类问题预防措施如下：

（1）节流孔板的垢物聚结与汽水工质品质有关，铁离子含量较多的炉水，垢物聚结的可能性较大。加强运行中铁离子监测，控制好汽水品质是防止垢物聚结的重要前提。锅炉停炉放水时带压放水，启动时通过水冷壁炉前、炉后分配集箱适当放水排污，是减少垢物聚结的有效手段。

（2）必要时采取专门的化学浸泡酸洗办法，清除沉积在节流孔板上和集箱底部的氧化铁，可以在一定时期内防止水冷壁管件超温过热。

（3）垢物聚结与节流孔板的结构有关，“小孔效应”的孔板结构，诱发了垢物的聚结，采用符合设计要求的上部扩口、制造表面光洁的奥氏体不锈钢孔圈，有利于减缓、避免垢物聚结。

（4）加强检修过程工艺控制，避免异物、粉碎物进入和残留在系统管道内，防止其在垢物处被吸附聚集。

（5）条件具备时，可通过优化的射线检验办法及时发现垢物的聚结及程度，提早处理可有效避免管子超温爆管。

（6）对于水冷壁进口侧节流孔，则可以采用加装100%温度测点，运行时进行监控，如果发现某根水冷壁运行超温，则可能存在节流孔堵塞现象，采用在线振动方式进行消除。

【案例5-12】水冷壁外表面横向裂纹

锅炉为HG-1795/26.15系列锅炉，锅炉炉膛燃烧方式采用四角切圆，水冷壁管采用垂直布置，分为上下两部分，下部水冷壁为垂直布置的螺纹管水冷壁，上部水冷壁为垂直光管水冷壁，中间经水冷壁过渡段集箱混合。锅炉首次检验时发现下水冷壁管存在大量表面横向裂纹现象，主要集中在水冷壁过渡段区域及燃烧器区域。

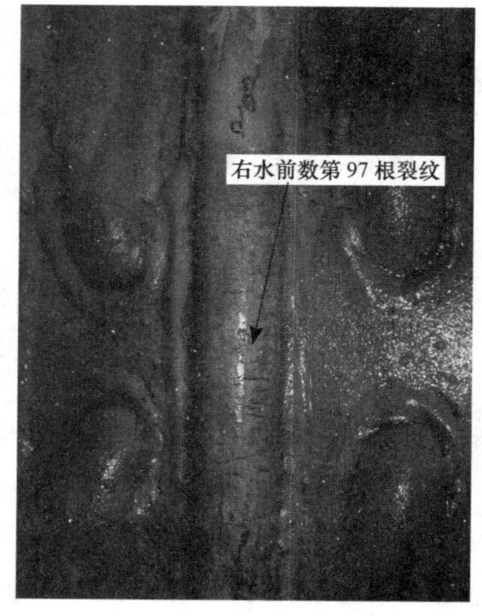

图5-33 过渡段区域水冷壁管外壁横向裂纹宏观形貌

水冷壁过渡段区域体现在下部水冷壁管出炉膛与上部水冷壁管进炉膛结合部，跨过该过渡段区域水冷壁管裂纹尤为严重，如图5-33所示。该区域范围大约为过渡段上截止处向下高度方向约4m，该区域四面墙水冷壁管外表面均存在程度不一的表面裂纹。

燃烧器区域水冷壁裂纹情况如图5-34所示，距离燃烧器越近，其裂纹密集程度越严重，该区域范围为燃烧器顶端往上约3.5m，至燃烧器下部顶端往下约4m，该区域四面墙水冷壁管外表面也均存在程度不一的表面裂纹。

电站锅炉水冷壁管横向裂纹情况较为少见，分析认为运行过程因水冷壁管外壁热负荷过高而导致的热疲劳裂纹，水冷壁设计不当是造成热疲劳的主要原因：

（1）该炉型水冷壁下部入口采用三叉管节流孔方式控制，由于三叉管节流孔存在加工偏差，且在二次节流时三叉管内流量较小，从而流量分配偏差较大，部分水冷壁内介质流量低于设计要求，造成在热负荷高区域冷却不够，使外壁过热。

（2）该炉型水冷壁下部采用垂直水冷壁，使介质单位冷却面积下阻力增加，单位面积当量流量不够，从而在热负荷高区域冷却不够，造成外壁过热等。

处理措施：对上述区域进行100%检查，对发现存在裂纹管进行更换处理，并及时向制造厂反馈，要求重新进行设计核算，并提出今后运行、检修措施。

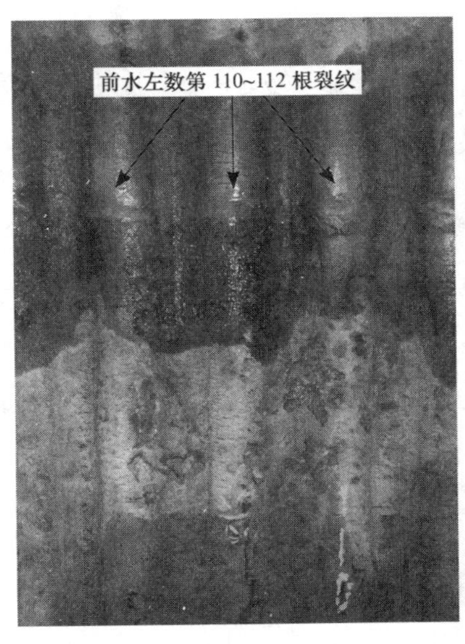

图5-34　燃烧器区域水冷壁外表面横向裂纹宏观形貌

【案例5-13】水冷壁燃烧区域高温腐蚀+冲刷严重

某5号锅炉型号为HG1795/26.15-PM4，2011年1月投运，2015年5月累计运行约2万h，对水冷壁进行检查发现水冷壁燃烧器区域存在大面积的高温腐蚀情况，水冷壁管规格为$\phi28.6\times6.4$mm，材质为15GrMoG，高温腐蚀严重区域水冷壁管向火侧宏观上呈锥形，且水冷壁外表面还伴随着表面横向裂纹情况，如图5-35所示。在燃烧器高温腐蚀严重区域的吹灰器附近还伴随着吹损减薄现象，最薄处仅为1.17mm。高温腐蚀区域为标高燃尽风顶端向上约600mm至D磨煤机喷嘴靠下400mm处，高度方向约16.9 m，燃烧器区域四面墙均存在严重程度不一的高温腐蚀情况。

该类型炉产生的高温腐蚀情况与典型电站锅炉高温腐蚀形态存在较大的差异，主要体现在高温腐蚀后水冷壁管的形状呈三角锥状，而典型高温硫腐蚀呈扁平状，说明该炉水冷壁管两侧存在烟气冲刷的情况，具有高温腐蚀+冲刷等综合特征。

综上所述，水冷壁高温硫腐蚀严重主要与燃烧器设计方式及运行调整等有关，造成运行过程中燃烧器区域还原性气氛浓度增加且四角切圆贴壁，运行时对水冷壁管两侧进行冲刷，加剧了水冷壁管道高温腐蚀减薄。因此，应加强对燃烧器的运行调整，适当增加风量及含氧量，减少还原性气氛，较少运行过程中对炉墙中水冷壁管两侧的冲刷；加强吹灰器的运行检修管理，加强吹灰器的检查与调整，对吹灰器附近吹损区域采取防磨措施；做好水冷壁管的高温腐蚀防护。

图5-35　左侧水冷壁前数第130根区域（A侧燃烧器顶部标高）

处理措施：对上述区域进行100%检查，对发现壁厚低于理论最小计算壁厚的进行更换处理，对燃烧器区域进行喷涂防护，调整好燃烧器角度，并优化运行方式，避免运行方式不当造成冲刷现象发生。

【案例5-14】过热器节流孔导致异物堵塞频繁泄漏

某5号锅炉型号为HG1795/26.15-PM4，2011年1月投运，2015年5月累计运行约2万h，曾发生多次高温过热器、屏式过热器进口侧节流孔堵塞泄漏。

该炉型受热面管采用不同内径的管子节流短管，根据热负荷分配，调节各管组的流量，使之与管子的吸热量相匹配，主要分布在水冷壁进口、分隔屏进口、后屏过热器进口、末级过热器进口等部位，由于节流孔材质结构等原因，运行过程中易造成异物或氧化物在节流孔处沉积堵塞，从而造成频繁短期过热泄漏。

图 5-36 所示为某次检修时对节流孔部位进行射线照相时发现的异物堵塞情况，末级过热器管屏从外向内数第 8、9 根管道规格为 $\phi 44.5\times 12$mm，节流孔径为 $\phi 10.6$，节流孔长度为 130mm，节流短管长度为 225mm。从图 5-36 可知，异物堵塞在节流孔入口喉颈处。

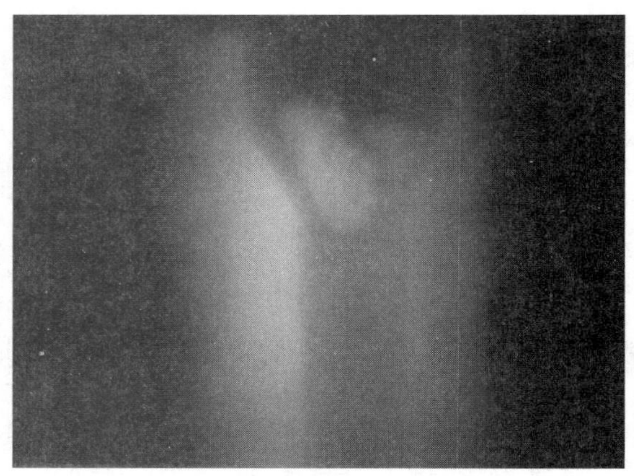

图 5-36　末级过热器左数 8 屏外数 8 根节流孔异物堵塞形貌

图 5-37 所示为某次检修时对后屏过热器检查时发现后屏过热器左数 17-7 根节流孔存在异物堵塞情况，后屏过热器节流孔在标高 75100 ~75325 mm 之间，（从炉前数）第 4~17 根（管屏总共 18 根）装有节流短管，第 6、7、8 根管道规格为 $\phi 51\times 15$mm，节流孔径为 $\phi 10.6$，节流孔长度为 130mm，节流短管长度为 225mm。割管后用内窥镜进行检查，如图 5-37 所示，节流孔完全为异物堵塞，割管取出异物后，为粉末状的氧化物。

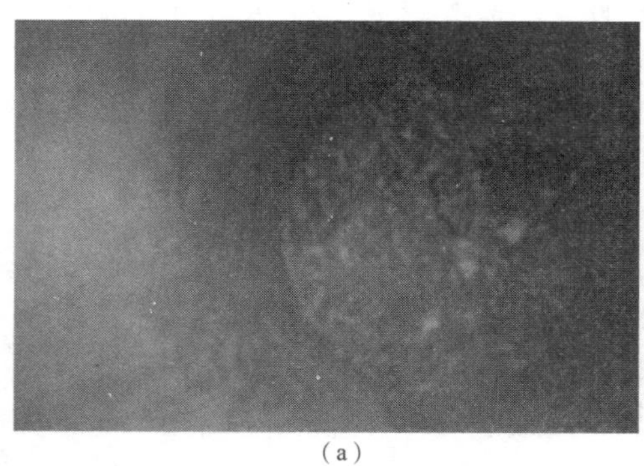

（a）

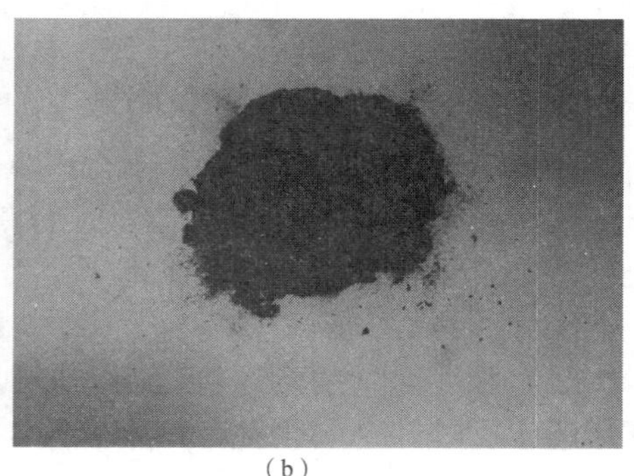

（b）

图 5-37　后屏过热器左数 17 屏外数 7 根节流孔异物堵塞形貌
（a）后屏过热器左数 17-7 节流孔堵塞形貌；（b）后屏过热器左数 17-7 节流孔堵塞异物

针对节流孔堵塞难题，目前采取以下措施：

（1）增加温度测点，进行运行监控，对于两侧进汽的入口集箱，重点监控中间部位、集箱正下端管子。

（2）每次停炉后均进行 100% 射线检查。

第二节　东锅典型案例分析

一、DG-1025/18.2-II 系列亚临界自然循环锅炉

DG-1025/18.2-II 系列亚临界自然循环锅炉，运行超过 3 万 h，由于设计缺陷，减温

器及其附近弯管易产生热疲劳裂纹，从内壁向外壁开裂，应对减温器及其附近弯头进行100% 内部质量检查，宜用超声检测，建议优化减温器笛形管结构，避免减温水雾化效果不佳导致对减温器内部及连通管内部造成冷热不均，产生热应力从而导致疲劳裂纹萌生、扩展；穿顶棚部位再热器、过热器宜产生疲劳裂纹，建议用爬波检测，并对结构进行改造，消除密封板与受热面管直接密封焊接方式，避免膨胀拉裂发生。

【案例 5-15】减温器连通管焊缝及内壁裂纹

某电厂在役 300MW 机组锅炉再热器微量喷水减温器连通管弯头，累积运行 3.5 万 h 多次发生泄漏，管道材质为 12Cr1MoV，规格为 $\phi609\times22$mm，如图 5-38、图 5-39 所示。

图 5-38　管道焊缝泄漏裂纹宏观形貌

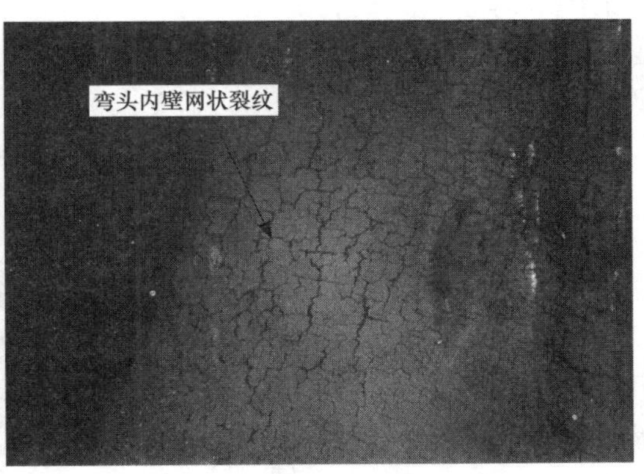

图 5-39　弯管内壁网状裂纹宏观形貌

宏观检查结果如下：

（1）裂纹多产生于微量喷水减温器连通管弯头焊缝附近，裂纹由内壁向外扩展，且下部裂纹较上部更为严重。

（2）直管段和弯头背弧侧内壁多以网状裂纹形式出现，部分裂纹较长且较深。

（3）焊缝坡口台阶处的周向裂纹扩展速度非常快，运行不到 3.5 万 h 即穿透管壁泄漏。

经调查分析，由于运行过程中喷水笛形管断裂，减温水雾化效果欠佳，且顺喷水减温方向连通管弯头距离减温器较近，减温水流（或喷）至连通管弯头内壁，造成内壁温度不均匀而产生应力，从而导致内壁网状裂纹；在顺喷水蒸气流向减温器与连通管第一道焊缝，因减温水的影响而导致内壁裂纹，该道焊缝承受弯管的弯曲应力，在弯曲应力的作用下，焊缝内部裂纹由内向外扩展，导致泄漏，属于典型的热疲劳裂纹所致。

因此，应优化减温器结构，喷水笛形管应避免使用悬支梁结构，避免笛形管的断裂，延长减温器至连通管弯头的距离，防止减温器减温水与弯头内部直接接触，优化减温器笛形管喷水孔径，加强减温水喷水雾化效果。加强运行管理，减少减温水的喷洒量，防止骤停骤开，以确保减温水即时汽化，降低热应力，避免裂纹的产生。利用检修机会，定期加强对减温器笛形管内窥镜检查，确认笛形管是否断裂或碎裂，并针对性地开展附近连通管直管、焊缝及弯管内部无损检测，发现问题及时处理。

二、DG-2028/17.45-II 型亚临界锅炉

DG-2028/17.45-II 型亚临界锅炉，投运即可能发生水冷壁吹灰器孔鳍片烧损拉裂，每

次检修进行宏观检查，对鳍片拉裂延伸至母材部位进行表面无损检测；凝渣管穿水冷壁部位易吹损及拉裂，每次 A 修应进行宏观检查或表面无损检测。

三、DG-1900/25.4-II 型系列超（超）临界锅炉

DG-1900/25.4-II 型系列超（超）临界锅炉，投运后即可发生 T23 焊缝再热裂纹，宜用表面或超声检测，建议 T23 焊后进行热处理，避免再热裂纹产生；由于设计缺陷，投产后即可发生减温器笛形管断裂，每次检修均应进行检查，并建议对减温器进行优化设计，避免笛形管悬支结构，避免运行过程造成断裂；运行超过 3 万 h，炉顶高温过热器出口管道三通由于制造缺陷，存在内部或表面裂纹，建议进行内部及表面无损检测，发现裂纹的应进行更换处理；冷灰斗螺旋水冷壁前左侧角及其相对应的后右侧角宜发生局部磨损，每次 A 修均应重点进行宏观检查。

【案例 5-16】水冷壁上集箱大面积管座焊缝裂纹

某电厂 1 号锅炉为东锅制造的 DG2141/25.4-II2“W”火焰锅炉，2012 年投运，2013 年首次进行锅炉内部检验，发现水冷壁上集箱存在大面积管座裂纹。

上部前墙水冷壁管共计 726 根，左右墙水冷壁管各有 222 根，规格均为 $\phi31.8\times7.5$mm、材质为 15CrMo，均采取垂直管与带弯头的异形管相间与水冷壁上集箱相连，如图 5-40 所示。对上部前墙水冷壁出口集箱管座共计 698 个（集箱左右两端部分管座被铁箱子密封住）、上部左右墙水冷壁出口集箱靠炉前部位各 142 个管座（其中垂直管座各 62 个、异形管座各 80 个）、上部前墙水冷壁进口集箱中间部位 40 个管座进行了磁粉检测，共发现上部前墙水冷壁出口集箱 281 个垂直管座靠管子侧熔合线位置存在裂纹，如图 5-41 所示，其中左右侧熔合线均存在裂纹的有 190 个、左侧存在裂纹的有 68 个、右侧存在裂纹的 23 个。两侧均存在裂纹的管座主要分布在集箱两端及中间位置。

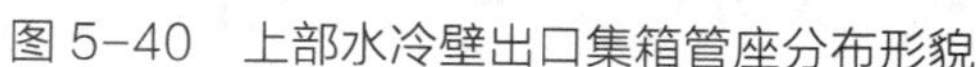
图 5-40　上部水冷壁出口集箱管座分布形貌

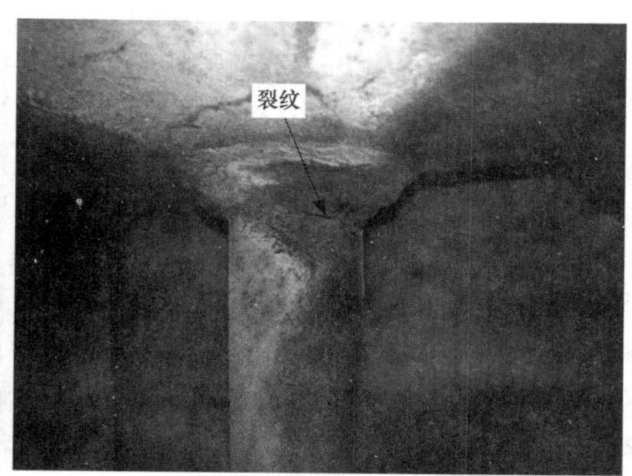

图 5-41　前墙水冷壁垂直管座熔合线开裂形貌

对上部水冷壁管进行检查，发现上部前墙水冷壁存在 3 处鳍片拉裂现象，拉裂点主要发生在前墙中部膨胀固定点左右两侧，其中左侧 1 处是安装拼接焊缝，位置从上部水冷壁进口集箱往上约 3m 处开始至距顶棚管约 4m 位置，如图 5-42 所示；右侧有 2 处，位置在中间集箱往上约 10m 至距顶棚约 3m 位置，裂开鳍片最宽处约 2cm。

该类型锅炉水冷壁上集箱每一墙均为一整个集箱，超临界机组“W”锅炉运行温度高、炉膛更宽，因此，高温运行过程中膨胀量更大，设计不当造成运行膨胀不畅，是导致管座部位产生大量疲劳裂纹的主要原因。

针对此类问题，应全面加强检查，核对炉膛安装、设计情况，消除膨胀受阻因素；条件具备时，应优化水冷壁上集箱结构，将每一墙水冷壁集箱更换为多个集箱，避免膨胀量过大导致应力开裂；加强检修，每次 A 修均应进行 100% 表面无损检测。

图 5-42　上部前墙水冷壁鳍片开裂形貌

【案例 5-17】螺旋水冷壁冷灰斗区域灰渣造成的局部磨损

对某电厂 600MW 超临界机组 4 号锅炉进行内部检验中发现，水冷壁冷灰斗区域前侧螺旋水冷壁冷灰斗部位与左侧水冷壁相连的部位，在拐角部位存在局部磨损情况，水冷壁规格为 $\phi38.1\times7$mm，材质为 SA213-T2，如图 5-43 所示，冷灰斗出渣口拐角处管厚度为 4.8mm；在相对应的后侧旋水冷壁冷灰斗部位与右侧水冷壁相连的部位墙拐角部位同样出现局部磨损情况，且局部磨损程度也相同。运行过程中炉渣沿螺旋水冷壁鳍片低洼部位向下滑落，在拐角部位受阻，流渣则从受阻区域溢出进入出渣口中，流渣对受阻拐角部位水冷壁进行局部磨损，前墙或后墙螺栓水冷壁相对出渣口处长度越长，则水冷壁鳍片低洼处积聚流渣越多，局部磨损越严重。因此，应加强该区域的检查，减少鳍片低洼处的深度，尤其在接近拐角区域，鳍片低洼区域采用堆焊方式进行过渡，分流流渣溢出的程度，减少拐角处受阻力度及磨损程度，并及时针对局部磨损区域进行更换或补焊处理。

（a）

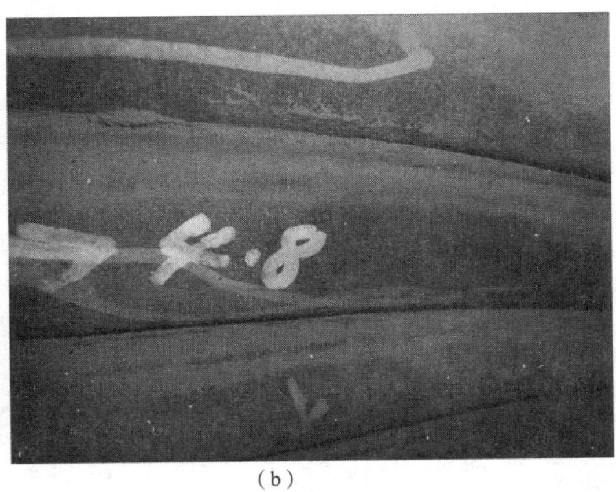

（b）

图 5-43　冷灰斗水冷壁螺旋管灰渣造成局部磨损情况
（a）前左侧角冷灰斗水冷壁螺旋管局部磨损；（b）局部磨损宏观形貌

【案例 5-18】DG1900/25.4 Ⅱ型超临界机组高温过热器出口三通质量隐患排查

2005—2008 年，投运期的 DG1900/25.4 Ⅱ型超临界机组锅炉，在累计运行 3 万 ~5 万 h 后，多台锅炉高温过热器集箱出口热挤压三通存在裂纹，材质为 P91。裂纹一般出现在 3

个区域，即三通前侧的肩部过渡区、三通管的支管下部、三通后侧的肩部过渡区。

某机组锅炉型号为 DG1900/25.4 Ⅱ，设计温度为 577 ℃，设计蒸汽压力为 26.7 MPa，主蒸汽管道材质为 SA-335P91。满负荷运行时主蒸汽温度为 572 ℃，压力为 25.65 MPa。主蒸汽管道由锅炉左右侧高温过热器出口集箱引出，通过三通合并引入汽轮机高压缸。该三通为热挤压三通，三通主管尺寸为 $\phi571.5\times84$ mm，支管尺寸为 $\phi540\times80$mm，在 572 ℃、25.65 MPa 下运行近 5×10^4 h，检验发现存在 3 处裂纹，裂纹位置示意图如图 5-44 所示。三通解剖后，裂纹宏观形貌如图 5-45 所示，主断口在壁厚方向的扩展从内壁贯穿到外壁。

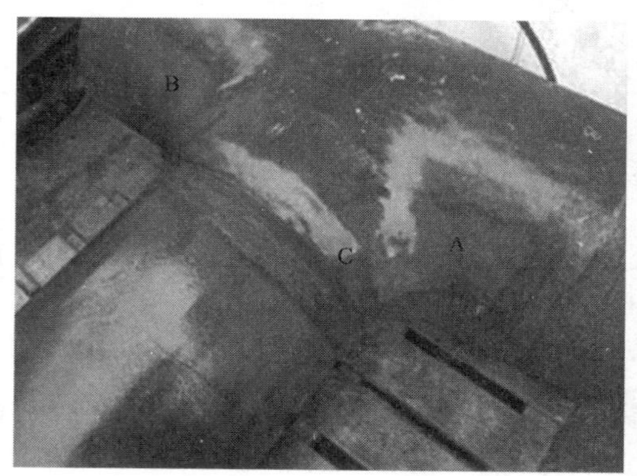

图 5-44　高温过热器出口三通裂纹位置示意图

图 5-45　高温过热器出口三通裂纹宏观形貌

对 A 处进气侧主裂纹截面进行观察可知，在肩部过渡区内壁内凹带宽度 10~15 mm 范围内出现块状 α 铁素体，深度距离内壁约 200 μm，完全落在内凹带宽度范围内，如图 5-46 所示。组织的异常说明在热加工工艺或后续热处理中存在问题。该两相组织应在 830~930 ℃相变区温度区间形成，而实际运行温度 572 ℃远低于此温度范围。两相组织在高温中塑性及韧性较差，易导致该区域启裂。由成型工艺分析，应是由于热挤压过程中局部温度偏低或压扁工艺时变形量偏大造成铁素体优先析出，形成块状 α 铁素体区域带。

A 区域内壁金相组织存在明显的块状铁素体及疏松组织，组织不合格，疏松组织存在明显的裂纹，如图 5-47 所示。

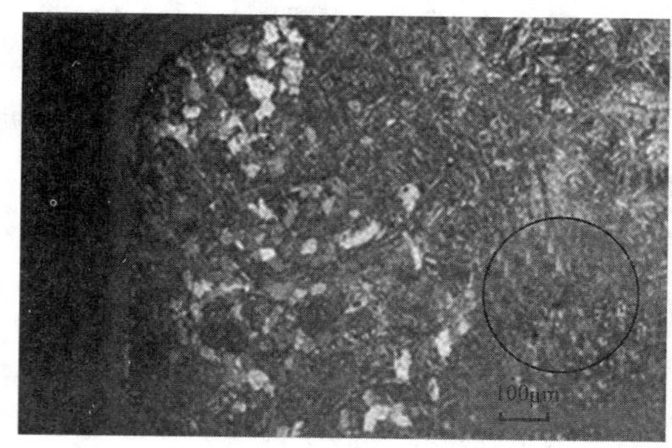

图 5-46　A 区域裂纹内壁金相组织

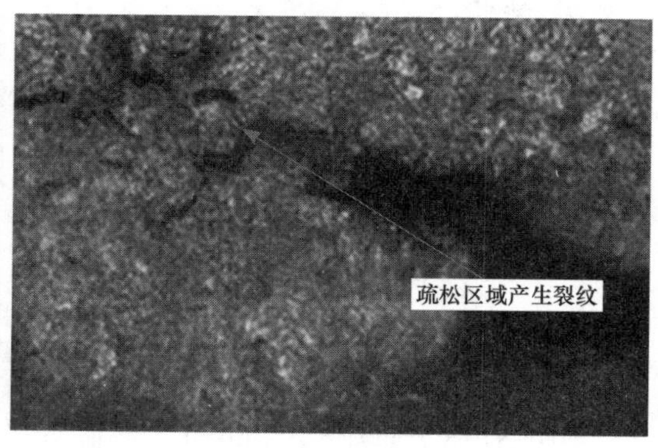

图 5-47　A 区域疏松区域产生裂纹形貌

对三通取样进行分析，其化学成分、硬度、抗拉强度符合要求；A 区域材料屈服强度为 335MPa、横向冲击功为 23.1J，不符合 GB/T 5310—2017《高压锅炉用无缝钢管》要求的屈服强度不低于 415MPa、冲击功不低于 27J 的要求。

该三通主要成形工艺为径向补偿法，通常是采用多次压制 - 合模成型，厚壁热挤压三通在压制 - 合模成型过程中，过渡段的内凹带存在疏松；后续淬火 + 高温回火热处理不当，造成内壁块状的铁素体，组织不合格，屈服强度、冲击韧性降低。

综上所述，制造质量缺陷是造成三通开裂的主要原因。

针对此类缺陷，使用单位应加强对该类型锅炉高温过热器集箱出口三通外部及内部质量隐患排查，目前采用无损检查方式：表面检测 + 内部质量检测，对发现存在裂纹现象的三通及时进行了更换处理。

四、DG1025/17.45-II 系列循环流化床锅炉

【案例 5-19】DG1025/17.45 流化床锅炉屏式再热器鳍片焊缝开裂导致母材泄漏

某类型 DG 1025/17.45 流化床锅炉屏式再热器采用膜式结构，管子材质采用 SA-213T91，鳍片材质采用 SA-387GR91CL2，现场安装时产生大量横向裂纹，在试运行或运行过程中在鳍片拼接焊缝处发生泄漏，如图 5-48 所示。

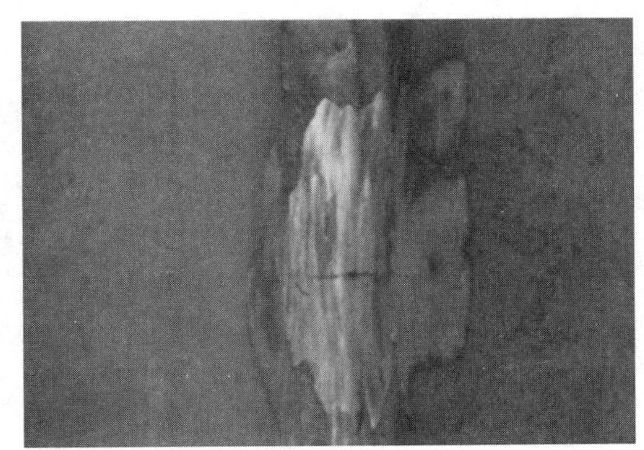

图 5-48 鳍片焊缝裂纹宏观形貌

由于 GR91CL2 材料的淬硬和冷裂倾向很大，易形成脆而硬、粗大的马氏体组织，且鳍片焊缝现场拼接时拘束度大，焊缝塑性差，焊缝内部应力大，在进行局部高温热处理时产生较大的热应力，在鳍片与管屏连接角焊缝以及鳍片分段对接处未采用全焊透结构、鳍片焊缝存在焊接缺陷等部位形成应力集中，在焊接或高温热处理过程中的高温热应力作用下在这些应力集中部位或内部缺陷处形成微裂纹，且向母材加速扩展，最终导致泄漏。

进行锅炉设计时应考虑安装现场施工高温热处理条件欠佳，在现场组装鳍片拼接焊缝时尽量避免焊后高温热处理，如现场组合拼接鳍片采用不需要高温热处理的材料或规格；现场建议采用分段焊接和小能量焊接，避免焊接热输入大而造成焊接过程中热应力过大，尽量减少焊缝内部应力；加强鳍片焊缝质量控制，对于与管子相连的鳍片角焊缝、现场管子环向安装焊缝附近鳍片与制造鳍片对接部位以及鳍片分段对接部位包括产生横向裂纹返修部位等横向焊缝必须采用全焊透结构，且全焊透焊缝必须进行 100% 射线检验合格。

第三节　上锅典型案例分析

一、SG-2141/25.4-M978、SG-2035/26.15-M6011 系列

SG-2035/26.15-M6011 类超（超）临界锅炉，由于设计或制造原因，投运即可能产生再热器集箱段接管角焊缝、对接焊缝裂纹，首次检修时应进行表面无损检测，建议对裂纹焊缝进行挖补后重新焊接，并进行焊后热处理；投运即可能发生出渣口梳形板与水冷壁管连接部位因梳形板拉裂而延伸至水冷壁管，发生泄漏，应进行宏观检查，发现梳形板拉裂延伸至水冷壁管应进行表面无损检测，建议优化梳形板结构，避免拉裂，并确保两块梳形板连接焊缝错开水冷壁管。

【案例 5-20】低温再热器短接管安装对接焊缝短期开裂

某电厂为 660MW 超超临界燃煤发电机组，锅炉型号为 SG-2035/26.15-M6011 超超临界直流锅炉，单炉膛、一次中间再热、四角切圆燃烧方式、平衡通风、Π 型露天布置、全钢架悬吊结构。在额定工况下，过热蒸汽出口压力为 26.08MPa，过热蒸汽出口温度为 605℃，再热蒸汽进 / 出口压力为 5.54MPa/5.34MPa，再热蒸汽进 / 出口温度为 368℃ /603℃。

2 台机组锅炉在投运不到 1 年内均发生锅炉低温再热器出口集箱接管对接焊缝多次出现开裂，并在扩大检查中发现多根管座出现裂纹缺陷。低温过热器出口集箱本体材质为 12Cr1MoVG，规格为 $\phi711\times55$mm；管接头材质为 12Cr1MoVG，规格为 $\phi63.5\times4$mm 和 $\phi63.5\times4.5$mm 两种。

2016 年 12 月投产，2016 年 1 月 12 日，运行人员巡视发现 2 号炉炉顶大包内向外冒汽、炉前与其连接的管道滴水，经相关专业人员进行检查，初步判断炉顶大包内有泄漏点，2016 年 1 月 18 日停炉后，对炉内受热面进行检查，发现低温再热器管排炉左数第 28 排炉前 A 道 1 号安装焊缝存在泄漏，规格为 $\phi63.5\times4$mm，材质为 12Cr1MoV，设计最高平均壁温为 527℃、最高外壁温度为 531℃。

泄漏位置为炉顶大包内低温再热器出口集箱短接管与受热面管第一道对接焊缝，具体位置如图 5-49 所示。泄漏管为低温再热器管排炉左数第 28 排炉前 A 道 1 号安装焊缝，靠近集箱短接管熔合线裂纹，泄漏管无涨粗，如图 5-50 所示。

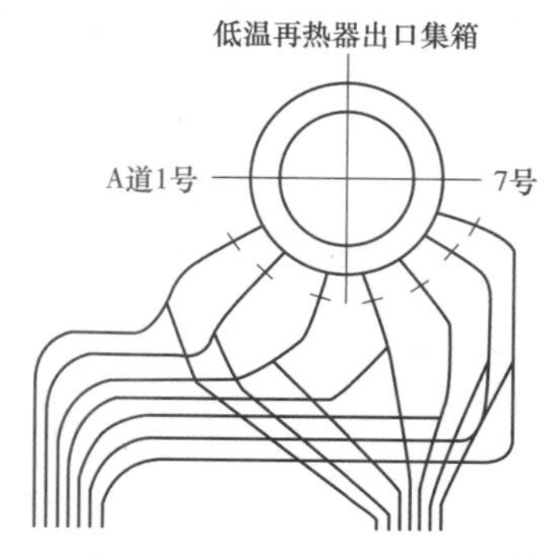

图 5-49　末级再热器泄漏位置示意图

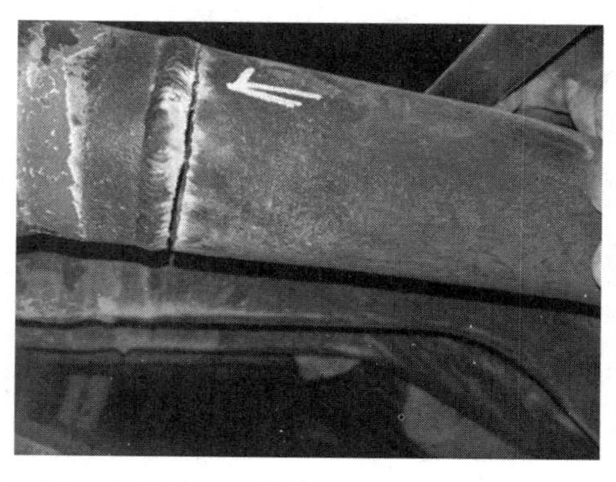

图 5-50　左数第 28 排炉前 A 道 1 号安装焊缝泄漏

对泄漏管取样进行化学成分、机械性能分析，均符合要求。对泄漏管焊缝、热影响区及母材进行硬度分析，裂纹侧热影响粗晶区的硬度 HB 平均值为 300、焊缝的硬度 HB 平均值为 299，母材的硬度 HB 平均值为 173，焊缝及热影响区硬度超过了标准要求。

对泄漏管取样进行金相分析，母材金相组织为珠光体 + 铁素体，组织正常，如图 5-51 所示；裂纹区域为热影响区粗晶区，粗晶区为粗大的贝氏体组织，具有明显的奥氏体晶界及沿晶微裂纹，如图 5-52 所示。

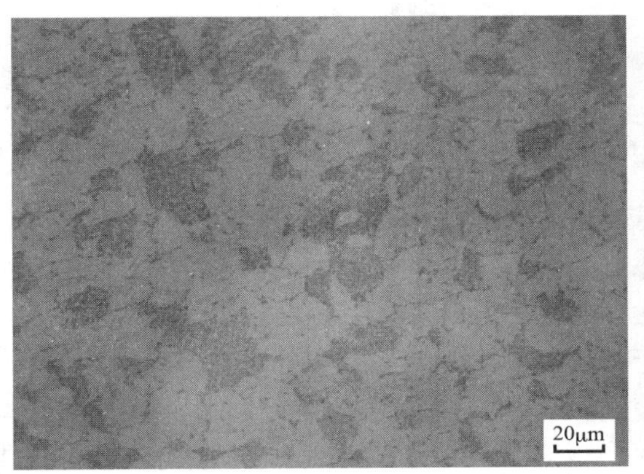

图 5-51 末级再热器泄漏管母材金相组织

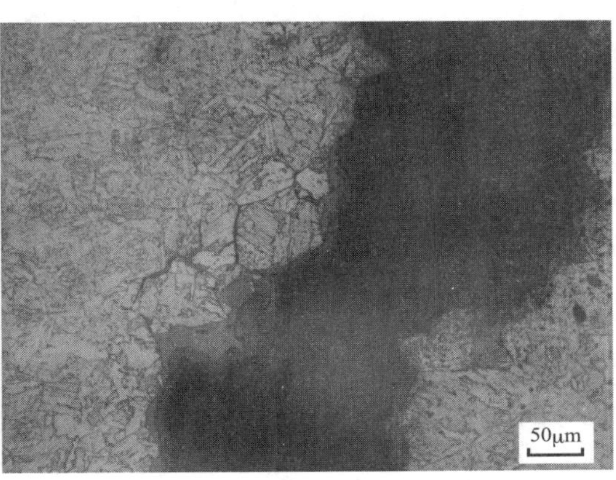

图 5-52 泄漏裂纹附近金相组织

综上所述，低温再热器短接管对接焊缝硬度超标，焊缝及热影响区组织粗大的贝氏体组织具有明显的奥氏体晶界及沿晶微裂纹，为典型的再热裂纹泄漏。

由于集箱短接管管壁薄（仅为 4mm），焊接过程中存在冷却速度快、结构应力大等特点，因此应加强焊接过程控制，严格执行焊接工艺，应采用焊前预热、氩弧焊多道焊（至少应有 2 道）工艺，避免因冷却过快而造成焊缝、热影响区组织粗大，避免晶界弱化现象；焊后应进行焊后热处理，经过高温回火后，使热影响区铬碳化物和细小的钒和铌碳化物完全沉淀，改善焊缝及热影响区组织结构，提高焊缝韧性及改善接头组织蠕变特性，消除焊接残余应力，细化焊缝及粗晶区组织，减少界面应力集中程度，有利于避免再热裂纹产生；加强检验，确保 100% 合格；优化集箱短接管结构，避免结构应力过大。

二、水冷壁出渣口部位膨胀拉裂

【案例 5-21】某超超临界锅炉水冷壁出口与出渣口设计不一致造成拉裂

某电厂为 660MW 超超临界燃煤发电机组，锅炉为上锅生产的型号为 SG-2035/26.15-M6011 超超临界直流锅炉，1 号机组于 2015 年 12 月投运，2017 年 8 月发现 1 号锅炉后墙冷灰斗出渣口密封部位泄漏，停炉后检查，后墙右数（侧墙梳形板密封水冷壁起数）77 根泄漏，水冷壁规格为 $\phi38\times7$mm，材质为 15CrMoG。

泄漏位置为后墙冷灰斗出渣口密封区域右数 77 根，冷灰斗炉底密封梳形板与水冷壁焊接、两梳形板连接焊缝正对着母材 T 形焊缝处，梳形板厚度为 10mm，材质为 15CrMo，两梳形板连接焊缝拉裂，延伸至梳形板与母材密封焊，裂纹穿透，内壁纵向裂纹长约 10mm，如图 5-53、图 5-54 所示。

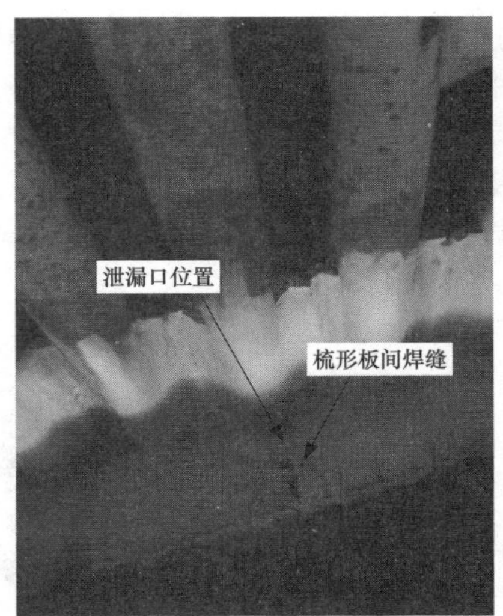

图 5-53　泄漏部位宏观

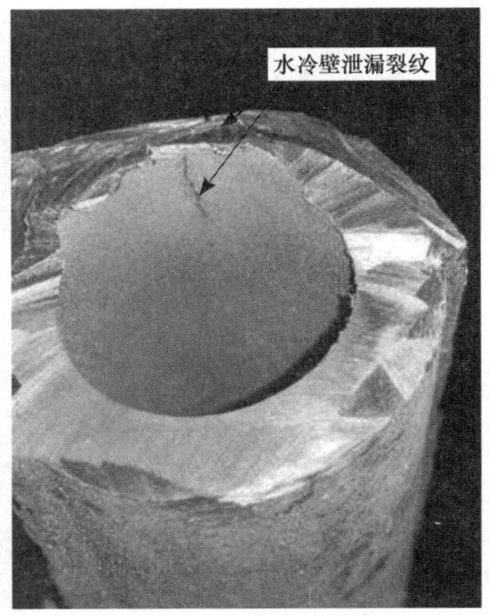

图 5-54　水冷壁开裂部位

对泄漏管附近炉外侧进行检查发现：两梳形板连接焊缝均存在拉裂情况，部分梳形板与梳形板连接焊缝正对母材，部分梳形板与梳形板连接焊缝对着鳍片或稍微偏离母材正中间，如图 5-55 所示；泄漏管右侧外侧梳形板与出渣口上端板连接采用焊接连接，且螺栓连接后采用焊接固定，如图 5-56 所示。

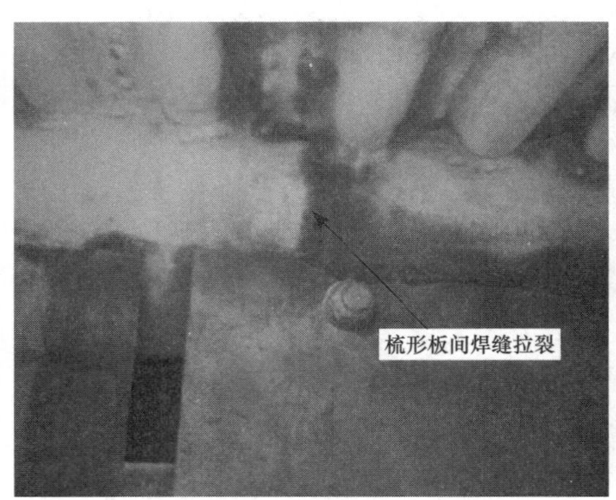

图 5-55　泄漏管附近梳形板间焊缝拉裂

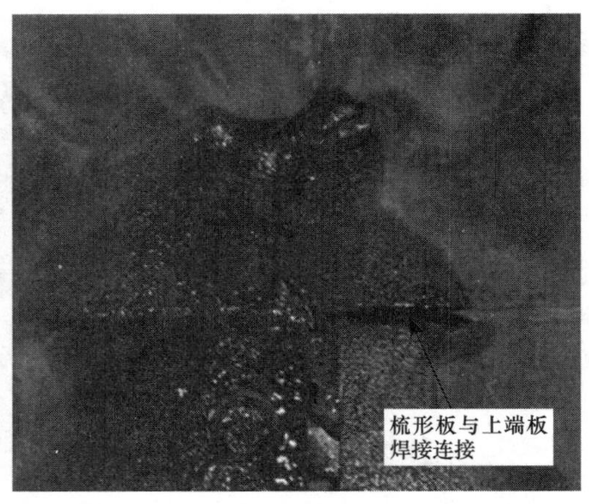

图 5-56　梳形板与上端板焊接连接

查锅炉厂设计资料可知：炉底密封的每块梳形板长度一般为 2477.5644mm，且梳形板间连接焊缝为两水冷壁管鳍片中间部位，梳形板与母材及鳍片连接焊缝采用双面角焊缝。

经查设计图纸，水冷壁管、梳形板和上端板的机械密封由北京某公司负责设计，梳形板和上端板的连接采用螺栓 + 搭接的连接方式，如图 5-57 所示；而水冷壁管、梳形板和挡渣板的炉底密封则由某锅炉厂有限公司负责设计，梳形板和挡渣板的连接采用螺栓连接的方式，上海锅炉厂有限公司设计的梳形板中设计一字型螺栓孔，如图 5-58 所示，即附属在梳形板的上端板应该采用螺栓连接。

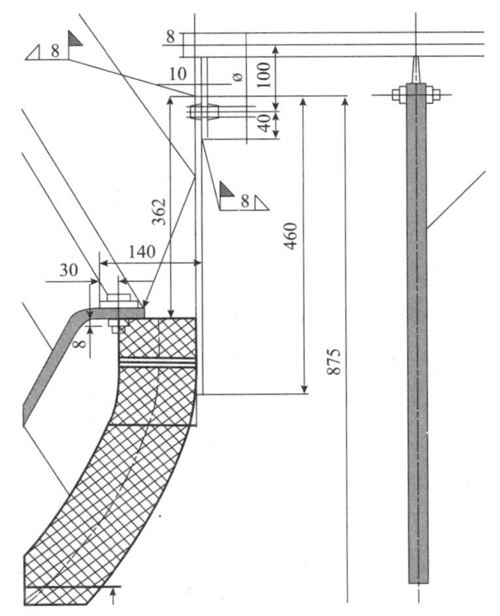

图 5-57　梳形板和上端板的连接设计

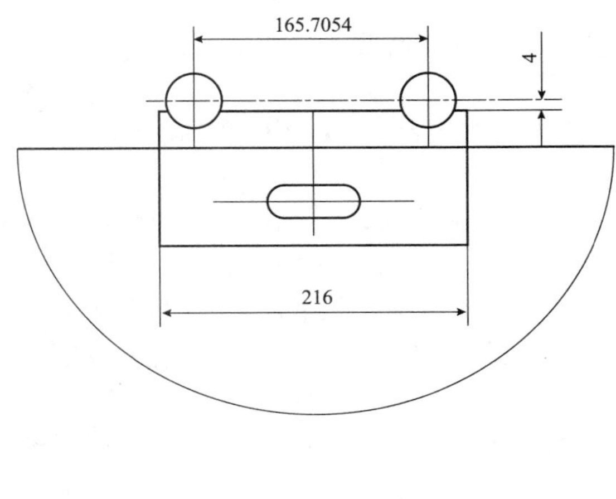

图 5-58　炉底密封的一字型螺栓孔设计

北京某公司未经某锅炉厂有限公司设计同意，采用焊接方式与锅炉厂有限公司设计的梳形板相连，不符合某锅炉厂有限公司的设计要求；现场安装的梳形板部分长度未达到设计图纸要求的 2477.5644mm 要求，且部分梳形板间焊缝正对着水冷壁管，与设计要求的梳形板间焊缝正对着水冷壁管鳍片中间要求不符。

综上所述，由于梳形板和上端板的连接采用螺栓 + 搭接的连接方式，该部位梳形板存在明显的热膨胀不畅受阻问题，启停或者负荷变动时导致该处梳形板拉裂，并延伸至水冷壁管母材，发生开裂、泄漏。各个设计、制造单位存在差异，交接配合部位设计不一致是造成拉裂的主要原因。

采取措施如下：

（1）加强对锅炉所有由两设计单位设计的接口部位的设计图纸进行复核，对两设计单位接口部位的连接方式应经过两个设计单位的同意后方可进行连接；两设计存在争议时，原则上对发现安装与锅炉厂有限公司设计不符的应按锅炉厂有限公司设计要求恢复处理。

（2）投运后，利用今后停炉检修机会，尽快安排不同设计制造单位对接口部位进行排查，发现问题及时处理，避免类似问题再次发生。

第四节　B&WB 锅炉典型案例分析

B&WB-1900/25.4-M 类超（超）临界锅炉，由于设计时炉膛较宽，投运即可能发生膨胀拉裂，主要体现在水冷壁下集箱、水冷壁与二次风箱连接部位、前水冷壁中间混合集箱上部、前水冷壁顶棚部位、水平烟道包墙与水冷壁连接部位、后包墙上集箱左右侧短接管部位、后包墙下集箱左右侧短接管部位、中隔墙与侧包墙连接部位、垂直水冷壁中间部位，每次检修均应进行宏观检查，发现问题进行表面无损检测。

根据所检锅炉制造厂、炉型及运行时间，针对性对上述问题进行预控检测，及时发现并消除设备隐患，显著提高锅炉设备可靠性。

一、水冷壁情况

上部水冷壁和下部水冷壁均采用膜式全焊接结构，由钢管和扁钢制成。上炉膛深度为9350mm，下炉膛深度为16550mm，炉膛宽度为31813mm，总高为54126mm。

下部炉膛前后墙冷灰斗水冷壁管规格为$\phi35\times6.5$mm，上部为$\phi35\times6.0$mm，侧墙水冷壁管规格为$\phi35\times6.0$mm，材料为SA213T12；水冷壁扁钢规格为8mm×20mm、8mm×34mm，扁钢材料为15CrMo。上部炉膛均采用光管膜式水冷壁，管子规格为$\phi28\times6$mm，材料为15CrMoG；扁钢规格为8mm×27mm，材料为15CrMo。

从上可知：

（1）炉膛较宽（31813mm），炉膛高度较高（54126mm）。

（2）水冷壁管厚度为6/6.5mm，材料为T12，而鳍片厚度为8mm、宽度为20/27/34mm，材料为15CrMo，鳍片厚度比水冷壁厚，鳍片较宽，水冷壁管材质与鳍片材质相当，说明鳍片刚性比水冷壁大，容易造成水冷壁损伤与变形。

【案例5-22】水冷壁鳍片设计过宽造成烧损拉裂

主要体现在如下：

（1）前后墙风口异型管由于鳍片过宽，冷却不够造成过热烧损，从而使鳍片拉裂，存在鳍片拉裂延伸母材，造成泄漏的安全隐患。

（2）前墙与左侧墙连接部位由于鳍片过宽，冷却不够造成过热烧损，从而使鳍片拉裂，存在鳍片拉裂延伸母材，造成泄漏的安全隐患，如图5-59所示。

（3）前墙水冷壁*Y*方向中间部位鳍片拉裂，且鳍片存在烧损拉裂，局部区域拉裂已经延伸至母材与鳍片焊缝处，存在较大的安全隐患，如图5-60所示。

图5-59 前墙与侧墙连接鳍片烧损拉裂

图5-60 前墙水冷壁*Y*向中间部位鳍片拉裂

水冷壁鳍片设计过宽，运行过程中因冷却不够而造成鳍片过热，导致鳍片存在横向裂纹现象。因鳍片过宽冷却不够而造成鳍片过热，从而使鳍片的 Y 向膨胀量增加，可能是造成 Y 向实际膨胀值与设计值偏离的重要因素。

图 5-61 前水冷壁上部变形

【案例 5-23】水冷壁膨胀变形

某电厂 3 号锅炉投运下部水冷壁在 Z 向没有发现较为明显的变形情况，在过渡段上部，即上部水冷壁存在较为严重的变形情况，如图 5-61 所示，水冷壁在 Z 向呈波浪状，严重区域为 X 向中间部位。经过对水冷壁壁温进行了严格控制，变形没有加剧，但由于以前已形成永久塑性变形，依然存在强度较为薄弱区域在热偏差较大时发生拉裂的风险。尤其是前后墙水冷壁正中间部位的密封板因较宽而得不到有效冷却，从炉底至上部全部烧损，存在密封板上裂纹纵深至母材的隐患。

表 5-1 为两次基本相同运行负荷实际膨胀记录与设计值对比，从表中可知：

（1）炉膛向下膨胀实际值与设计值相差较大，中间混合集箱最大相差 140mm，水冷壁下集箱最大相差 195mm，说明中间水冷壁集箱以上水冷壁膨胀受阻非常严重，实际膨胀仅为设计的 26%，而水冷壁下部膨胀为设计值的 84%，相对较好。

（2）炉膛左右膨胀实际值与设计值 2009 年测量时相差较大，为 71mm；2011 年测量时相差 16mm。

（3）水冷壁向后膨胀实际值偏离设计值较多，最大偏差达 183mm。

表 5-1 水冷壁实际膨胀值与设计值对比

日期	项目	X 向		Y 向		Z 向	
		设计值	实际值	设计值	实际值	设计值	实际值
2009 年 9 月 9 日	1 号水冷壁进口集箱	-96	-100	-42	5	-415	-250
	2 号水冷壁进口集箱	-96	-50	11	55	-415	-235
	3 号水冷壁进口集箱	96	25	11	60	-415	-242
	4 号水冷壁进口集箱	96	80	-42	-5	-415	-241
	左水冷壁中间混合集箱	-100	-150	-13	-20	-190	-50
	右水冷壁中间混合集箱	100	150	-13	-20	-190	-55
2011 年 3 月 1 日	1 号水冷壁进口集箱	-96	—	-42	70	-415	-230
	2 号水冷壁进口集箱	-96	80	11	60	-415	-230
	3 号水冷壁进口集箱	96	100	11	70	-415	-220
	4 号水冷壁进口集箱	96	100	-42	130	-415	-230
	左水冷壁中间混合集箱	-100	0	-13	170	-190	-60
	右水冷壁中间混合集箱	100	140	-13	100	-190	-100

综上所述，水冷壁变形发生在上部水冷壁，且 Y 向中间部位最为严重，这与热膨胀情况数据相吻合，可见，上部水冷壁运行过程，因向下膨胀严重受阻，是造成水冷壁 Z 向变形的主要原因。中间温度越高，变形越严重。

【案例 5-24】水冷壁管背火侧内壁出现纵向裂纹导致泄漏

某电厂 3 号机组容量为 600MW 机组，锅炉型号为 B&WB-1900/25.4-M，生产厂家为北京巴布科克 · 威尔科克斯有限公司，为“W”形前后对冲型，主蒸汽压力为 25.4MPa，温度为 571℃，投产时间为 2009 年 6 月。

2014 年 12 月 31 日，炉顶大包底部标高 61.6m 部位的前水冷壁管子（水冷壁管规格为 ϕ28 × 6mm，材质为 15CrMo）炉外侧发生泄漏，泄漏位置在炉顶前水冷壁炉左数第 4 个集箱、左数第 37 根管子与大包底板接触位置预埋填板附近（该位置与大包前部底板相连，距水冷壁上集箱中心线 1826mm），如图 5-62 所示，泄漏口在管子背火侧正中间位置，呈纵向状撕裂（长约 100mm），泄漏口附近无明显胀粗，无明显减薄（泄漏口附近厚度为 5.86mm），如图 5-63 所示。对第 4 个集箱第 33~45 根管共 13 根管进行纵向剖开检查，发现预埋填板区域管子内表面存在肉眼可见裂纹，如图 5-64 所示；对管子填板处进行横向剖开检查，发现填板与水冷壁管子焊缝沿熔合线开裂；预埋填板范围以外的水冷壁上、下管段内壁未发现裂纹。

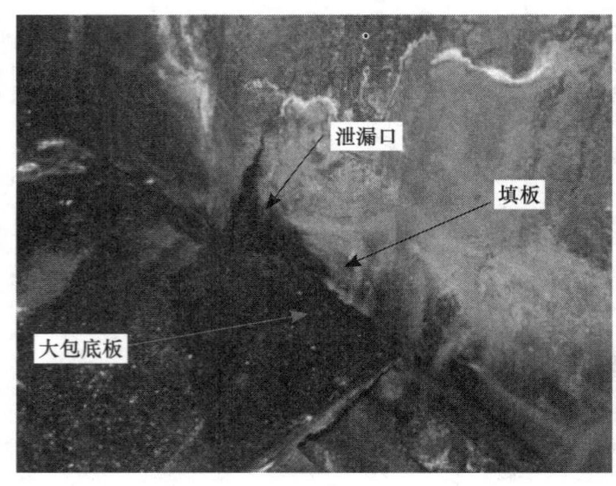

图 5-62　水冷壁泄漏区域宏观形貌

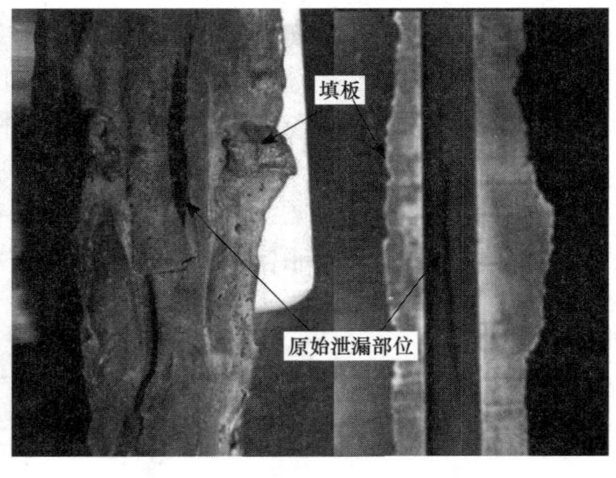

图 5-63　第 37 根管泄漏口宏观形貌

该水冷壁与大包底板连接结构：前墙水冷壁以 1760mm 宽为一组，每 2 根水冷壁管之间焊接一块规格为 100mm × 40mm × 6mm 的预埋填板，将一块规格为 1648mm × 50mm × 6mm 扁钢与各填板焊接，再将整个大包前部底板与扁钢中部焊接，上部连续满焊、下部断续点焊。

取样分析结果显示水冷壁泄漏管母材化学成分、力学性能及金相组织均正常，材质合格；且管屏无明显胀粗，可排除管材材质不合格和超温原因造成的裂纹泄漏。宏观检查结果表明，该部位水冷壁管段裂纹主要发生在预埋填板位置附近向火侧及背火侧管子内壁，且背火内壁裂纹比向火侧严重，并距该段管子端口达 1.2m，应为非原材料缺陷引起的裂纹。另外，从裂纹部位水冷壁管段变形、鳍片拉裂以及大包底板与固定横梁焊缝拉裂等情况可以看出，该部位水冷壁应存在明显的热膨胀不畅受阻问题。

水冷壁管排间设计预埋板，炉顶大包箱焊接在预埋板上，预埋板厚度较厚（8mm），刚性较强，且与大包相连，温度也较低，水冷壁厚度为 6 mm，当水冷壁与预埋板之间存在温度偏差时，预埋板对水冷壁的膨胀造成约束，水冷壁管长期不能自由膨胀、收缩，在拉、压应力的反复作用下，生产应力集中，出现裂纹，导致拉裂水冷壁。

水冷壁管子结构设计不合理，致使水冷壁膨胀不畅，特别是锅炉启停时，水冷壁管子与大包底板间明显的温度差异所引起的管子径向温差应力疲劳所致。

处理措施如下：

（1）对所有出现裂纹的管子采用 8mm 厚壁管更换，提高管子强度，换管部位的鳍片密封恢复后，暂不按原设计恢复预埋填板及预埋扁铁，改用齿形板结构替代原预埋填板、扁铁对炉顶大包底板点焊密封，如图 5-65 所示。

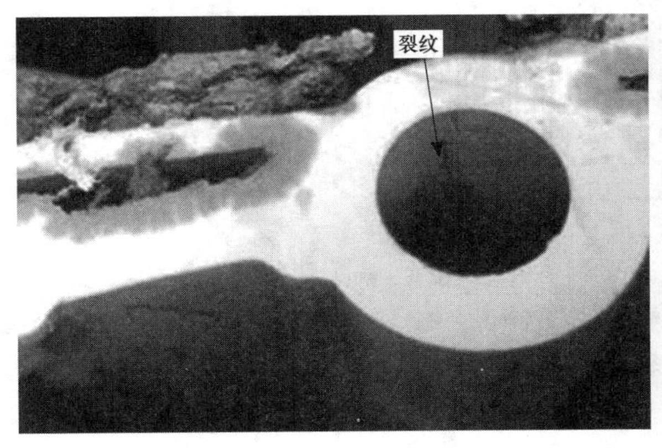

图 5-64　左数 45 根管子内壁宏观照片

图 5-65　大包底板与水冷壁连接齿形结构优化

（2）炉顶大包前底板每隔 1760mm 距离从炉前侧割长为 500mm 膨胀缝，在膨胀缝另一侧端部割 $\phi15$ 止裂孔，膨胀缝上用扁铁单面点焊密封。

（3）加强运行管理，严格按照升温升压（降温降压）速率控制，严格控制锅炉启停速度，特别要避免锅炉快速冷却，以减小温差应力，防止锅炉部件早期热疲劳裂纹发生。

【案例 5-25】水冷壁角部与二次风箱连接焊缝拉裂

二次风箱焊接在水冷壁上预埋板上，风箱又与水冷壁管 S 弯管密封板焊接在一起，水冷壁膨胀受风箱的影响，导致焊缝拉裂水冷壁管，且角部水冷壁鳍片过宽，造成温度高烧坏。

处理措施：割除与风箱相连的水冷壁管 S 弯管密封板，新密封板采取搭接方式进行密封。

【案例 5-26】炉底大包水冷壁前（后）下集箱

某电厂 3 号锅炉投运后多次发生水冷壁下集箱拉裂造成泄漏。炉底大包内前、后水冷壁集箱，均有几个分集箱通过集箱端盖焊接连接成整体，水冷壁下集箱连接板由于各分集箱膨胀不一致拉裂进而通过鳍片延伸到水冷壁管产生多次泄漏，如图 5-66 所示。

图 5-66　水冷壁下集箱附近外观图

处理措施：将原有集箱处水冷壁密封板割除后，每处让管密封空间用两块密封板搭接对拼，在水冷壁点焊，不与集箱点焊。管间鳍片密封开长约 70mm 引导槽，并在末端钻 ϕ10 止裂孔。将集箱间连接环在对接处割断，并新增抱箍，在一侧集箱进行单边焊接，抱箍厚度为 10mm，如图 5-67 所示。

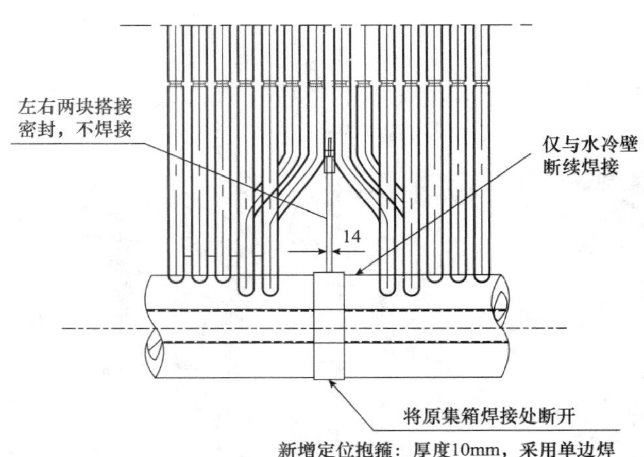

图 5-67　水冷壁下集箱结构优化图

二、包墙结构拉裂

【案例 5-27】水平烟道包墙过热器与水冷壁管连接处

某电厂 3 号锅炉采用北京巴布科克 · 威尔科克斯有限公司引进美国 B&W 公司技术生产的 B&WB-1900/25.4-M 型超临界参数“W”火焰锅炉。其主要型式为超临界参数、垂直炉膛、一次中间再热、平衡通风、固态排渣、全钢构架、露天布置的 Π 型直流锅炉，锅炉配有带循环泵的内置式启动系统的“W”火焰锅炉。

该锅炉自 2009 年 7 月投产，2011 年 10 月，52m 层水平烟道左侧包墙第 1 根包墙管拉裂泄漏、52m 层水平烟道处右侧包墙第 1 根包墙管拉裂泄漏、水平烟道处水冷壁管拉裂泄漏，水冷壁管材质为 15CrMoG、规格为 $\phi42 \times 6.5$mm，包墙过热器管材质为 15CrMoG、规格为 $\phi51 \times 6.5$mm，如图 5-68 所示。

泄漏位置均为包墙过热器与水冷壁延伸墙连接处，由于水平烟道各分级集箱之间的管子膨胀量不同，水冷壁与包墙过热器膨胀量不同，导致鳍片拉裂延伸至母材。

采取措施如下：

（1）后竖井包墙过热器左前角、右前角，与水冷壁管相连接部位，将原来密封板割除，高度为 2000mm，并在该部位采取搭接式的密封方式保证自由膨胀而不拉裂管子，即采用两块密封板中间搭接，单边分别与包墙管和水冷壁管进行密封焊接，两密封板中间搭接宽度为 20mm，并在炉内侧焊接销钉；对敷设浇注料进行密封，防止漏风。

（2）对水平烟道各分级集箱之间连接处各开 6 道止裂缝，并在末端钻止裂孔，如图 5-69 所示。

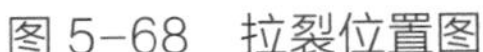
图 5-68 拉裂位置图

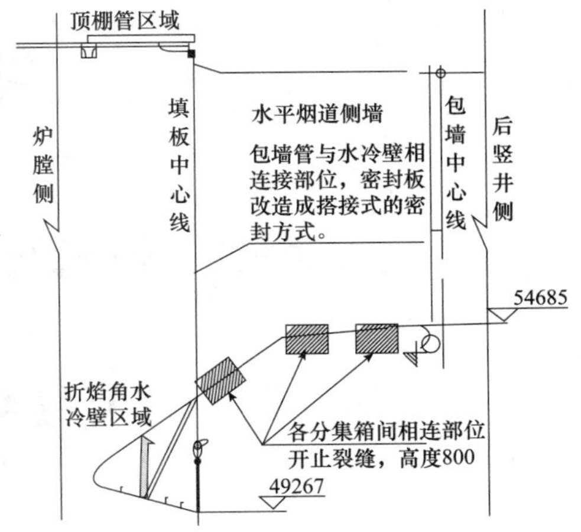

图 5-69 结构优化示意图

参考文献

[1] 龙会国，陈红冬 . TP304H 锅炉管运行泄漏原因分析 [J]. 腐蚀科学与防护技术 . 2010，22（6）：551-554.

[2] 沈琦，刘鸿国，杨菁 . 超超临界垂直管圈直流炉水冷壁节流孔圈垢物聚结原因分析及预防 [J]. 华东电力 .2009，37（5）：877-879.

[3] 邵天佑，闻国华 . 超超临界直流锅炉氧化铁沉积分析及对策 [J]. 浙江电力 . 2009,（3）：48-60.

[4] 刘红文；伍明生；靳勇强 . DG1025/18.2 型锅炉再热器集箱连接管弯头焊缝裂纹原因分析 [J]. 广东电力 . 2003,（6）：63-65.

[5] 赵彦芬，张路，张国栋，等 . 某超临界机组主蒸汽管道用 P91 钢热挤压三通失效分析 [J]. 中国电机工程学报，2014，34（14）：2307-2313.

第六章　电站锅炉新型检测评价技术

第一节　水冷壁氢腐蚀超声检测与评价技术

一、横波超声检测与评价技术

由于水质原因或排污不畅会造成锅炉水冷壁管内壁沉积污垢，在高温运行过程中水冷壁管内壁发生腐蚀而造成壁厚减薄及氢腐蚀裂纹，锅炉进而造成爆管故障。

国内外一些学者对水环境下锅炉水冷壁腐蚀机理及腐蚀特征进行了研究，对氢腐蚀裂纹提出了不同的超声波检测方法，通常为速度比率法、衰减法以及反向散射法，但均存在一定的局限性。速度比率法在氢腐蚀后期以及在形成了大面积氢腐蚀裂纹且要使声速均匀降低时运用比较成功，但不能发现氢腐蚀前期及单个氢腐蚀裂纹或气孔。衰减法需要被检部件与超声波传感器相对的一面是光滑的，但是现场水冷壁管外壁表面相对粗糙，内壁由于存在腐蚀，相对也比较粗糙，粗糙表面造成超声波散射，使衰减法的可靠性难以保证。背散射法对于氢腐蚀裂纹比较敏感，但对于材料内部的其他缺陷也比较敏感，分辨比较难，利用背散射回波难以评价腐蚀裂纹的程度。利用纵波直探头检测法，则结合面难以满足检测要求，难以评价腐蚀裂纹程度。

为此，通过对某在役锅炉水冷壁内壁沉积物下腐蚀裂纹管取样，对其管样内壁腐蚀裂纹特征进行分析，优化横波超声检测水冷壁管氢腐蚀裂纹工艺。

（一）试验材料与方法

某电厂锅炉为超高压自然循环汽包炉，燃烧器四角布置，过热器出口蒸汽压力为13.7MPa，蒸汽温度为540℃。在设计煤种下，50%负荷至满负荷下，水冷壁设计工质温度为294.7~341.7℃。累积运行约5.8万h，在水冷壁标高15~20m之间发生氢腐蚀裂纹，取样管为左侧水冷壁从左向右数第63根，左侧水冷壁共121根，标高约20 m，规格为$\phi60 \times 6.5$mm，材质为20G。

选取无腐蚀水冷壁管做超声检测对比试样。根据NB/T 47013.3—2015《承压设备无损检测 第3部分：超声检测》承压设备无缝钢管超声检测规定的试块制备要求，制备检验纵向和横向缺陷所用的人工缺陷对比试块。纵向和横向缺陷分别平行于管轴的纵向槽口和垂直于管轴的横向槽口，其断面形状采用V形槽。纵向槽在试样的两端内、外表面各加工一个深0.3mm、长40mm的V形槽。横向人工缺陷在试样的中部外表面、对面内表面各加工一个深0.3mm、长40mm的V形槽。

试验仪器为汉威HS610e型，试样表面为喷砂处理，耦合剂为机油，表面补偿为0dB。

（二）超声工艺参数优化

由于水冷壁管壁厚一般小于 20mm，且沉积物下腐蚀发生在管内壁，其氢腐蚀造成的微裂纹发生在管内壁，逐渐向外壁延伸，则横波超声波频率选 5MHz，对于该水冷壁管检测灵敏度及分辨率较佳。由于探头 *K*（超声探伤入射角度）值对裂纹检测灵敏度有较大的影响，随着 *K* 值减少，裂纹检出率越高，灵敏度越高，因此选用 *K* 值为 1 的探头。为了减少超声检测近场区的影响范围，选用小晶片尺寸探头，晶片尺寸不大于 $64mm^2$，推荐选用晶片尺寸为 6mm × 6mm 的探头。

（三）仪器调整及灵敏度确定

1. 横向缺陷检查灵敏度的确定

根据被测管的外径，对探头进行修磨，使探头与检测面紧密接触。利用 DL/T 820《管道焊接接头超声波检验技术规程》的 DL-1 型专用试块测定探头参数、系统组合性能及校准时基线性，即对超声波探伤仪及探头系统性能进行校准，调好零偏并测量探头前沿及实际 *K* 值。

距离—波幅曲线按横向槽对比试块中内壁槽和外壁槽的一次、二次反射波实测数据绘制，作为检测时的基准灵敏度，检查灵敏度在基准灵敏度的基础上增加 6dB。

2. 纵向缺陷检查灵敏度的确定

利用 CSK-1A 试块对超声波探伤仪及探头系统性能进行校准，调整好零偏并测量探头前沿及实际 *K* 值。根据被测管的外径，在纵向槽对比试样管子纵向外径上对探头进行修磨，使探头与检测面紧密接触。

距离—波幅曲线按纵向槽对比试块中内壁槽和外壁槽的一次、二次反射波实测数据绘制，作为检测时的基准灵敏度，检查灵敏度在基准灵敏度的基础上增加 6dB。

（四）横波超声检测与评价

根据检测所反映出来的超声波波形特征与氢损伤典型波形特征进行分析，如具备以下特征，则所检测的水冷壁管缺陷区域诊断为氢损伤区域；反之，则无。

（1）超声波回波存在“杂草”波，且“杂草”波密度大，波形密集，探头前后、左右移动检测时其“杂草”波不间断出现，这是由于水冷壁管内壁腐蚀造成的氢腐蚀裂纹及脱碳区域较大，很难有单独点缺陷存在，沉积物下氢腐蚀造成了更多的沿晶微裂纹。

（2）波形光滑，波形顶部较尖锐，“杂草”回波根部较宽，回波波形与密集气孔回波类似，这是由于氢腐蚀造成脱碳或沿晶微裂纹时，其脱碳空隙或沿晶微裂纹空隙充满甲烷气体，造成内表面较光滑；而当氢腐蚀扩展为微裂纹时，其裂纹尖端回波较为尖锐。

（3）“杂草”波及缺陷最大回波的深程均在水冷壁管实际壁厚范围内，由于氢损伤只针对金属材料发生，则氢腐蚀下微裂纹深程均在壁厚范围内。

如果检测与诊断结果为氢损伤，则根据超声检测回波中最大回波波幅的当量值，评价所检测锅炉水冷壁管缺陷区域的氢损伤的相对程度，如图 6-1 所示。

二、水冷壁管氢损伤纵波检测与评估技术

锅炉水冷壁管在运行中易产生沉积物下的腐蚀，易发生氢腐蚀裂纹，国内外发电厂曾多次发生因沉积物下氢腐蚀严重而造成的频繁爆管故障。有必要针对氢腐蚀裂纹的特征，对氢腐蚀程度进行分级及氢腐蚀裂纹可能造成断裂风险进行评估。

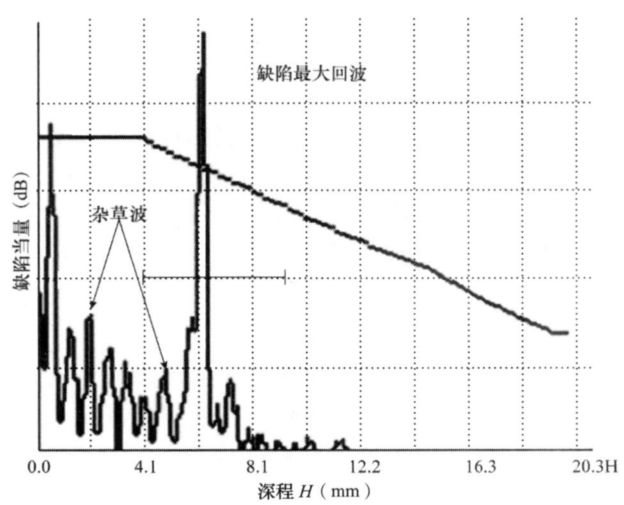

图 6-1　锅炉水冷壁管氢损伤横波超声检测典型波形图

注：检测样管材质为 20G，规格为 ϕ60×6.5mm，检测仪器为 HS6106，探头型号为 5P6×6K1 斜探头，耦合剂为机油，表面补偿为 0dB，最大缺陷回波深程为 6.3mm，当量值为（ϕ1×15 + 3.3）dB。

超声波在介质中传播时，随着距离的增加，超声波能量逐渐衰减的现象称为超声波衰减。引起超声波衰减的主要原因是波束扩散、晶粒散射及介质吸收，通常所说介质衰减是指吸收衰减和散射衰减。材料超声波衰减系数随材料自身特点如晶粒度、致密度等变化而变化，超声波在不同固态材料中传播时声速与衰减系数均会发生变化，通过这种变化可以了解材料部分特性，是进行超声波无损检测的理论指导基础。通过超声波衰减系数的变化评价材料性能也是一个重要方法。利用球面波方程的方法来检测材料的衰减系数，即利用超声波遵循球面波衰减方程$P_x=\dfrac{P_1}{x}e^{-\alpha x}$，则两边取自然对数，则为

$$\ln P_x x=\ln P_1-\alpha x$$

式中 P_x——至波源距离为单位 X 处的声压；

P_1——至波源距离为单位 1 处的声压；

α——衰减系数。

因此利用超声波声压、声程的乘积对数与声程呈线性关系来测量材料超声波衰减系数，通过材料超声波衰减系数的变化程度来实施对金属材料氢腐蚀裂纹程度分级及断裂风险初步评估。

1. 试验材料与方法

选取与待检测的锅炉水冷壁管外径、材质一致的管道作为被测管标样，如材质为 20G，规格为 ϕ60 × 6.5mm。超声波检测仪器为武汉中科创新技术股份公司生产的汉威 HS610e 型，探头采用 A 型脉冲反射式纵波直探头，探头频率为 5MHz，晶片直径为 6mm，耦合剂为机油，表面补偿为 0dB。

根据待检测锅炉水冷壁管的同类型材料按 GB/T 19799.1—2015《无损检测　超声检测　1 号校准试块》的要求制备试块；对超声波探伤仪及探头系统性能进行校准，调好零偏；调整好超声波仪器系统、耦合剂。

2. 衰减系数测量

利用常规超声波检测方法对被测管标样进行超声波检测，分别记录好不少于 4 次的超声波回波的声压幅值及声程值；常规方法建立声压、声程乘积对数函数与声程曲线图，对曲线进行线性拟合，拟合出线性函数关系式，线性函数式斜率即为标准样管的超声波衰减系数 a_0，如测得 a_0=0.071NP/mm。

同样，采用常规超声波检测方法对需要检测与评估的锅炉水冷壁管进行纵波超声波检测，分别记录好不少于 4 次的超声波回波的声压幅值及声程值，建立声压、声程乘积对数函数与声程曲线图，并对曲线进行线性拟合，拟合出线性函数关系式，线性函数式斜率即为标准样管的超声波衰减系数 a_1，如测得 a_1=0.115NP/mm。

3. 氢损伤分级与评估方法

按式 $\Delta=a_1/a_0$ 计算，其中 Δ 为氢损伤评估因子，Δ=1.62 即为现场被检测锅炉水冷壁氢损伤程度因子值，如上述所得出的氢损伤评估因子 Δ=1.62 数值。根据以下氢损伤分级特征进行评估，所对应的级别即作为评价被测管样氢损伤的相对风险程度，评为 IV 级。

（1）当 $\Delta \leqslant 1.2$ 时，氢损伤级别为 I 级，即无氢损伤：无明显脱碳、微裂纹，组织无变化。

（2）当 $1.2<\Delta \leqslant 1.3$ 时，氢损伤级别为 II 级，即轻微氢损伤：内壁存在少量脱碳现象，无明显微裂纹。

（3）当 $1.3<\Delta \leqslant 1.4$ 时，氢损伤级别为 III 级，即一般氢损伤：内壁存在脱碳现象，有明显沿晶微裂纹，沿晶微裂纹未成串。

（4）当 $\Delta>1.4$ 时，氢损伤级别为 IV 级，即严重氢损伤：内壁存在严重脱碳现象，有明显微裂纹，沿晶微裂纹成串。

当氢损伤达到 III 级时，可监督运行；达到 IV 级时，应进行更换处理。

使用本方法检测与评估时无需对被测材料进行特殊处理，利用材料纵波超声波衰减系数变化差异特征与氢损伤分级进行分析，即可以检测与评估锅炉水冷壁管氢损伤程度，根据其超声回波衰减系数的氢损伤评估因子值，即可评估锅炉水冷壁管氢损伤程度，具有原理简单、操作方便、检测与评估结果准确等特点，是快速检测与评估锅炉水冷壁管氢损伤的有效新方法。

第二节 小径管焊缝超声检测技术

与其他常规技术相比，超声检测具有缺陷定位准确、检测灵敏度高、速度快及便于现场使用等优点，在电站锅炉检修中应用越来越广。小径管对接焊缝中裂纹的超声检测新技术，对裂纹类缺陷灵敏度高，且基本不受检修空间限制，对人体无害，检测速度快，特别适合在空间窄、检修时间短且无电源情况下，能够对小径管焊缝进行快速检测，能够保证检测质量。

一、试验材料与方法

材料取自湖南省某电厂 1900t/h 超临界锅炉过热器管对接焊缝，材质为 T91，规格为

ϕ50.8×8mm，取样为300mm长，在外表面焊缝边缘利用线切割技术制造深度不一的模拟纵向表面裂纹（相对焊缝而言），裂纹与管外表面的深度分别为0.3、0.5、1.0mm及1.5mm，如图6-2所示，检测探头分别在焊缝两侧沿管轴向移动。

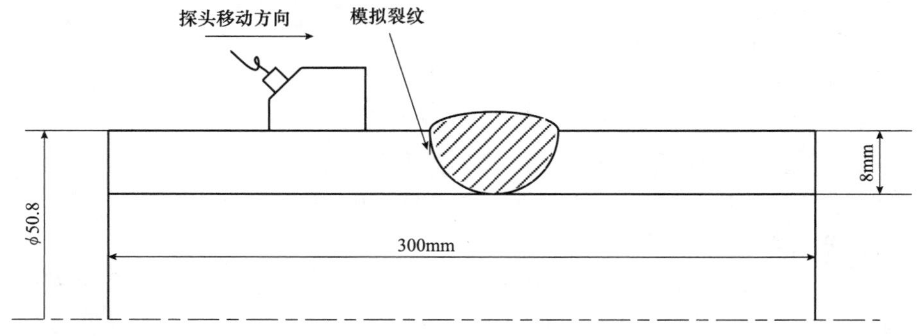

图6-2　模拟裂纹试块示意图

试验仪器采用武汉中科创新技术股份公司生产的汉威HS610型，探头采用A型脉冲反射式反射波探头，型号与规格见表6-1所示。试样表面状态用“0”号金相砂纸打磨，耦合剂为机油，表面补偿为0dB。对比试块采用DL-1，参照DL/T 820—2002《管道焊接接头超声波检验技术规程》在DL-1试块上调整仪器零偏、测量k值及DAC曲线。

表6-1　A型脉冲反射式超声波探头型号规格

探头型号	频率（MHz）	晶片尺寸（mm）	前沿	实测k值
5P6×6K1	5	6×6	6.0	0.99
5P6×6K1.5	5	6×6	5.5	1.49
5P6×6K2	5	6×6	6.0	1.93
5P6×6K2.5	5	6×6	5.6	2.55

注　前沿——超声检测中的探头晶片至探头前沿之间的距离。

二、实验结果与分析

（一）探头k值对缺陷回波的影响

图6-3（a）所示为5P6×6K1.5探头检测0.5mm模拟裂纹波形图，增益为67.9dB，从图6-3（a）可知，裂纹缺陷波很明显，在缺陷波根部前端有一小的耦合剂反射波，但并不影响缺陷波的强度与检测。

图6-3（b）所示为5P6×6K2探头检测0.5mm模拟裂纹波形图，增益为73.2dB，从图6-3（b）可知，裂纹缺陷波与耦合剂反射波基本重叠，缺陷波前端油波或变形波发射强度远大于缺陷波，耦合剂反射波严重影响缺陷波的强度与检测。

图6-3（c）所示为5P6×6K2.5探头检测0.5mm模拟裂纹波形图，增益为62.7dB，从图6-3（c）可知，耦合剂反射波与裂纹缺陷波完全重叠，无法识别裂纹缺陷波，且耦合剂

反射波当量比 K1.5、K2 缺陷波当量大，严重干扰缺陷回波的识别与判断。

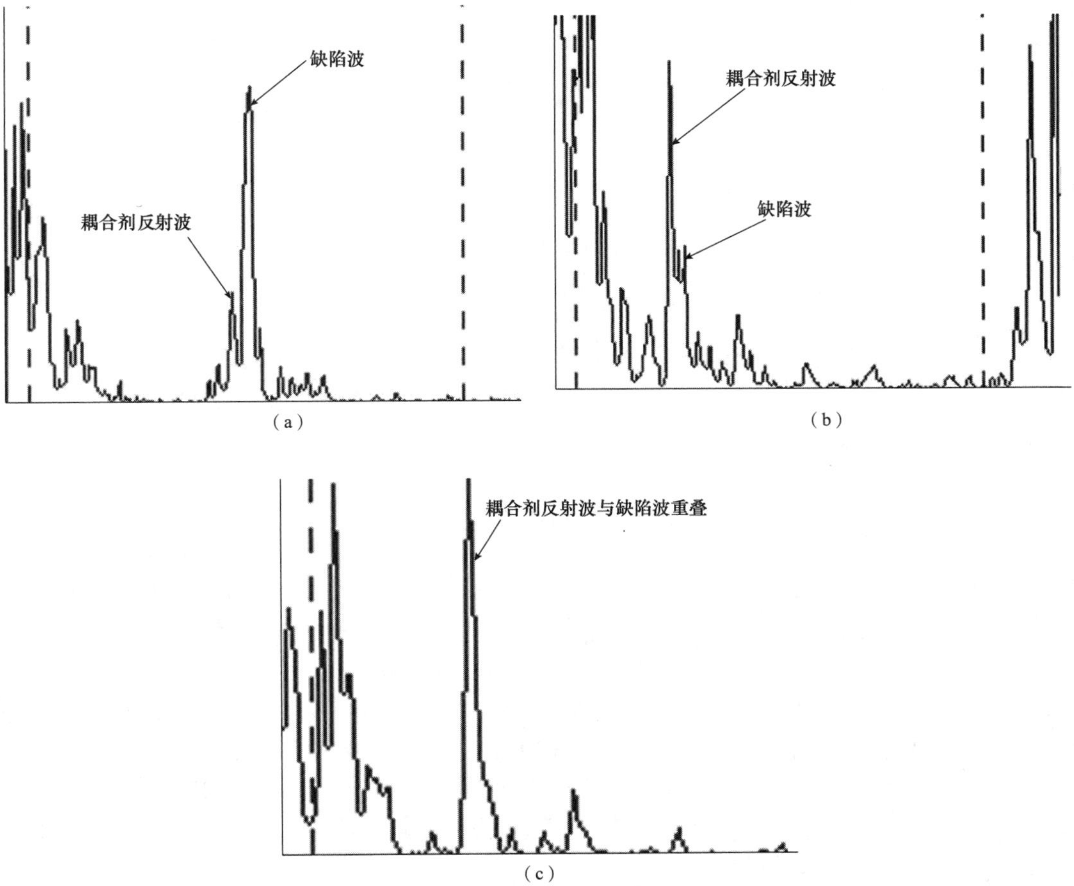

（a）

（b）

（c）

图 6-3　探头 k 值对耦合反射波影响

（a）5P6×6K1.5 探头波形图；（b）5P6×6K2 探头波形图；（c）5P6×6K2.5 探头波形图

从上可知，A 型反射波探头 k 值对表面裂纹检测耦合剂反射波影响较大，随着 k 值增加，耦合剂反射波影响增大，与缺陷波越接近。当 k 值大于 1.5 时，耦合剂反射波与缺陷回波基本重叠；当 k 值小于或等于 1.5 时，耦合剂反射波影响可以忽略，k 值为 1.5 及以下探头检测时耦合剂反射波不影响缺陷回波的分辨与回波高度。

（二）探头 k 值对缺陷检测灵敏度的影响

图 6-4 所示为 A 型反射波探头 k 值对裂纹检测灵敏度的影响，从图 6-4 可知，随着 k 值减少，对裂纹检出率越高，k1 探头能有效检测出深 0.3mm 的裂纹，且当量为（ϕ_1+1）dB，相同深度裂纹下，随着 k 值减少，裂纹检测灵敏度越高，当为 K2、K2.5 及 K3 探头时，受表面耦合剂反射波的影响，耦合剂反射波与缺陷波重叠，无法分辨及有效地对缺陷回波进行准确定量。可见，随着 k 值减少，裂纹检出率越高，灵敏度越高，缺陷回波高度随裂纹缺陷深度增加呈线性增加，不同 k 值下，缺陷回波高度不同，随 k 值减少，缺陷回波高度增加。

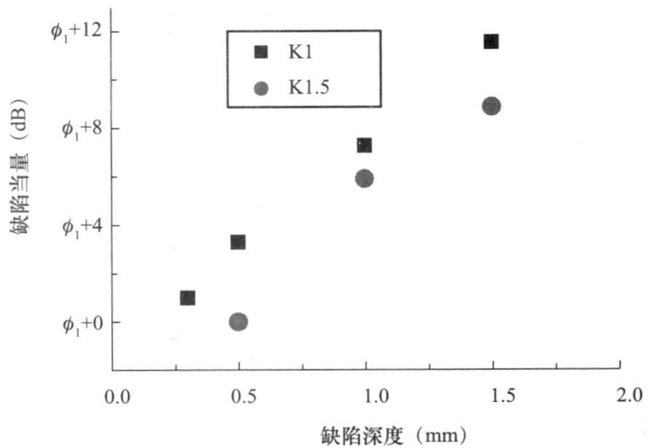

图 6-4 探头 k 值对裂纹缺陷检测灵敏度影响

三、现场检测实例

（一）铁素体与铁素体钢对接焊缝

近年来，新建的 600MW 及以上机组锅炉中使用新型材质 T23 管，部分电厂锅炉 T23 管安装焊接接头频繁开裂泄漏，湖南某电厂 600MW 机组 1 号锅炉运行约 8000h 高温再热器 T23 管与 12Cr1MoV 异种钢安装焊缝因存在裂纹而泄漏，裂纹存在于 T23 侧。为了检测 T23 异种钢焊缝裂纹，利用超声波检测技术进行 100% 检测。

现场检测采用 5P6 × 6K1/1.5/2.0 超声波 A 型脉冲反射式探头，采用 HS610 型超声波探伤仪，管材表面状态采用“0”号金相砂纸打磨，对比试块为 DL-1 型，耦合剂采用机油，采用单面双侧。检测部位为高温再热器进口集箱短接管 12Cr1MoV 与 T23 管安装焊缝，规格为 ϕ50.8 × 4.5mm，坡口为单 V 形，焊接工艺采用全氩弧焊接，焊丝为 R31，焊前未进行预热，焊后未进行焊后热处理。

超声波检测共 840 道焊缝，其中发现 13 道存在超标缺陷，图 6-5、图 6-6 所示为现场超声波检测发现 A07、B16 存在超标缺陷，当场用 X 射线检测进行复核，X 射线检测结果为：A07 为裂纹，长 5mm；B16 为未熔合，长 8mm，现场进行割管处理，现场检测用 k2.5 及以上探头时，均存在耦合剂反射波影响，对缺陷反射波识别及定量存在影响。

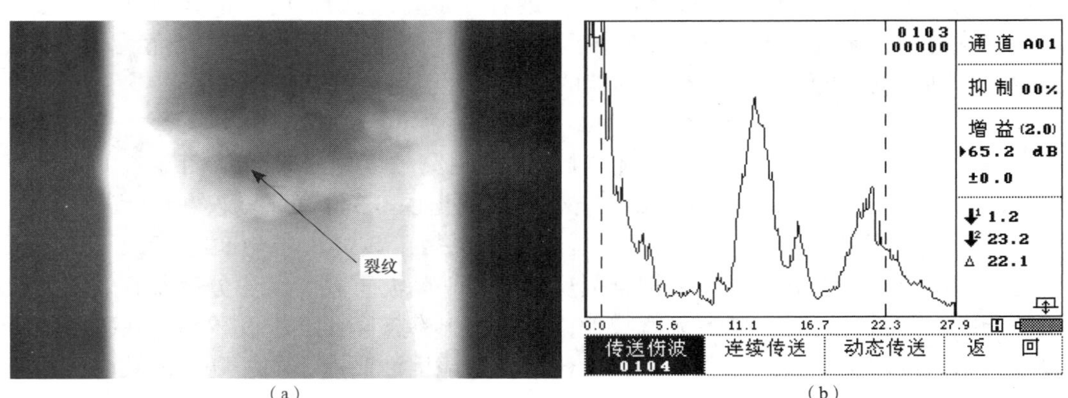

图 6-5 A07 焊缝裂纹射线与超声波探伤对比图

（a）射线底片；（b）K1.5 探头超声波动态波形图

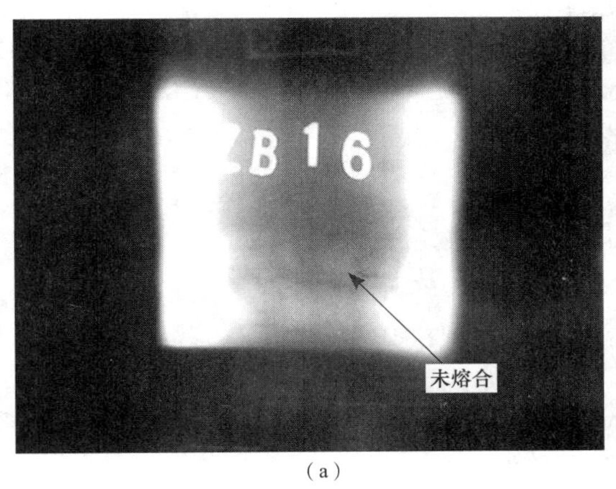

(a)

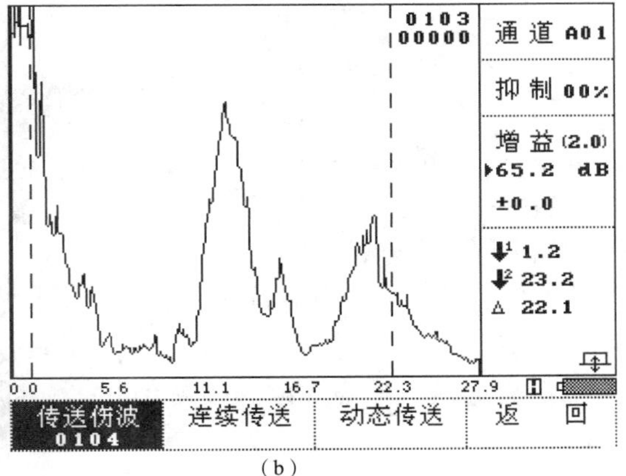

(b)

图 6-6　B16 焊缝未熔合射线与超声波探伤对比图

(a) 射线底片；(b) K1.5 探头未熔合超声波动态图

(二) 铁素体与不锈钢对接焊缝

1. 检测可行性分析

表 6-2 列出镍基合金（纯镍）和钢（12Cr1MoV）的材料性能参数，两者的密度、声速和声阻抗均相差较远。

表 6-2　　材料的基本性能数据

名称	弹性模量 E (GPa)	切变模量 G (GPa)	密度 ρ (g/cm^3)	横波声速 C_s (m/s)	声阻抗 Z (cm^2·s)
镍基	206	79.38	8.902	2986	2.7×10^6
钢	206	79.38	7.7	3211	2.5×10^6

注　查阅金属材料手册知镍基材料和钢的切变模量及密度，横波声速$C_s=\sqrt{\dfrac{G}{\rho}}$，声阻抗 $Z=\rho C_s$。

当超声波入射镍基合金和钢界面时，则

$$r=\frac{p_r}{p_o}=\frac{Z_2-Z_1}{Z_2+Z_1}=\frac{2.5-2.7}{2.5+2.7}=-0.04 \tag{6-1}$$

$$t=\frac{p_t}{p_o}=\frac{2Z_2}{Z_2+Z_1}=\frac{2.5\times2}{2.5+2.7}\approx0.96 \tag{6-2}$$

$$R=r^2=(-0.04)^2\approx0 \tag{6-3}$$

$$T=1-R=1 \tag{6-4}$$

式中　r——声压反射率；

p_r——反射声压；

p_o——入射波声压；

Z_2——钢的声阻抗；

Z_1——镍基的声阻抗；

t——声压透射率；

p_t——反射波声压；

R——声强反射率；

T——声强透射率。

从以上计算公式表明：

（1）界面两侧的声波符合以下两个条件：

1）界面两侧的总声压相等，即 $p_o+p_r=p_t$

2）界面两侧质点振动速度幅值相等，即

$$(p_o-p_r)/Z_1=p_t/Z_2$$

（2）超声波入射这两种介质时，声压反射率为 -0.04，声压透射率为 0.96，在焊缝探伤中，若母材与焊缝结合面无任何缺陷，是不会产生界面反射回波的，因此奥氏体不锈钢与低合金钢对接的镍基焊缝超声波检测理论上能满足检测条件。

2. 检测的难题

镍基焊缝为奥氏体晶粒，在冷却过程中未经过二次结晶，与一侧奥氏体不锈钢母材同样晶粒粗大，组织不均，加上另一侧母材为低合金钢，因此与焊缝的声阻抗、声速均有一定差异。具有明显的各向异性及声学性能变化，其主要特点如下：

（1）在异种金属的熔合线处，声速在界面处发生变化，导致声束传播方向产生偏离。对 K 值造成一定影响。

（2）材料的各向异性会导致衰减系数的各向异性，加上信噪比太低，给超声波探伤带来较大困难。

3. 检测验证

某电厂 600MW 机组锅炉屏式过热器、高温过热器材料均由奥氏体不锈钢 TP347H 与 12Cr1MoV 异种钢对接焊缝，规格为 $\phi42\times6$mm，2009—2010 年运行期间，先后发生爆管现象，经电厂委托对其焊缝进行 100% 超声波检测，横波探头频率选用 5MHz、晶片尺寸为 6mm×6mm，K 值为 1、2，参考 DL/T 820—2002《管道焊接接头超声波检验技术规程》规定的试块及灵敏度调校仪器，将探头加工成与管外壁吻合良好的曲面后，校准好探头前沿与 K 值，并利用 DL-1 小径管专用试块制作 DAC 曲线。由于考虑异种钢的的特殊性及人员操作经验方面的问题，判废灵敏度在 DAC-6dB 的基础上可适当降低。

由于奥氏体不锈钢和低合金耐热钢的碳含量差异较大，在高温下，碳从低合金钢一侧通过熔合线向焊缝一侧扩散，使奥氏体侧产生增碳带、强度提高，低合金侧靠近熔合线处形成低硬度的脱碳区。两侧强度的不匹配状况加上运行中的交变热应力、炉内气流波动引起的振动应力等相叠加，使焊接接头的熔合线附近受到了应力幅值较高的交变载荷作用，最终导致失效，在低合金耐热钢侧形成沿熔合线裂纹。对于沿熔合线的表面裂纹超声波检测，由端角反射原理，当横波入射角 $\alpha_s=35°\sim45°$，即 K 值在 0.7~1.43 时，检测灵敏度高。现场利用 K1 探头的二次反射波在低合金钢侧熔合线处发现的反射波幅都较高于其他 K 值灵敏度，后经打磨渗透检测证实为 30mm 裂纹（见图 6-7）。

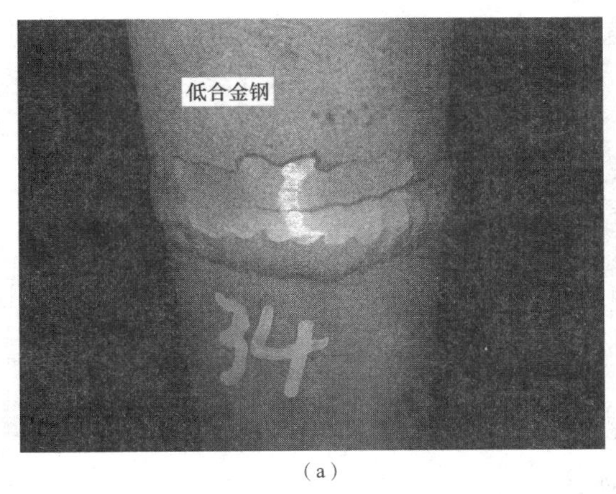

（a）

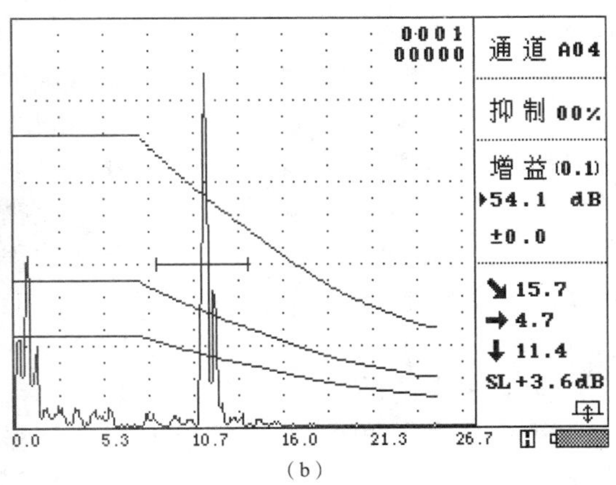

（b）

图 6-7　ϕ 42×6mm 低合金钢侧融合线裂纹及超声波检测波形

（a）融合线裂纹；（b）超声波检测波形

四、小径管焊缝超声检测参数优化

耦合剂反射波对检测结果有较大影响，随着探头 k 值增大，耦合剂反射波的影响增加，对于开口性缺陷检测，当 k 值大于 1.5 时，耦合剂反射波等临近缺陷回波，随着 k 值增加，耦合剂反射波越接近于缺陷回波，对缺陷回波分辨与定量影响程度越大，使用 k2.5 及以上探头检测时，耦合剂反射波对缺陷反射波的识别及定量存在影响，严重影响缺陷回波的波形识别与准确定量分析，对于小径管焊缝超声波检测，优先推荐 k 值为 1、1.5，其次为 2.0 探头，探头频率为 5MHz。

探头 k 值对缺陷回波定量有一定的影响，对于横波斜探头而言，不同的 k 值探头的灵敏度不同；对于裂纹类缺陷而言，不同 k 值探头检测同一缺陷，其缺陷回波高度相差较大，随着 k 值增加，缺陷回波高度变小。检测横向裂纹类缺陷利用小 k 值如 k1 横波斜探头二次或三次回波检测灵敏度较佳。

缺陷形状对缺陷回波高度有很大影响，随着缺陷面积增加，缺陷回波高度增加，同一检测工件下，裂纹类缺陷回波高度与缺陷深度成正比。

利用小 k 值 A 型脉冲反射式探头超声波检测锅炉用小径管及小径管焊缝裂纹类缺陷具有灵敏度高、检测率高、操作简单及检测速度快等优点，可以用于电站锅炉的小径管管材、焊缝等缺陷快速检测。

五、爬波检测技术

1. 爬波检测原理

由于锅炉穿墙部位结构的特殊性，所以长期运行中易造成疲劳拉裂，利用常规超声及射线方法难以检测，优化爬波检测工艺，提出穿墙部位爬波检测技术，有效解决了穿墙部位检测难题。

当纵波从第一介质以第一临界角附近的角度（±30° 以内）入射于第二种介质时，在第二种介质中不但存在表面纵波，而且还存在斜射横波，如图 6-8 所示。通常把横波的波前称为头波，把沿介质表面下一定距离处在横波和表面纵波之间传播的峰值波称为纵向头波，即爬波。爬波传播速度变化范围为0.8~0.9c（c为纵波声速）。衰减的主要原因是在沿表面下传播过程中不断产生横波，导致传播过程中波幅逐渐衰减，因此爬波的传播距离由波型转换的程度和在固体中横波能量的损失程度而定。由于能量的急剧衰减，通常短焦点爬波探头的敏感点（即焦点）位于探头的前沿，长焦点爬波探头名义焦点距离可以达到20mm，通常最大有效声程可以达到45mm，因此有效检测长度能满足穿墙管环状密封焊缝检测时探头前沿至裂纹位置的要求。

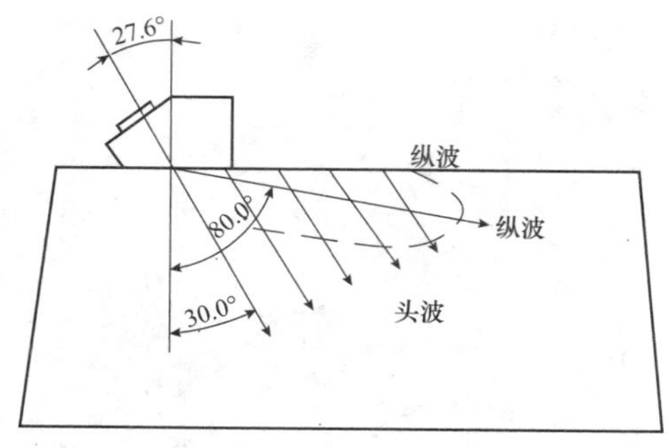

图6-8　爬波的产生原理

超声爬波检测技术由于采用大入射角楔块，声波进入工件后可产生纵向表面爬波、体积内纵波和两种类型的横波。工件内部的30°~35° 横波在工件的底部产生波型转换，产生纵波和爬波。由于一次爬波的角度在75°~83° 之间，几乎垂直于被检工件的厚度方向，与工件中垂直方向的裂纹接近成90° ，因此对于垂直性裂纹有较好的检测灵敏度。同时，爬波检测受工件表面刻痕、不平整、凹陷等的干扰较小，所以爬波检测技术被广泛运用于内外表面、近表面的裂纹检测。

2. 爬波检测技术

试验仪器用汉威HS610e型，定做的5MHz爬波双晶并列式探头，晶片面积为6mm×8mm×2mm，声束轴线水平偏离角不应大于2°，主声束垂直方向偏离不应有明显的双峰。爬波探头声束中心线应垂直放置在检测面上做前后移动的同时，还应做10°~15° 左右的转动。对末级再热器穿墙管（P91/12Cr1MoV）及300MW壁式再热器（15CrMo）穿墙管焊缝进行爬波检测，在靠近焊缝位置沿环向进行扫查。结果均在穿墙管环状密封焊缝内侧发现反射波。经割开密封板磨掉焊缝后在母管上做渗透检测，发现为裂纹（见图6-9、图6-10）。

（a）

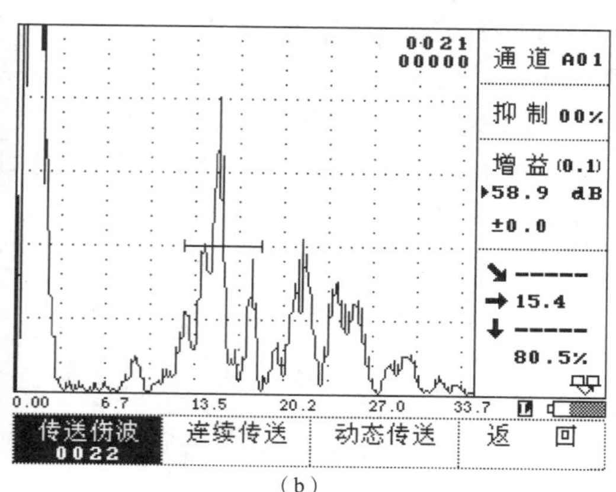

（b）

图6-9　末级再热器穿墙管（P91/12Cr1MoV）焊缝爬波检测与渗透检测对比图

（a）渗透检测裂纹形貌；（b）爬波检测波形

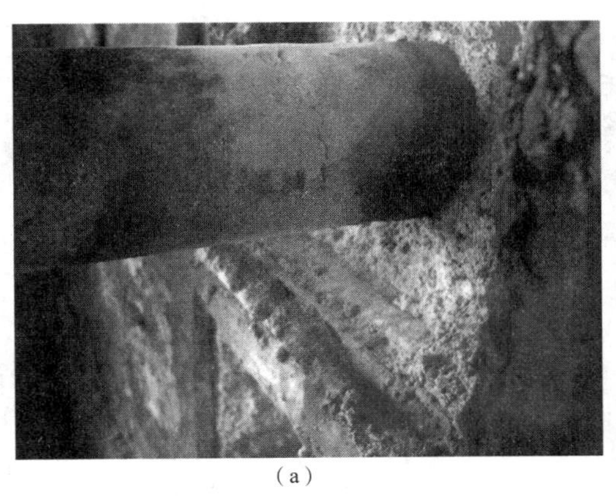
(a)

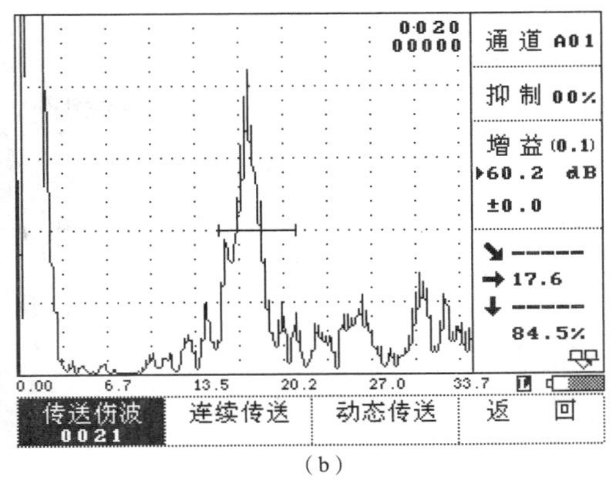

(b)

图 6-10 壁式再热器(15CrMo)焊缝爬波检测与渗透检测对比图
(a)渗透检测裂纹形貌;(b)爬波检测波形

第三节 奥氏体耐热钢检测评价技术

奥氏体不锈钢因具有热强性高、耐蚀性和高温力学性能优良及焊接性良好的特点,在大型电站锅炉制造方面得到广泛应用。但运行经验表明,粗晶奥氏体不锈钢在高温长期运行下,容易产生内壁蒸汽氧化,在热应力作用下,氧化层剥离,堆积在弯头或带入汽轮机系统;奥氏体不锈钢长期高温运行后容易产生晶间腐蚀开裂、组织不稳定性及异种钢焊缝早期失效等。针对奥氏体不锈钢异种钢焊缝早期失效可以采用小径管焊缝超声检测技术进行检测,这里主要分析氧化皮脱离堆积堵塞检测、固溶处理组织变化等。

一、基于磁性特征的锅炉弯管内氧化皮堆积量检测技术

目前,采用无损检测方法检测锅炉弯管内氧化皮堆积主要有射线检测法、声振法及磁性法。射线检测方法因受管排空间的限制很难进行全面检测,且射线对人体有害,检测费用贵,检测时间长;声振法采用声衰减系数作为检测的特征参数,根据其随氧化皮堆积量增加而增大的关系实现检测,但是现场锅炉弯管与标样管声振特性存在较大差异,实测结果很难保证,且目前无现场应用报道;磁性法目前仅适用于奥氏体不锈钢管的氧化皮检测,且未见对锅炉受热面管及其氧化皮的磁性物理性能全面分析的报道。

通过全面分析锅炉受热面管及其氧化皮磁性物理性能,得到了受热面管及其氧化皮磁性物理性能的显著差异特征规律,并利用其差异特征完善了检测锅炉弯管内氧化皮堆积的磁性法。采用外加磁场激励弯管特定部位,并根据锅炉弯管与氧化皮磁性性能显著差异特征,选取相应的信号传感器对其检测信号进行采集,根据提取的磁性特征参数的检测信号值变化,检测与评定氧化皮堆积的程度,从而实现了对弯管部位氧化皮堆积量的检测。

1. 试验材料及方法

对湖南省内在役电站锅炉受热面管取样,针对目前电站锅炉曾出现过因氧化皮堆积堵塞而造成短期超温爆管的材质,主要为T23、T91、TP304H及TP347H钢,剥落的氧化皮

主要由 Fe_3O_4、Fe_2O_3 组成。

使用综合物性测量系统（PPMS）中振动样品磁强计（VSM）对相对应受热面管材质及氧化皮进行磁性测试，主要测量试样磁化曲线和磁滞回线。

氧化皮堆积量检测试验采用依次激励并采集空管及一定比例增量的氧化皮堆积量或堵塞面积时的弯管信号，测量其检测信号的变化关系，建立其检测信号与氧化皮堆积量 / 堵塞面积的对应关系。

2. 锅炉典型用钢及其氧化皮磁性物理性能

对锅炉典型用钢 T23、T91、TP304H、TP347H 钢及氧化皮共 5 组试样进行磁性测试。主要测量试样磁化曲线和磁滞回线，测试磁化曲线如图 6-11 所示。

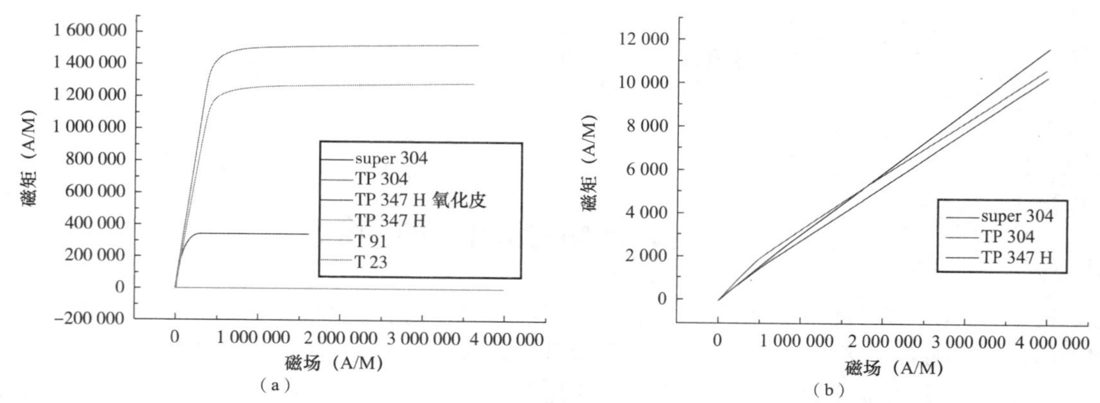

图 6-11 锅炉典型用钢及其氧化皮磁化曲线

（a）锅炉典型用钢及其氧化皮磁化曲线；（b）锅炉典型用奥氏体不锈钢磁化曲线

从图 6-11（a）可知，铁素体类钢材质如 T23、T91 及 TP347H 氧化膜磁化强度 M 随外加磁场 H 增加先是很快增大，达到一定值后，外加磁场 H 增加而磁化强度 M 不再变化，表现铁磁性、亚铁磁性，呈现强磁性；而相对于奥氏体不锈钢材质 S30432、TP304H、TP347H 而言，奥氏体不锈钢随外加磁场 H 的增加，其磁化强度 M 基本不变化，可以忽略，图 6-11（b）可知，奥氏体不锈钢磁化曲线呈直线，且斜率很小，表现明显顺磁性。

对呈现铁磁性、亚铁磁性的 T23、T91 及 TP347H 氧化膜所测得的磁滞回线进行分析，通过对所得磁滞回线进行拟合得到试样饱和磁化强度 M_s，进行测量矫顽力 H_c、剩余磁化强度 B_r，见表 6-3。

表 6-3　磁性参数测量

名称	饱和磁化强度 M_s（emu/g）	矫顽力 H_c（A/m）	剩余磁化强度 B_r（Gs）
T23	195.3	2352.9	122.7
T91	185.8	2044.5	101.4
TP347H 氧化皮	66.6	126.6	42.7

从上可知，TP347H 氧化膜矫顽力及剩余磁化强度均很小，磁性参数测量数据相对

T23、T91 而言明显偏小，可确定其为软磁材料，在外磁场中易于被磁化；T23、T91 磁滞回线基本相似，磁性参数测量数据变化接近，剩磁很小。

3. 基于磁性特征参数的锅炉奥氏体不锈钢管内氧化皮检测法

由于奥氏体不锈钢呈现顺磁性，氧化皮呈现铁磁性，利用外加激励磁场作用下进行奥氏体不锈钢管内氧化皮堆积量检测时，奥氏体不锈钢是一个非磁导体，其检测线圈下磁通量或磁感应系数等变化主要由氧化皮本身的磁性特性所决定，通过建立奥氏体不锈钢弯管内氧化皮堆积量或堵塞面积与检测线圈中磁通量或磁感应系数的对应关系，即可对氧化皮堆积量或堵塞面积进行检测与评定。

检测探头采用如图 6–12 所示的线圈型探头，其中包括外壳 1、封装在外壳内的 U 形磁铁（U 形磁铁具有 N、S 极）、设若干圈线匝的检测线圈，检测线圈的下部分位于 U 形磁铁内，使磁力线垂直穿过检测线圈，检测线圈设有引出导线与外部测量信号处理装置相连，检测线圈的上部分采用接插式连接器的开合式结构，检测线圈通过连接器可以断开形成开口和闭合形成一个整体的管状线圈。

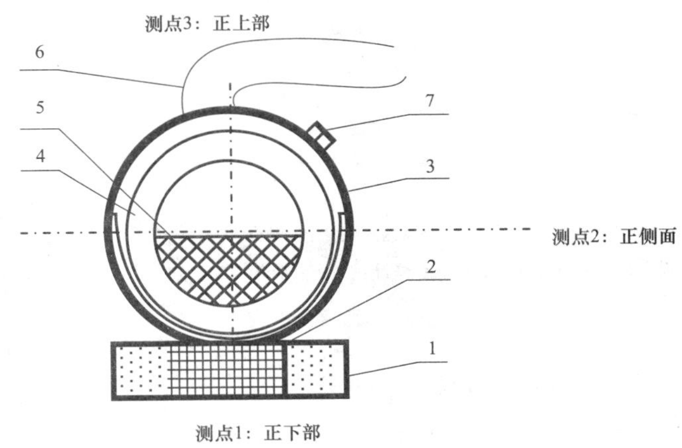

图 6–12　线圈型探头结构及测量位置示意图

1—外壳；2—封装在外壳内的 U 形磁铁；3—设若干圈线匝的检测线圈，检测线圈的下部分位于 U 形磁铁内；4—被检测弯管；5—弯管内铁磁性物；6—检测线圈设有引出导线与外部测量信号处理装置相连；7—接插式连接器，为开合式结构

进行检测实验时，采用 3 个方位测点的实验方法，即检测弯管立式放置，弯管内实验用氧化皮自然状态下堆积，用检测探头分别对弯管正下方（测试点 1）、正侧面（测试点 2）及正上方（测试点 3）进行检测，分别记录不同检测方位下信号值。这样基本上可以消除管内非均匀磁场下的检测信号不均匀性。在不同检测位置上，检测探头均贴靠于受检管道外壁上，与管道外壁紧密接触，以便减小检测信号的波动，确保检测结果的可重复性。

图 6–13 所示为线圈型探头下奥氏体不锈钢弯管内氧化皮堆积面积检测特征曲线图。可以看出，随着弯管内氧化皮堆积面积的增加，检测信号不断增大，3 个测点下检测信号与弯管内氧化皮堆积面积变化趋势一致，在弯管 3 个测点测试方位壁厚一致的情况下，当弯管内无氧化皮堆积及弯管内氧化皮堵塞满的情况下，3 个测点测试方位下检测信号值基本是相同的。图 6–13（b）所示为取 3 个测点测试数值的平均值与弯管内堆积面积的关系，

可见，平均信号值与弯管内堆积面积成正比，在该实验中采用上、中、下三方的 3 个测点测试取平均值的方法，基本上消除了由于单稳恒激励磁场下不均匀性，对弯管圆周方位测试点越多，其信号平均值越接近弯管内均匀稳恒磁场，其氧化皮堆积面积与检测信号值的正比关系越准确。因此，氧化皮堆积量的面积增加，增大了弯管内的磁场磁通量面积，从而使得检测信号值磁通量也相应增大，在弯管内稳恒均匀磁场的激励下，即磁场强度恒定下，其检测信号值磁通量与面积成正比。这也证实了选择磁性法中线圈型探头作为特征参数对氧化皮的堆积量堵塞程度进行评定的可行性。

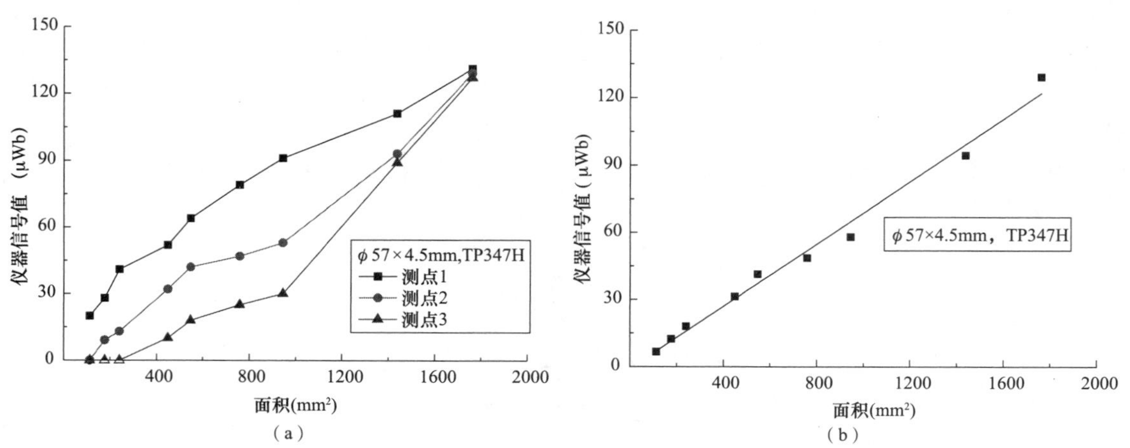

图 6-13　线圈型探头下奥氏体不锈钢弯管内氧化皮堆积面积检测特征曲线

（a）3 个测点与弯管内堆积面积检测特性；（b）3 个测点平均值与弯管内堆积面积关系

4. 评价

根据检测结果，对锅炉用奥氏体不锈钢管弯管内氧化皮堆积进行风险评定，当堵塞比小于 20% 时，低风险，即 I 级，无须处理；当堵塞比为 20%~50% 时，中等程度风险，即 II 级，监督运行，必要时割管清理；当堵塞比大于或等于 50% 时，高风险，即 III 级，需要割管清理。

二、奥氏体不锈钢管运行老化规律

炉内奥氏体不锈钢管在烟气辐射、内部收蒸汽状态下运行，外表面受到烟气、熔融物腐蚀，内表面受到蒸汽、水腐蚀，且运行中受到热应力、蒸汽内压应力及运行结构应力。奥氏体不锈钢在高温下长期运行，组织中碳化物析出 / 元素析出、迁移、晶界变宽、孔洞、成链，最终形成裂纹，图 6-14 所示为蒸汽侧显微组织，奥氏体晶界已经有很明显细小的敏化不连续的碳化物或第二相。图 6-15 所示为烟气侧显微组织，奥氏体晶界已经有大量很明显的敏化不连续的碳化物并混有析出物，导致晶界变宽，弱化晶界，属典型晶间腐蚀。

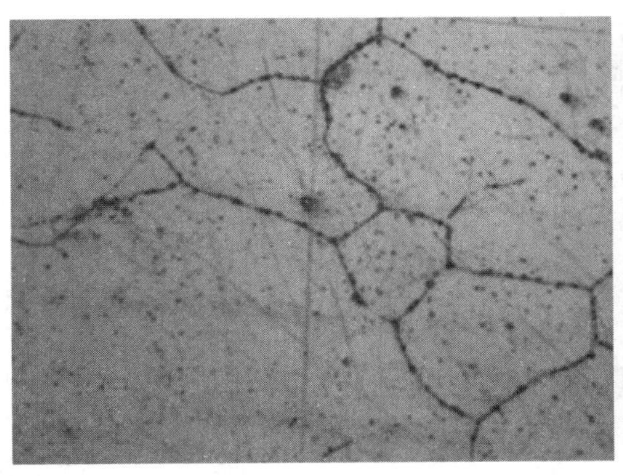
图 6-14　蒸汽侧显微组织 $FeCl_3$· HCl 溶液（500×）

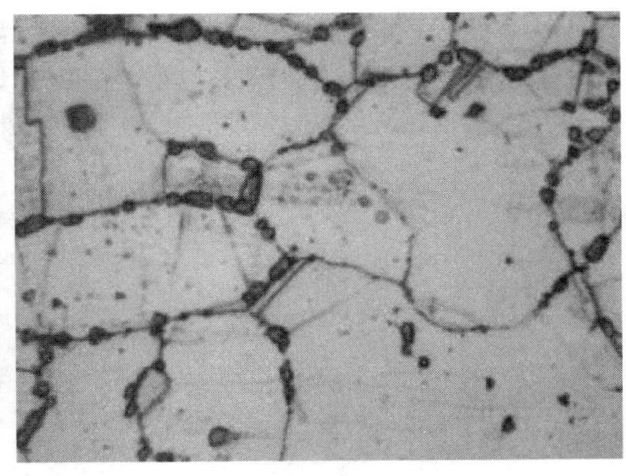
图 6-15　烟气侧显微组织 $FeCl_3$· HCl 溶液（500×）

从上可知，蒸汽侧腐蚀介质可能为 Cl^- 或 O_2，其敏化温度约为 498℃，而烟气侧腐蚀介质为管子外部附着物（烟灰等）存在的熔融物或烟气，敏化温度约 533~704℃，很明显，两者高温运行下腐蚀方式与奥氏体敏化程度不一样，敏化温度对奥氏体的晶间腐蚀敏化起着重要的作用。可见，高温运行环境对奥氏体不锈钢的腐蚀方式及运行组织变化有着重要的影响。

由于电站锅炉蒸汽品质监督较为严格，蒸汽品质不合格的情况相对较少，因此，运行中不锈钢应力腐蚀裂纹一般外壁比内壁相对严重，应重点检查高温段不锈钢弯管部位外表面，必要时进行表面无损检测。

三、奥氏体不锈钢管固溶处理金相评价技术

超（超）临界机组锅炉用奥氏体不锈钢弯管冷加工成型后，部分制造厂未重新进行固溶处理，在敏感运行温度下，短期运行下发生早期裂纹，湘潭电厂 3 号锅炉（600MW 超临界机组锅炉）运行约 3000h 后即出现大量 TP347H 材质高温过热器下部弯头裂纹现象，分析为锅炉厂在制造过程中，TP347H 管冷加工成型后，未重新进行固溶处理，导致晶间腐蚀裂纹，最终对该批次弯管进行 100% 更换，并更换后的弯管均进行重新固溶处理，运行至今，未发现弯头裂纹情况，如图 6-16 所示。

图 6-16　TP347H 冷加工成型后未重新固溶处理弯管早期开裂形貌

因此，对固溶处理弯管进行判别技术显得尤为重要，提出奥氏体不锈钢管固溶处理金相评价技术，即通过对不锈钢弯管取样进行金相分析。图 6-17 所示为 TP347H 材质弯管未经固溶处理的金相显微组织，晶粒内部存在明显密集的滑移线；经过重新固溶处理后，如图 6-18 所示，晶粒内未见明显的滑移

线。可见，晶粒内存在明显的滑移线的奥氏体组织，则最终热处理未进行固溶处理；反之，晶粒内未发现明显的滑移线的，则最终热处理经过固溶处理。通过晶内明显的滑移线可以评价奥氏体不锈钢最终热处理是否经过固溶处理。

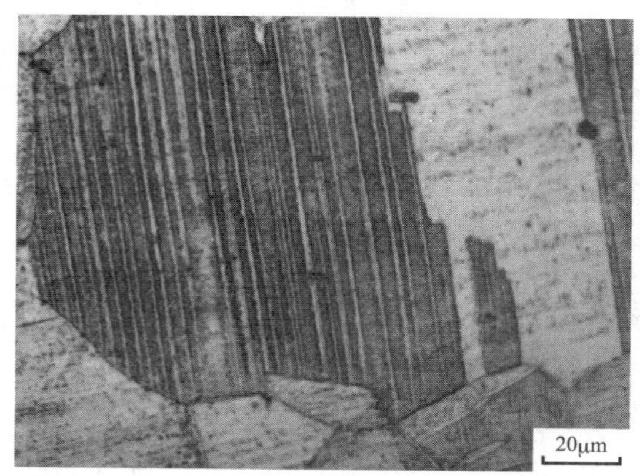

图 6-17　未经固溶处理的金相样显微组织（弯管处）

图 6-18　固溶处理金相样显微组织（弯管处）

按照 GB/T 4334.5—2000《不锈钢硫酸 - 硫酸铜腐蚀试验方法》进行晶间腐蚀倾向试验，试验后取出试样，洗净、干燥、弯曲，对弯曲后的试样进行观察分析，如果试样弯曲后所有背弯试样均有晶间腐蚀裂纹，说明管样晶间腐蚀倾向严重；经固溶处理后晶间腐蚀试验后管样未见明显裂纹，说明经过固溶处理后，未见明显的晶间腐蚀倾向性。

第四节　不同工况下奥氏体耐热钢蒸汽侧氧化影响

一些学者对奥氏体不锈钢的水环境下的氧化进行了研究，对奥氏体不锈钢水蒸气高温氧化规律及氧化皮微观结构与形貌特征做了研究，但对在役锅炉的奥氏体不锈钢水蒸气高温氧化皮形态及其形成规律的研究，尤其是对 Fe、Cr、Ni 元素迁移传质的规律研究，少见报道。本节针对电站锅炉用 TP347H 材质受热面管，研究其管样内壁蒸汽侧氧化皮形态及其剥落物特征，探讨正常工况、加氧运行及化学清洗等情况下其氧化形态及机制。

一、TP347H 钢管蒸汽侧氧化膜形态及其形成机制

1. *试验材料及方法*

某电厂 2 号锅炉为东方锅炉（集团）股份有限公司生产的 DG1900/25.4- Ⅱ 1 型、600MW 超临界参数变压直流本生型锅炉，过热器出口蒸汽压力为 25.4 MPa，过热器出口蒸汽温度为 571℃，再热器出口压力为 4.52MPa，再热器出口温度为 569℃。该锅炉高温过热器、高温再热器炉膛内材质均为 ASTM A213-TP347H，高温过热器布置在内水平烟道折烟角处，高温再热器布置在水平烟道上。2 号锅炉于 2007 年 12 月 25 日投运，2010 年 4 月停机检修，累计运行 9225h，检查时发现高温过热器下部弯管内氧化皮堆积物较少，高

温再热器下部弯管内氧化皮堆积物较多。2011 年 10 月小修时，对过热器、再热器下部弯管内氧化皮堆积物进行检查，发现存在氧化皮堆积物的情况。

2010 年 4 月对 2 号锅炉进行检测发现再热器和所割管样内有氧化皮剥落物；2011 年 10 月，2 号锅炉停机检修时在现场所割管样中取出氧化皮剥落物。取样管为高温再热器管，规格为 $\phi 50.8 \times 4.5$mm，材质为 TP347H。

利用 LECO-500 金相显微镜对管子内壁氧化膜断面结构组织形态进行分析。利用扫描电镜及能谱分析仪对管样和剥落氧化皮横截面金相样品进行微区组织成分和合金元素分布情况对比分析，以及利用扫描电镜及能谱分析仪对氧化皮剥落物表面进行微区成分分析。利用 X- 射线衍射仪对氧化皮剥落物的结构类型及其组分含量进行测量分析。

2. 氧化膜形态及微观结构

图 6-19 所示为再热器 TP347H 钢管蒸汽侧未剥落处氧化膜内表面形貌，内表面氧化膜形态呈冰糖葫芦状，表面凹凸不平，呈黑褐色，具有明显锥形粒状结构，锥形颗粒上存在微小孔洞，锥形颗粒之间存在微小的间隙。图 6-20 所示为经 $FeCl_3$ 溶液侵蚀的蒸汽侧氧化膜截面形态，从图 6-20 可知，氧化膜具有明显的三层结构，最外层厚度相对较薄但很均匀，晶粒相对细小；中间层为疏松的氧化层，具有明显向外延伸的柱状结构特征；内层为较为致密的氧化物，内层氧化皮形态与基体组织结构相似，保留基体的晶界、晶粒形态；内层氧化膜与中间层氧化膜具有明显的分界，界面处由细小的氧化物晶粒组成。

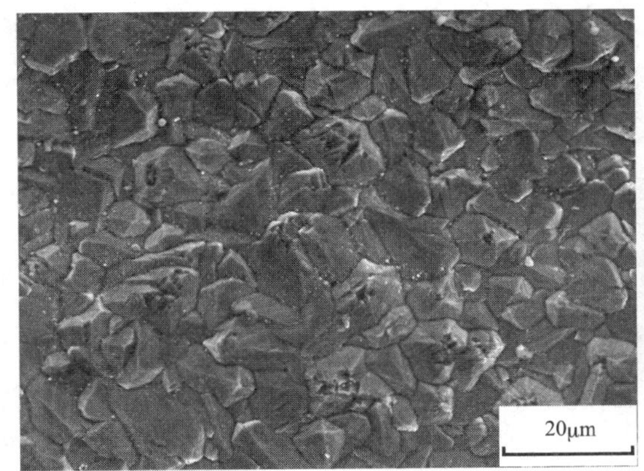

图 6-19　TP347H 钢管蒸汽侧氧化膜表面形貌

图 6-20　TP347H 钢管蒸汽侧氧化膜截面形貌

图 6-21 所示为 TP347H 钢管蒸汽侧氧化膜截面结构扫描电镜图，氧化膜截面为层状结构，内层与基体存在明显界面，金属基体 / 内层氧化膜界面起伏不平，内层氧化膜形态与基体晶粒形态相似，内生氧化膜大部分止于奥氏体晶界上，说明晶界的抗氧化能力强。从图 6-21（b）、图 6-21（c）可知，经 $FeCl_3$ 溶液侵蚀后，金属基体存在明显的凸出的连续致密的奥氏体晶界，这可能是由于奥氏体晶界内 Cr、Nb 等元素的偏聚，形成致密晶界 $M_{23}C_6$ 等物难以侵蚀，晶界易形成短路通道，O、Cr 等元素易向晶界迁移，生成的氧化膜具有很强的保护性，从而使晶界抗氧化性增强，这也说明了对于高合金钢奥氏体耐热钢，晶粒越细，其抗高温氧化能力越强的主要原因，当形成晶粒内氧化物时，晶粒内氧化速度较快。

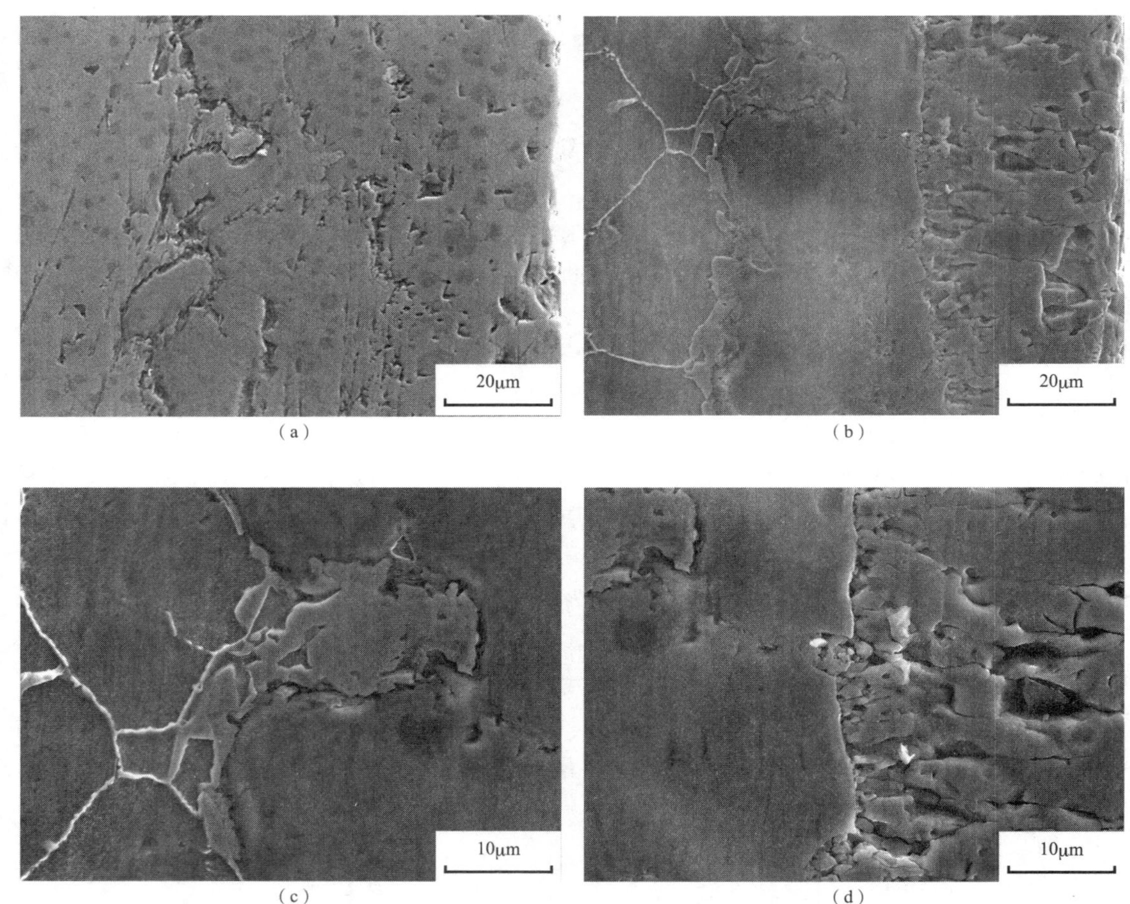

图 6-21　TP347H 钢管蒸汽侧氧化膜截面结构扫描电镜

(a) 整体截面；(b) 整体截面（侵蚀后）；(c) 基体 / 氧化膜界面；(d) 内侧 / 中间层氧化膜界面

内层 / 中间层氧化膜界面处存在细小孔洞，但界面不明显，如图 6-21（a）所示。经 $FeCl_3$ 溶液侵蚀后，各层氧化膜界面清晰显示，可见，在内层 / 中间层氧化膜界面处存在离解的易于 $FeCl_3$ 溶液侵蚀的氧化物（$Fe_{1-y}O$），且中间层氧化物的柱状组织间附有易于 $FeCl_3$ 溶液侵蚀的氧化物，离解的氧化物经过柱状组织空隙向外扩散，与向内扩散的氧原子或分子反应，以柱状组织形核生成坚硬的 Fe_3O_4。经过侵蚀后，氧化膜分为明显的三层结构，内层比较致密，中间层相对疏松，具有较多的孔洞，呈外延性的柱状结构，最外层为细小的颗粒状，比较薄。基体 / 内层氧化膜界面处形态与金属基体的晶粒界面状态类似，而内层 / 中间层氧化膜界面处由细小的氧化物颗粒组成，界面较为平直，细小的氧化物颗粒有内层氧化膜离解的特征，而中间层氧化膜则为明显的外延性粗大的柱状结构组织。

图 6-22 所示为运行状态下剥落的氧化皮形态，剥落后的氧化皮由许多小的片状氧化皮组成，细小的片状氧化皮为两侧基本平行的层状结构，从剥落的氧化皮断面形貌可知，绝大部分片状结构为单层的柱状结构 + 微量内、外层界面的细小颗粒组成。柱状晶粒间夹杂微量细小氧化物颗粒，对断面柱状组织夹杂的细小氧化物颗粒进行能谱分析，如表 6-4 所示，柱状结构的氧化皮间含有微量的 Cr、Ni、Fe 复合氧化物及 Al、Si、Fe 复合氧化物。

柱状氧化皮断面具有沉积岩状的交错的层状羽毛状形貌，说明在高温状况下，中间氧化皮的生成具有层叠堆积的过程，形核后向外延生长。图 6-22（d）所示片状氧化皮剥落面的表面形貌，从图 6-22（d）可知，剥落面由细小的氧化物颗粒组成，呈冰糖葫芦状，外观呈银灰色，与内表面氧化皮存在明显差异，且存在细小的孔洞，可见，氧化皮由内层 / 中间层氧化皮界面处细小氧化物颗粒处剥落，内层氧化皮一般难以剥落。

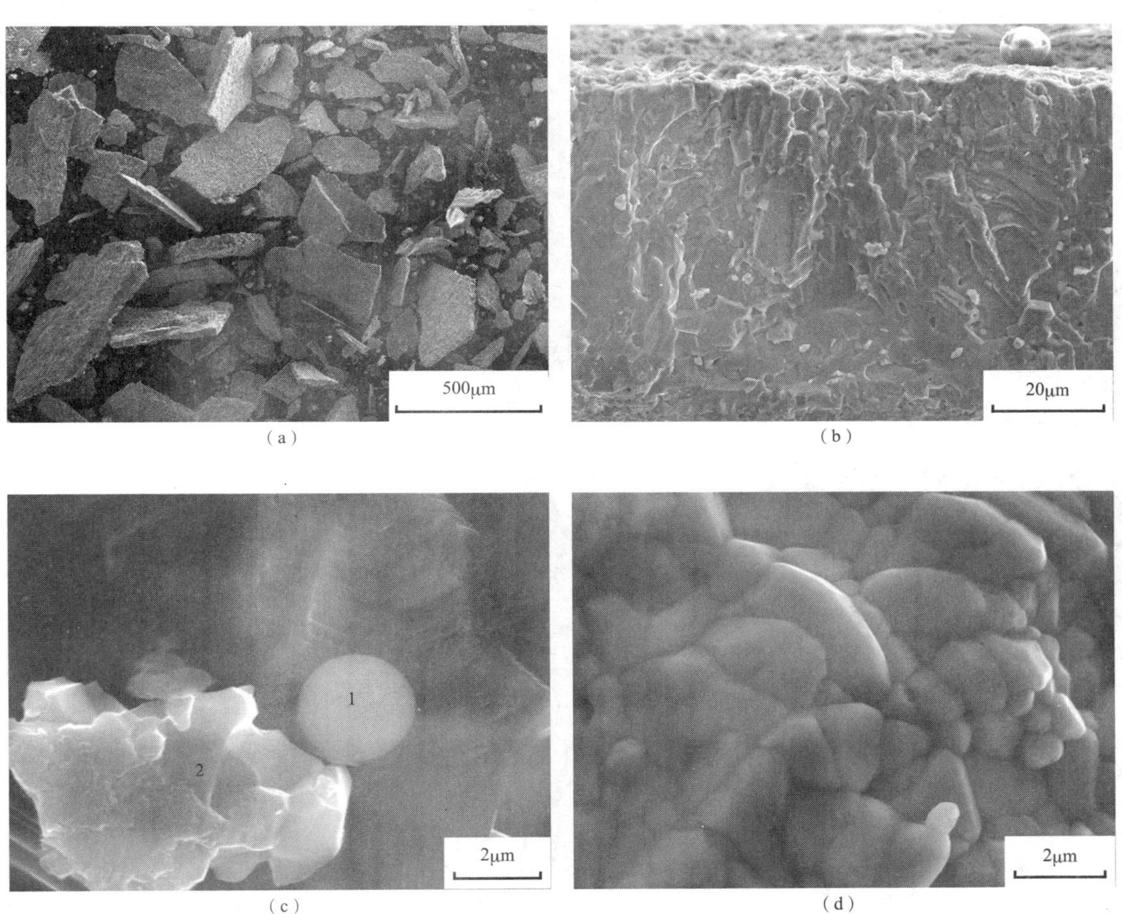

图 6-22　运行状态下剥落的氧化皮形态

（a）剥落氧化皮形貌；（b）片状氧化皮断面；（c）片状氧化皮柱状晶体；（d）片状氧化皮剥落面表面形貌

表 6-4　测点部位能谱分析结果

位置	O	Al	Si	S	Cr	Fe	Ni
1	42.07	16.65	14.87	0.33	0.37	27.75	0.097
2	26.61	0.19	0.16	0.14	17.19	51.54	4.17

3. 氧化物相结构及能谱分析

使用 XRD 对蒸汽侧氧化膜进行物相分析，结果发现氧化膜主要由 Fe_3O_4、Fe_2O_3 组成。

对氧化膜截面进行能谱分析，由于氧元素属轻元素，与合金元素进行能谱分析时偏差较大，如图 6-23 所示，从截面图像和元素分布可知，氧化膜为典型的三层结构，最外层为细小颗粒的 Fe_2O_3，中间层为疏松多孔的柱状结构的 Fe_3O_4，内层为致密的富铬富镍的尖晶石结构 [(Cr，Fe)$_2$O$_4$、NiO]。内层氧化膜中铬、镍含量较高，尤其在基体 / 内层氧化膜界面处，铬元素含量最高，达 61% ；相反，界面处内层氧化膜侧存在严重贫镍，镍元素最低为 2.88%，明显低于基体及内层氧化膜中镍元素的平均含量。内层 / 中间层氧化膜存在明显界面，界面处 Cr、Ni 合金元素变化较大，Fe 元素含量显著上升，而铬、镍元素明显降低，中间层及外层氧化膜中铬、镍含量基本为 0。中间 / 最外层氧化膜也具有明显的元素分布界面，最外层氧化膜中铁元素含量相对降低，而氧元素含量明显上升，这说明中间层氧化物相结构与最外侧氧化物相结构明显存在差异，其中氧元素含量明显增加，即最外层氧化物中主要以 Fe_2O_3 相为主。

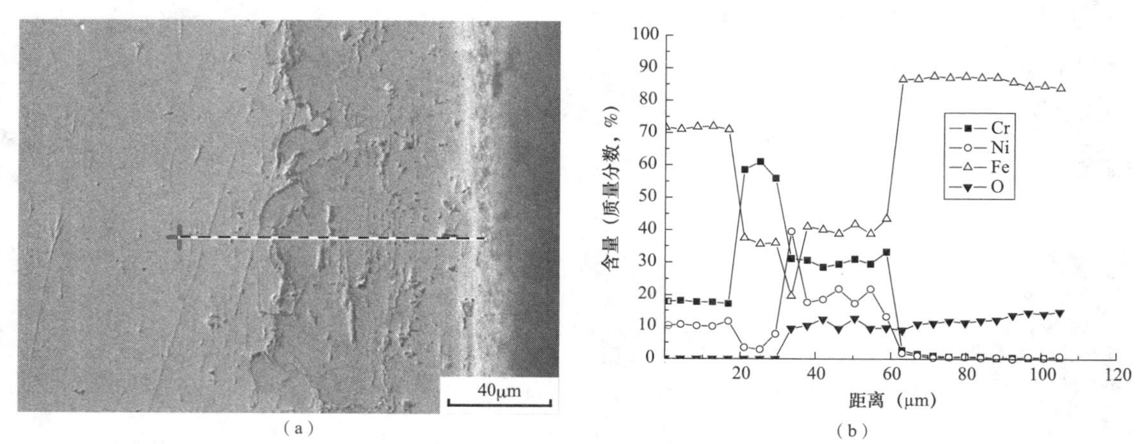

图 6-23　氧化膜截面图像和元素分布图

（a）氧化皮截面图像；（b）元素分布图

4. 氧化机制

在锅炉水蒸气环境下，水分解为 H_2 和 O_2，在一定压力与温度下达到动态平衡，氧化初期，TP347H 钢管内表面与水蒸气接触，基体微表面存在的晶界或晶粒中 Cr、Ni 元素向外迁移，与 Fe 基体共同与水蒸气的 O_2 或 H_2 反应，生成（CrFe）$_2$O$_4$、NiO 等非均质层，氧化膜 / 水蒸气界面存在氧过剩，离解成 $Fe_{1-y}O$，与 O_2 反应生成 Fe_3O_4，随着氧化继续进行，离解 $Fe_{1-y}O$ 与界面水蒸气分解的 O_2 进一步反应生成 Fe_3O_4，形成中间层的柱状氧化膜，由于柱状氧化膜组织存在氧迁移通道，使内层 / 中间层氧化膜界面的氧浓度 / 氧分压增加，内层氧化物在界面处离解成氧过剩型氧化物 $Fe_{1-y}O$，内层（CrFe）$_2$O$_4$ 沿晶界氧化物离解产生空隙，氧以分子或离子形态穿过空隙直达金属基体界面。离解的氧化物经过柱状组织空隙向外扩散，与向内扩散的氧原子或分子反应，以柱状组织形核生成坚硬的 Fe_3O_4，从而形成层叠状的外延生长的粗大柱状氧化皮形态，粗大柱状氧化膜中 Fe 离子继续向外扩散，与中间层氧化膜 / 水蒸气界面处 O_2 继续反应，生成细小的 Fe_2O_3，细小的 Fe_2O_3 颗粒与粗大柱状氧化膜存在孔洞、微裂纹及热膨胀系数等，在运行过程中易被水蒸气带走，TP347H 蒸汽侧氧化膜生成模型如图 6-24 所示。在水蒸气、高温环境下，金属氧化物最适宜形成质子，质子与氧离子结合建成新物质，增加了氧化物中氧的扩散传质速率，显著加速了金属与合金的氧化。

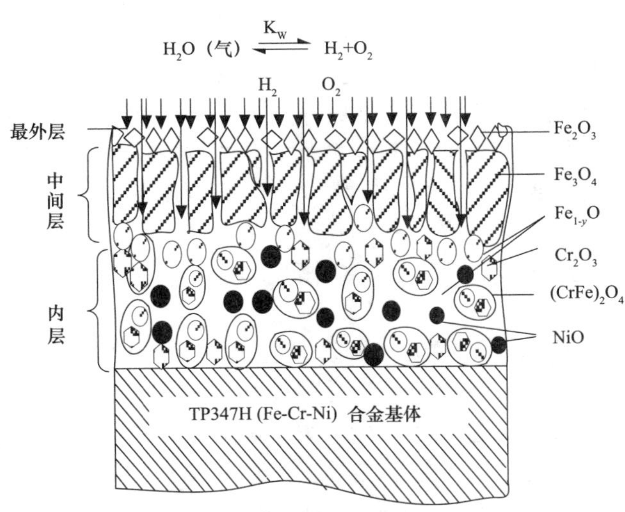

图 6-24 TP347H 蒸汽侧氧化膜生成模型

氧化膜生长过程中，镍经合金基体向内层氧化膜向外扩散传质，与沿氧化物晶界迁移的氧反应生成新的氧化镍；同样，Fe、Cr 由基体至内层氧化膜向外扩散传质，内层铁离子、铬离子及镍离子等通过内层氧化膜间隙向外扩散，使合金 / 内层氧化膜界面释放出氧离子空位，与合金内阳离子在合金 / 内层氧化膜界面生成，合金中铬活度较高，迁移过程中与合金 / 内层氧化膜界面处 NiO 反应，置换出 Ni，Ni 沿氧化膜继续向外扩散，从而使内层氧化膜 / 基体界面处出现贫 Ni 现象，而铬则在合金 / 内层氧化膜界面处富集，进一步保护合金基体的氧化。金属元素在合金内迁移速度要小于氧化膜内的迁移速度，导致合金 / 内层氧化膜界面起伏加剧，形成起伏面。

随着氧化时间的增长，出现了三层结构，以及最外层为 Fe_2O_3、中间层为 Fe_3O_4 内层的 $Fe_{1-y}O$、(CrFe) $_2O_4$、NiO 等非均质层。当氧化层达到一定厚度时，由于中间层氧化物与内层氧化物及内层氧化物与基体金属等膨胀系数的差异，在温度大幅度变化时会发生剥落，且内层 / 中间柱状氧化层界面存在离解后的细小的氧化物颗粒，使界面黏附强度低，从而使中间柱状氧化层更易剥落。

5. 总结

TP347H 锅炉管蒸汽侧氧化膜为层状结构，按含氧量的显著差异特征可分为三层，最外层以锥形状特征的 Fe_2O_3 为主，中间层为疏松的粗大柱状结构的 Fe_3O_4，内层为致密的 $(Cr, Fe)_2O_4$、NiO 等非均质层复合氧化物。

由于奥氏体晶界内 Cr、Nb 等元素的偏聚，形成连续致密 $M_{23}C_6$ 晶界较难氧化，具有抗氧化保护作用，且生成的氧化皮具有很强的保护性，而使晶界抗氧化性增强，因此，对于 TP347H 类高合金钢奥氏体耐热钢，晶界氧化速率小于晶粒内氧化速率，晶粒越细，抗氧化越强；Fe–Cr–Ni 奥氏体合金中 Cr 元素活性强，扩散快，选择性先氧化，Ni 元素次之，且生成的氧化物比较致密，主要集中在内层，因此，合金中 Cr、Ni 元素增加，抗氧化增强。

TP347H 材质基体 / 内层氧化膜界面存在富铬、贫镍带，晶粒内氧化时，铬元素活性较强，扩散较快，选择性先氧化，使晶内未氧化区严重贫铬；随着氧分压的增加，在内层 / 中间层氧化物界面离解出铁不足型氧化物，铁不足型氧化物通过中间层柱状组织间隙扩散，以柱状氧化物形核与向内扩散的氧反应生成层叠状的柱状组织；中间层 / 最外层氧化物界面铁离子与从外扩散或溶解的氧反应生成 Fe_2O_3。由于内层 / 中间柱状氧化层界面存在离解后的细小的氧化物颗粒，使界面黏附强度低，组织疏松，从而使中间柱状氧化层更易剥落，因此，在温度与压力变化时，剥落物主要是以外两层氧化皮为主。

二、加氧运行对 TP347H 钢管蒸汽侧氧化膜影响

给水加氧处理（OT）技术通常用于改善锅炉水侧金属氧化膜状态，抑制了热力系统的流动加速腐蚀，在解决流动加速腐蚀带来的受热面结垢速率高、水冷壁管节流孔结垢以及高温加热器疏水阀沉积堵塞的问题方面取得了很好的效果，但对在役锅炉的蒸汽高温段氧化膜及其剥落的影响，尤其是对超（超）临界机组锅炉高温段不锈钢管内壁氧化膜形成与剥落堵塞研究，少见报道。通过对某在役超超临界机组锅炉 TP347H 材质的过热器取样，研究给水加氧运行方式下其管样内壁蒸汽侧氧化膜形态影响。

1. 试验材料及方法

某电厂 5 号锅炉为哈尔滨锅炉厂有限责任公司生产的 HG1795/26.15-PM 型、600MW 超超临界参数变压直流本生型锅炉，过热器出口蒸汽压力为 26.15MPa，过热器出口蒸汽温度为 605℃，再热器出口压力为 4.52MPa，再热器出口温度为 603℃。该锅炉高温过热器、高温再热器炉膛内材质均为 SA-213TP347H、SA-213S30432、SA-213TP310HCbNA，高温过热器布置在水平烟道折烟角处，高温再热器布置在水平烟道上。5 号锅炉于 2011 年 1 月投运，2013 年 12 月检修检查发现一根过热器弯管堵塞约 70%，2014 年 5 月发现两根过热器管分别堵塞约 30% 和 50%；2015 年 3 月检查发现两根分别堵塞约 30% 和 70%；2015 年 5 月停机检修，累计运行 2.3 万 h，检查时发现高温过热器下部弯管内氧化膜堆积物较多，高温再热器下部弯管内氧化膜堆积物较少；2016 年检修未发现氧化皮剥落堵塞情况。2016 年 4 月停炉检修期间对锅炉进行加氧运行改造，加氧运行 1 个月后即发现过热器、再热器下部弯管内氧化膜堆积物堆积堵塞严重，过热器堵塞超过 30%，达 200 多根，大部分过热器弯头堵塞超过 70%，少量堵塞达 100%。加氧运行前 1 个月 5 号锅炉省煤器入口氧含量最高为 7.0μg/L，平均氧含量为 5.2μg/L；加氧运行后 1 个月锅炉省煤器入口氧含量最高为 123μg/L，平均氧含量为 38.3μg/L，运行参数未改变。

取 5 号锅炉 2015 年 5 月过热器管及其氧化膜剥落物和 2016 年 9 月给水加氧运行后过热器管及其氧化膜剥落物。取样管为高温过热器，规格为 $\phi 44.5 \times 8.5$mm，材质为 TP347H。

利用扫描电镜对管子内壁氧化膜断面结构组织形态进行分析。利用扫描电镜及能谱分析仪对管样和剥落氧化膜横截面金相样品进行微区组织成分、合金元素分布情况及氧化膜剥落物表面进行微区成分分析。利用 X- 射线衍射仪对氧化膜剥落物的结构类型及其组分含量进行测量分析。

2. 氧化膜形态及微观结构

图 6-25 所示为给水加氧运行前高温过热器 TP347H 钢管蒸汽侧未剥落处氧化膜内表

面形貌，内表面氧化膜形态呈冰糖葫芦状，表面凹凸不平，呈黑褐色，具有明显锥形粒状结构，锥形颗粒上存在微小孔洞，锥形颗粒之间存在微小的间隙。图 6–26 所示为给水加氧运行后的高温过热器 TP347H 钢管蒸汽侧氧化膜内表面形貌，内表面氧化膜呈颗粒状，在部分颗粒状氧化物表面形成更多细小白亮状颗粒，存在孔洞且不致密，具有簇状结晶物形态，相对给水加氧运行前内表面氧化膜形态，给水加氧运行后 TP347H 钢管蒸汽侧内表面氧化膜颗粒相对细小、疏松多孔。

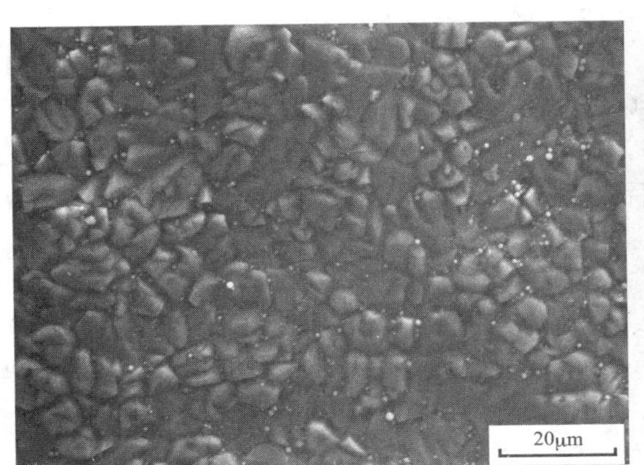

图 6–25　给水加氧运行前蒸汽侧氧化膜表面形貌

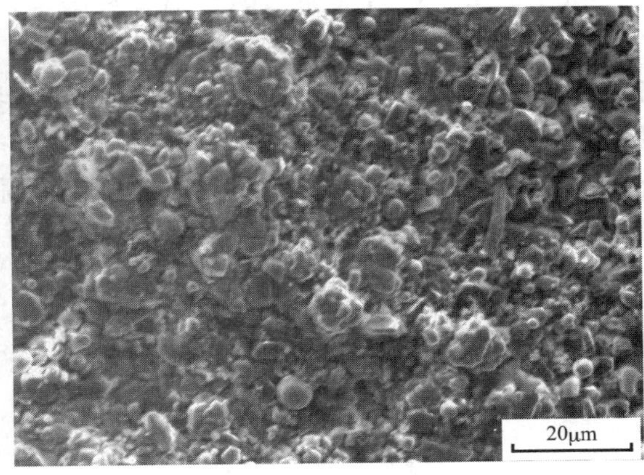

图 6–26　给水加氧运行后蒸汽侧氧化膜表面形貌

图 6–27 所示为经 $FeCl_3$ 溶液侵蚀后给水加氧运行前、后 TP47H 钢管蒸汽侧氧化膜截面结构扫描电镜图，氧化膜截面均为层状结构，内层与基体存在明显界面，金属基体 / 内层氧化膜界面起伏不平，内层氧化膜形态与基体晶粒形态相似。从图 6–27（a）可知，给水加氧运行前，内层 / 中间层氧化膜界面处存在细小孔洞，各层氧化膜界面清晰显示，金属基体存在明显的凸出的连续致密的奥氏体晶界，这可能是由于奥氏体晶界内 Cr、Nb 等元素的偏聚，形成致密晶界 $M_{23}C_6$ 等物难以侵蚀，晶界易形成短路通道，O、Cr 等元素易向晶界迁移，生成的氧化膜具有很强的保护性，从而使晶界抗氧化性增强，内层氧化膜相对致密，外两层具有密集孔洞，相对疏松。

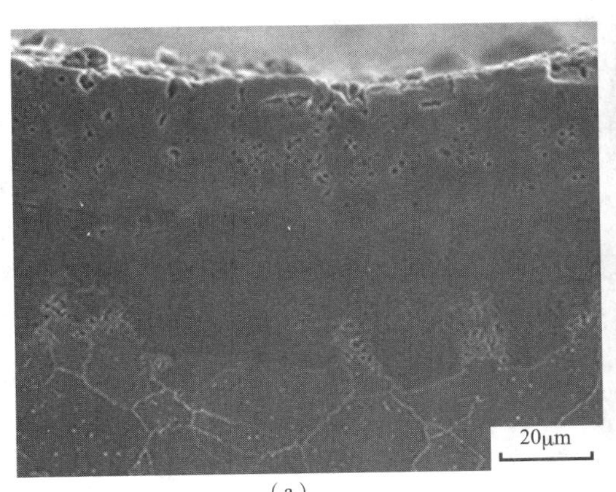

（a）

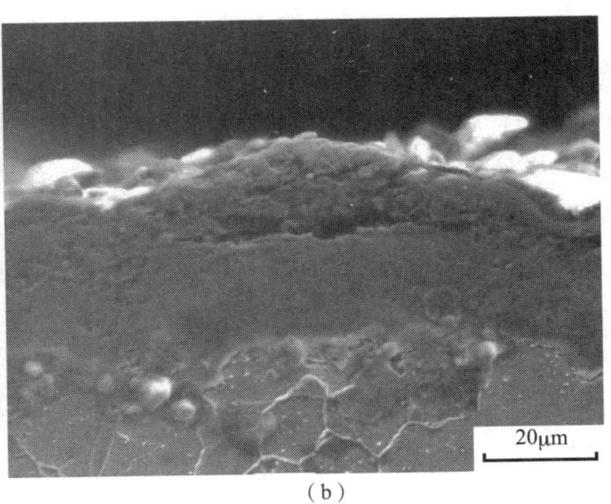

（b）

图 6–27　TP347H 钢管蒸汽侧氧化膜截面结构扫描电镜图

（a）给水加氧运行前氧化膜截面形貌；（b）给水加氧运行后氧化膜截面形貌

从图 6–27（b）可知，给水加氧运行后，氧化膜层状结构明显发生改变，氧化膜厚度减少，说明加氧运行前形成外两层氧化层已经完全剥落，此时的氧化膜由两层结构组成，内层 / 外层氧化层已经存在明显界面，内层氧化膜比外层致密，但相对未加氧运行前内层氧化膜，也明显存在疏松迹象，保留的外层氧化膜存在明显疏松组织，且已经存在剥落的痕迹，说明加氧运行后，外层氧化膜具有明显疏松、易剥落特征。

3. 氧化物相结构及能谱分析

使用 XRD 对给水加氧运行前、后高温过热器管内壁蒸汽侧剥落后氧化皮进行物相分析，结果如图 6–28 所示，给水加氧运行前、后剥落的氧化皮组成物相未变化，主要由 Fe_3O_4、Fe_2O_3 及少量的尖晶石结构（FeCr）$_2O_3$ 组成。分别对加氧运行前、后 TP347H 管蒸汽侧最外层、最内层氧化膜进行能谱分析，其中加氧运行前内、外层氧化膜中氧原子百分比含量分别为 25.47%、27.3%；加氧运行后内、外层氧化膜中氧原子百分比含量分别为 28.36%、32.3%，由此可知，给水加氧运行后，TP347H 管蒸汽侧氧化膜中氧含量明显增加。

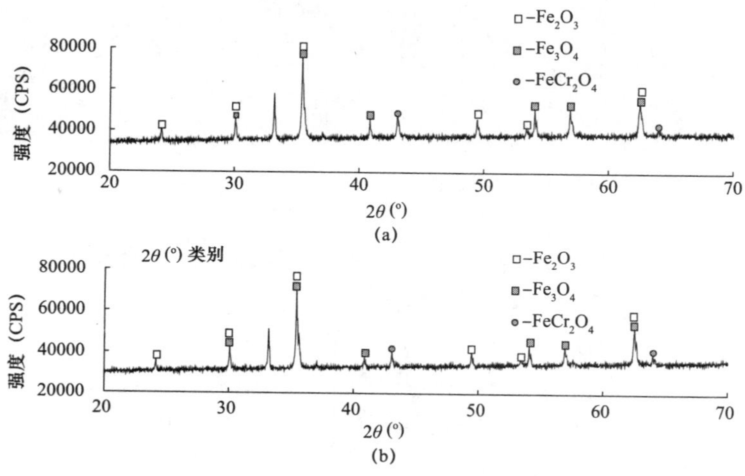

图 6–28　剥落后氧化膜的 XRD 谱

（a）加氧运动前；（b）加氧运动后

给水加氧运行后 TP347H 管蒸汽侧氧化膜截面图像和元素分布如图 6–29 所示，从截面图像和元素分布可知，氧化膜为二层结构，最外层为疏松、细小颗粒组成的 Fe_3O_4、Fe_2O_3，内层为致密的富铬富镍的尖晶石结构 [$(Cr, Fe)_2O_4$、NiO]。内层氧化膜中铬、镍含量较高，尤其在基体 / 内层氧化膜界面处，铬元素含量最高，达 54%；相反，界面处内层氧化膜侧存在严重贫镍，镍元素最低为 3.29%，明显低于基体及内层氧化膜中镍元素的平均含量。内层 / 外层氧化膜存在明显界面，界面处 Cr、Ni 合金元素变化较大，Fe 元素含量显著上升，而铬、镍元素明显降低，外层氧化膜中铬、镍含量基本为 0。外层氧化层中铁元素含量、氧元素含量基本保持稳定，这说明外层氧化物相结构相同，即外层氧化物中主要以 Fe_3O_4、Fe_2O_3 相为主，这与未加氧运行的 TP347H 内壁氧化膜结构、形态明显存在差异，即未加氧运行的 TP347H 内壁氧化膜由三层组成，最外层以锥形状特征的 Fe_2O_3 为主，中间层为疏松的粗大柱状结构的 Fe_3O_4，内层为致密的 [$(Cr, Fe)_2O_4$、NiO] 等非均质层复合氧化物。

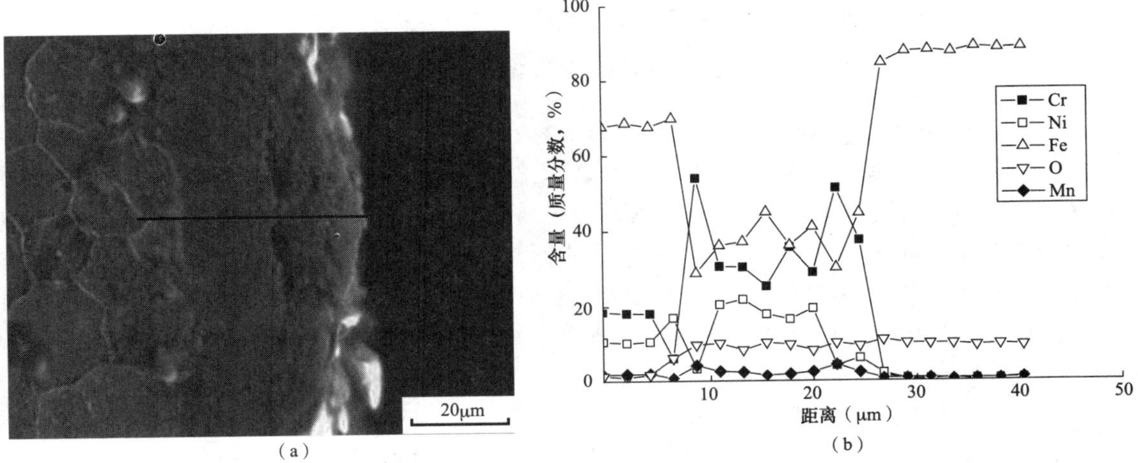

图 6-29 给水加氧运行后 TP347H 管蒸汽侧氧化膜截面图像和元素分布图
（a）截面图像；（b）元素分布图

4. 给水加氧氧化膜的影响

在给水加氧运行环境中，在同样运行参数下，增加了 TP347H 管内蒸汽环境中的氧含量，使氧化膜 / 水蒸气界面氧分压增加，加速了溶解氧与管内壁氧化膜中铁离子反应，使中间层生产细小 Fe_2O_3 颗粒增加，导致中间层疏松，加速了氧化膜的传质过程，促进了氧化膜生长和改变了氧化膜的生长机制，加速了金属的氧化，随着溶解氧向原有的中间氧化层迁移，破坏了氧化层原有的柱状晶相对致密的形态，变为相对疏松、多孔、细小颗粒，组成新的外氧化层形态，促进了氧与氧化层结合面增加、促进其在氧化膜中的传质速率，加速了内氧化层的反应，使内层氧化膜离解成更多的氧过剩型氧化物 $Fe_{1-y}O$，内层（CrFe）$_2O_4$ 沿晶界氧化物离解产生的空隙更多，内层氧化膜相对疏松，促进氧以分子或离子形态穿过空隙，直达金属基体界面，加速金属基体界面氧化。

随着给水加氧运行时间的增长，氧化膜结构形态发生改变，外两层氧化层 Fe_2O_3 含量不断增加，氧化层颗粒逐渐变得细小、疏松，特别是中间致密性柱状结构逐渐改变为疏松、细小的 Fe_2O_3 颗粒，界面黏附强度降低，导致氧化层更易剥落，从而形成了新的两层结构，外层以具有簇状结晶物特征的 Fe_3O_4、Fe_2O_3 为主，内层为相对致密的 [(Cr，Fe)$_2O_4$、NiO] 等非均质层复合氧化物。给水加氧运行后改变了 TP347H 管内壁外氧化层的形态，使外氧化层成为相对疏松、多孔、细小颗粒组成，改善了氧传质通道；随着其蒸汽测氧分压增加，加速溶解氧向内氧化层扩散，改变了内氧化层的形态，使内氧化层离解增加、空隙增加，改善了氧向金属内、铁离子等向氧化膜外传质通道，加剧了氧向内传质的速率，加速金属的氧化。

三、化学清洗对 TP347H 钢管蒸汽侧氧化膜影响

过热器、再热器化学清洗技术作为治理氧化皮堆积堵塞问题的主要方法之一在超（超）临界机组锅炉中广泛研究及应用，国内一些学者研究过热器和再热器氧化皮治理的化学清洗技术，提出了不同的化学清洗试验及工艺，对过热器和再热器化学清洗效果及机

制提出了不同见解，通过对某在役超超临界机组锅炉 TP347H 材质的过热器取样，研究化学清洗后其管样蒸汽侧氧化膜形态及其氧化影响。

1. 试验材料及方法

某锅炉为 600MW 超超临界参数变压直流本生型锅炉，过热器出口蒸汽压力为 26.15 MPa，过热器出口蒸汽温度为 605℃，再热器出口压力为 4.52MPa，再热器出口温度为 603℃。该锅炉高温过热器、高温再热器炉膛内材质均为 SA-213TP347H、SA-213S30432、SA-213TP310HCbNA。高温过热器布置在内水平烟道折烟角处，高温再热器布置在水平烟道上。该锅炉于 2011 年 7 月投运，2015 年 6 月停机检修，进行过热器和再热器化学清洗，运行 1 个月后即发现过热器、再热器下部弯管内氧化皮堆积物堆积堵塞严重，从而引起短期过热泄漏的情况。

所涉及管样和氧化皮剥落物样品主要取自 6 号锅炉。2015 年 5 月检测发现过热器和所割管样内清理出的氧化皮剥落物，还有 2015 年 9 月化学清洗后运行炉停炉检修时现场所割管样清理出大量的氧化皮剥落物。取样管为高温过热器，规格为 $\phi 44.5 \times 8.5$mm，材质为 TP347H。

利用扫描电镜及能谱分析仪对管样和剥落氧化膜断面结构组织形态、微区组织成分、合金元素分布情况及氧化膜剥落物表面进行微区成分分析。利用 X 射线衍射仪对氧化膜剥落物的结构类型及其组分含量进行测量分析。

2. 氧化膜形态及微观结构

图 6-30 所示为化学清洗后运行的末级过热器 TP347H 钢管蒸汽侧未剥落处氧化膜内表面形貌，内表面氧化膜形态相对致密，表面凹凸不平，呈灰亮色，表面有细小颗粒，应为化学清洗后难溶解物。经过化学清洗后，TP347H 钢管蒸汽侧氧化膜内表面形态与正常运行状态下的明显锥形粒状结构、锥形颗粒上存在微小孔洞、锥形颗粒之间存在微小的间隙明显不同，与给水加氧运行后的内表面氧化膜呈簇状结晶物、细小、疏松多孔的形态也有较大差异，经过化学清洗后，氧化膜内表面具有致密性、难溶于化学清洗液的氧化物。

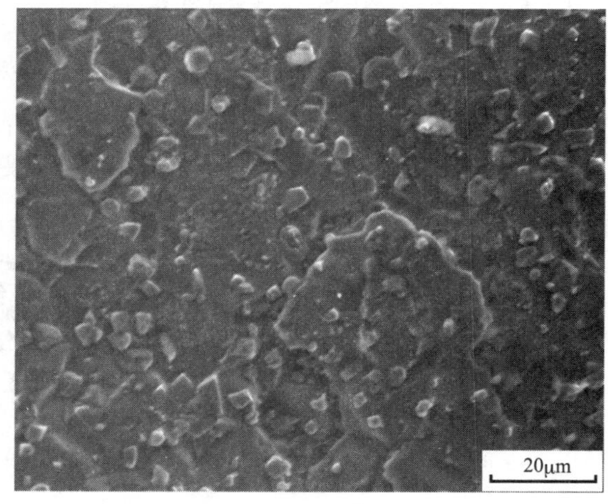

图 6-30　化学清洗后运行的末级过热器 TP347H 钢管蒸汽侧未剥落处氧化膜表面形貌

图 6-31 所示为经 $FeCl_3$ 溶液侵蚀后化学清洗后运行的 TP47H 钢管蒸汽侧氧化膜截面结构扫描电镜图，氧化膜截面为层状结构，氧化层与基体存在明显界面，金属基体 / 内层氧化皮界面起伏不平，基体侧氧化膜形态与基体晶粒形态相似，内生氧化皮大部分止于奥氏体晶界上。从图 6-31（a）可知，化学清洗后，经过运行后氧化层部分区域存在剥落分层界面，界面清晰可见，从图 6-31（b）可知，剥落分层界面间存在细小的颗粒物，氧化膜存在明显的原奥氏体晶界，氧化膜中部分原奥氏体晶界连通氧化膜外界面与金属基体，形成氧化传质通道，显著降低了氧化膜的氧化保护性。而正常运行状态下内氧化层具有明显的致密性，正常运行状态下内氧化层未见明显原奥氏体晶界，因此，内氧化层具有

很强的保护性。化学清洗后的金属基体存在明显的连续致密的奥氏体晶界，这是由于 Cr、Nb 等元素在奥氏体晶界内偏聚，形成致密晶界 $M_{23}C_6$ 等物难以侵蚀。晶界易形成短路通道，O、Cr 等元素易向晶界迁移，金属基体奥氏体晶界具有很强的保护性，抗氧化性增强。

（a）　　　　　　　　　　　　（b）

图 6-31　化学清洗后运行的 TP347H 钢管蒸汽侧氧化膜截面结构扫描电镜图

（a）低倍；（b）高倍

从图 6-31 可知，化学清洗运行后，氧化膜层状结构明显发生改变，原 Fe_3O_4、Fe_2O_3 氧化层已经完全化学清洗了，保留下难溶于化学清洗液的内氧化层，氧化膜厚度明显减少，此时的氧化膜由一层结构组成，且由于氧化膜中原奥氏体晶界内析出物溶解清洗了，导致氧化膜具有明显的原奥氏体晶界空隙，形成了明显的传质通道，使保护性减弱，抗氧化性降低，但随着运行时间增加，部分氧化膜逐渐形成内层 / 外层氧化层，且具有明显界面，界面间离解出细小颗粒物，已经存在剥落的迹象，说明化学清洗后，遗留下来的氧化膜内氧化层具有保护性弱、易剥落特征。

3. 氧化物相结构及能谱分析

使用 XRD 对化学清洗前、后末级过热器管内壁蒸汽侧剥落后氧化皮进行物相分析，结果如图 6-32 所示，化学清洗前、后剥落的氧化皮组成物相基本未变化，主要由 Fe_3O_4、Fe_2O_3 及尖晶石结构（FeCr）$_2O_3$ 组成，但组成含量发生较大的变化，化学清洗前尖晶石结构原子百分比含量约为 0.59%，化学清洗后尖晶石结构含量约为 83.9%；对化学清洗前后氧化皮进行能谱分析，化学清洗前氧化皮中元素含量质量比中 Cr 为 0.67%、Fe 为 89.06%、Ni 基本为 0；化学清洗后氧化皮中元素含量质量比中 Cr 为 35.2%、Fe 为 46.29%、Ni 为 7.19%。可见，化学清洗前 TP347H 氧化皮矫顽力、剩磁均很小，为软磁材料，而化学清洗后 TP347H 管蒸汽测氧化膜剥落物主要为富含 Cr、Ni 尖晶石结构氧化物，具有顺磁性。

化学清洗后，经运行后 TP347H 管蒸汽测氧化膜截面图像和元素分布图如图 6-33 所示，从截面图像和元素分布可知，氧化膜基本可视为一整体结构，为相对致密的富铬富镍的尖晶石结构 [$(Cr, Fe)_2O_4$、NiO]，但氧化膜中间部位存在明显剥落界面，界面间存在细小离解物，具有初步分层剥落的迹象，位承君等对某超临界机组过热器典型材质氧化皮化学清洗效果分析中提出 TP347H 管内壁氧化皮从化学清洗前 Cr 质量分数为 25.18% 提升为化学清洗后的 40.74%，说明致密氧化层中易溶于化学清洗液的氧化物被溶解去除，使致密

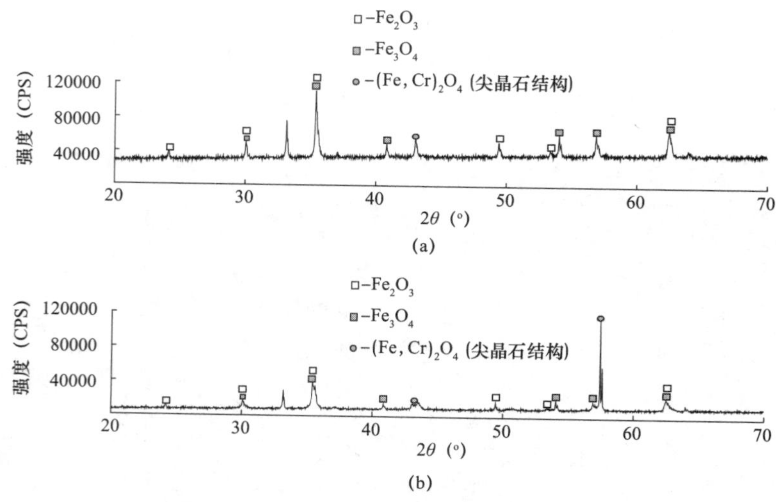

图 6-32　化学清洗前、后氧化皮的 XRD 谱
（a）未化学清洗；（b）化学清洗后

氧化层中形成空隙，而易于去除的氧化物基本存在原奥氏体晶界中，导致原奥氏体晶界形成空隙、清晰。从元素分布分析，内 / 外层元素具有连续性，未有明显元素突变。内层氧化皮中铬、镍含量相对较高，内层基体侧氧化皮侧存在严重贫镍现象，明显低于基体及内层氧化皮中镍元素的平均含量。从剥落界面分，从界面起向外层延伸，Ni 元素含量逐渐降低，而其他元素含量变化不明显。这与未化学清洗运行的 TP347H 内壁氧化膜结构、形态明显存在差异，即正常运行的 TP347H 内壁氧化膜由三层组成，最外层以锥形状特征的 Fe_2O_3 为主，中间层为疏松的粗大柱状结构的 Fe_3O_4，内层为致密的 $(Cr, Fe)_2O_4$、NiO 等非均质层复合氧化物。

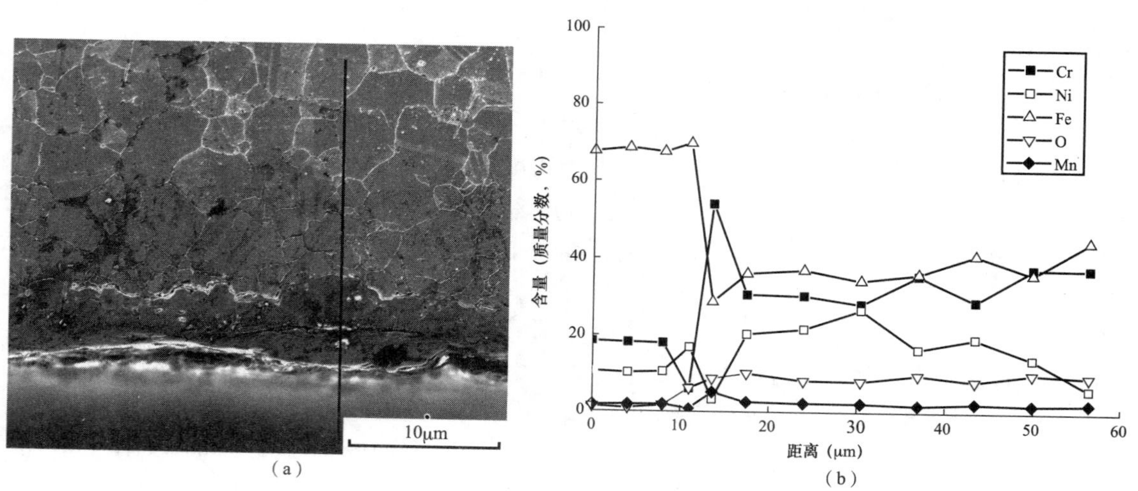

图 6-33　化学清洗后，经运行后 TP347H 管蒸汽侧氧化膜截面图像和元素分布图
（a）截面图像；（b）元素分布图

4. 氧化影响机制

化学清洗后，Fe_3O_4、Fe_2O_3 为主氧化层溶解于化学清洗液而被溶解去除，而保留不溶

于或难溶于化学清洗液的内层尖晶石结构氧化层，且保留下致密氧化层中易溶解于化学清洗液的氧化物被溶解去除，使保留氧化层中形成较多的空隙，尤其内层尖晶石结构层中原奥氏体晶界由于存在较多溶于化学清洗液的氧化物，经过化学清洗后，使原致密尖晶石结构层原奥氏体晶界形成空隙、更清晰，形成了明显的传质通道，使原有的致密内氧化层保护性减弱，抗氧化性降低。在锅炉正常水蒸气环境下，化学清洗后的TP347H钢管氧化膜与水蒸气接触，氧经过化学清洗后氧化层原奥氏体晶界、空隙加速扩散，经过[（Cr，Fe）$_2O_4$、NiO]等非均质层，内层（Cr，Fe）$_2O_4$沿晶界氧化物离解产生空隙，氧以分子或离子形态穿过空隙或原奥氏体晶界空隙直达金属基体界面。离解的氧化物经过原奥氏体晶界或氧化生成的空隙向外扩散，与向内扩散的氧原子或分子反应，生成新的Fe_3O_4或Fe_2O_3。

随着运行时间的增长，在氧化膜中原奥氏体晶界存在界面，内层氧化物易在界面处离解成细小的氧化物颗粒，加速界面变宽，从而形成新的内/外层界面；界面处存在理解的细小氧化物颗粒，使界面黏附强度低，从而使外氧化层更易剥落，且氧化膜中原奥氏体晶界多、非线性，因此，剥落后的氧化皮更细，并以尖晶石结构氧化物为主。

第五节　9%~12% Cr钢硬度问题

一、9%~12% Cr钢硬度与强度关系

金属材料的硬度与其强度密切相关，硬度高则材料的强度高，但韧性差；反之亦然。图6-34所示为T91/P91钢硬度与抗拉强度R_m、规定塑性延伸率0.2%强度$R_{p0.2}$、冲击功A_K的关系。

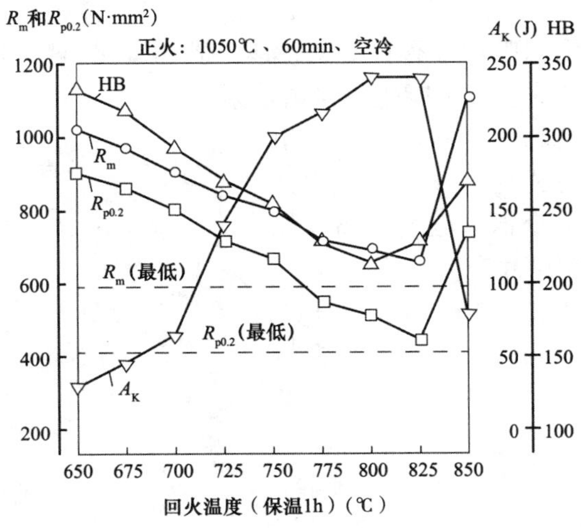

图6-34　T91/P91钢硬度与抗拉强度、规定塑性延伸率0.2%强度$R_{p0.2}$、冲击功的关系

在国产9%~12%Cr钢管、管件（弯头、三通及异径管等）中经常发现硬度偏低或过高现象，硬度低很可能不满足材料的强度，而硬度过高又可能不满足材料的冲击功。在

ASTM A335/335M-18《高温用无缝铁素体合金钢公称管》、ASTM A213、A213M-18《锅炉过热器和换热器用无缝铁素体和奥氏体合金钢管》中，对9%~12%Cr系列的铁素体合金钢钢中[除P91/T91的硬度值范围为190~250（HBW）或196~265（HV）外]只给出了硬度的上限[≤250 HBW（265HV）]而无下限值。另外，某些标准给出的硬度上限要求也未见到相关的说明性技术文件。设定硬度上限的目的在于保障材料的韧性，但硬度超标是否会导致材料冲击功不合格或硬度达到怎样的水平会导致冲击功不合格，目前还不清楚。

国内外对金属材料硬度与抗拉 R_m 强度的关系进行了大量研究，提出了一些经验关系式，例如

$$R_m=3.3HB$$

而上述公式对某些材料比较吻合，但有的差异太大。

ISO 18265—2004《金属材料 硬度值的换算》和GB/T 1172—1999《黑色金属硬度及强度换算值》均给出了金属材料硬度与抗拉强度的对应关系。工程经验表明，对于电站锅炉所用的低合金、9%~12%Cr系列的马氏体耐热钢和奥氏体耐热钢，用ISO 18265—2004《金属材料 硬度值的换算》换算的抗拉强度与硬度具有较好的对应关系。

二、9%~12%Cr钢硬度异常原因

1. 管段、管件

造成9%~12%Cr钢管段硬度偏低且分布不均的原因主要是管段组配后热处理不佳，以X20CrMoV121钢试样为例，研究其在不同热处理温度下组织、硬度变化，分析认为：

（1）经正火、高温退火和等温退火后均得到马氏体组织，随着冷却速度降低，组织中出现沿晶界分布的颗粒状珠光体，马氏体板条宽度增大。

（2）随着正火温度升高，晶粒长大，碳化物溶解充分，高温奥氏体的稳定性增加。

（3）750℃等温退火后的金相组织中存在少量自由铁素体，而670℃与870℃的等温退火和高温退火后的金相组织中均没有自由铁素体，表明高温奥氏体化后随后缓冷不易生成自由铁素体，而在两相区等温有可能生成自由铁素体。

（4）不完全退火工艺均得到深浅两区域组织，深色区域为颗粒状珠光体，浅色区域为铁素体+碳化物。随着不完全退火温度升高、保温时间延长，碳化物颗粒尺寸变大。

因此，经不完全退火（850℃、870℃）工艺热处理后，会得到深浅两区域组织，即颗粒状珠光体、铁素体+碳化物，并且试样的硬度低于标准要求的下限值；不宜在两相区等温退火，两相区等温退火有可能生成自由铁素体，如图6-35所示，P91母材硬度为HB126，组织异常，铁素体明显增多，存在粒状珠光体。

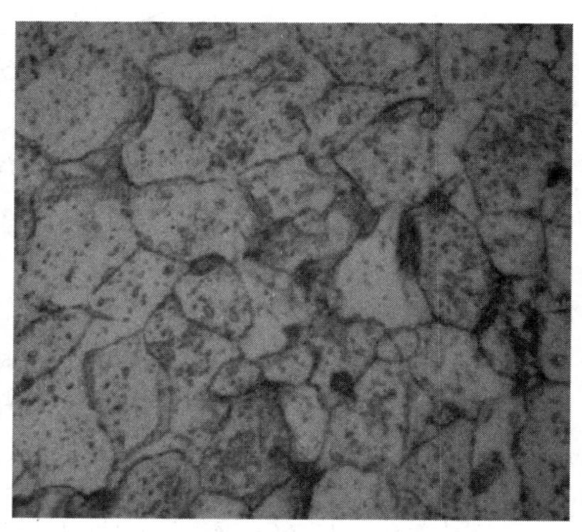

图6-35　P91母材异常组织（400×）

2. 焊缝

焊缝的硬度高，冲击功和断裂韧度低，持

久强度高；焊缝硬度较低，冲击功和断裂韧度高，但持久强度低。对于P91钢焊缝来说，硬度HB小于或等于300会使一些焊缝处于韧性很低的状态，但如果要求焊缝的硬度与母材差值很小，会增加焊接工艺及焊后热处理的难度，且也会牺牲材料的部分持久强度，意味着材料蠕变寿命的降低。通过试验表明，低硬度焊缝具有较高的断裂韧度，高硬度焊缝的断裂韧度则很低。当P91钢焊缝的硬度HB达到270时，焊缝的冲击功仅为19J，远低于GB/T 5310—2017《高压锅炉用无缝钢管》的规定。

为了保证P91/P92钢的强度和焊缝的韧性，必须对P91/P92钢的硬度进行控制。DL/T 438—2016《火力发电厂金属技术监督规程》规定：P91/P92钢管的母材硬度控制在180~250HB，焊缝硬度控制在185~270HB，管件的硬度控制在180~250HB，F91管件硬度控制在175~248HB，F92管件硬度控制在180~269HB；T91/92管屏的硬度控制在180~250HB，焊缝硬度控制在185~290HB。

钢材在冷却过程中必然要经过500~300℃贝氏体形成区域，无论采取什么样的冷却速度，贝氏体必然要产生。冷却速度快，钢材在500~300℃停留时间短，产生的贝氏体组织少，焊缝硬度值就接近母材；冷却速度慢，钢材在500~300℃停留时间长，产生的贝氏体组织多，焊缝硬度值就远离母材。

索氏体是马氏体高温回火后的组织，金相呈针状或板条状马氏体形态及颗粒状碳化物，具有良好的冲击韧性和高而稳定的持久塑性及热强性能，中等硬度值（180~220HB）下组织是钢材焊接热处理后希望得到的组织。根据试验及分析可知，在焊接过程中控制好层间温度，实际上从冷却速度上对焊缝组织转变上进行了控制，使焊缝金属冷却过程中在230~550℃区间停留时间减少，焊缝在完成马氏体转变后得到的组织硬度高、贝氏体含量较少，再经过高温回火热处理，最终使焊缝获得与母材相近的硬度值。

焊缝的低韧性主要与其晶粒粗大、网状晶界及焊接电流和焊接线能量偏大有关，而焊缝的低强度、低硬度则与焊后二次回火时温度过高有关，当焊缝材料的化学成分确定之后，其力学性能则取决于微观金相组织和焊接工艺。高硬度、低韧性的焊缝的晶粒较为粗大，晶界有明显的网状；硬度较低焊缝的晶粒较小，且马氏体特征不明显。断口的扫描电镜观察表明：硬度高焊缝的断裂面为解理断裂，有明显的解理台阶，解理面尺寸较大且平坦，呈典型的脆性断裂特征；硬度较低焊缝的断裂面为细小的韧窝状，为典型的韧性断裂特征。

硬度高焊缝主要是由于焊接过程中电流及焊接线能量偏大，致使焊缝组织晶粒粗大，晶界出现明显网状；硬度较低焊缝的低硬度则是由对焊缝进行二次回火时温度过高所致。通过严格控制焊接工艺及焊接操作方法可使P9I焊缝获得良好的冲击韧性，其焊缝冲击功平均值可达130J，微观组织正常。

三、硬度异常情况恢复

对硬度值低的低温、高温拉伸性能均不符合标准要求的块料（硬度值最低为168HB），参照有关标准进行热处理试验，具体热处理工艺如下：1050 ℃、正火1h，空冷到室温；760℃、回火1h，空冷到室温。热处理后，分别为202HB、213HB。

对硬度低及硬度较高部位取样参照相关材料标准进行重新热处理试验，结果金相组织均正常，硬度分布均匀，强度也符合标准要求。可见，参照规范的热处理工艺以及严格控制热处理各环节质量，硬度和拉伸性能均可恢复到良好状态。

参考文献

[1] 李晓刚，陈华，谢根栓，等. 20G 钢氢腐蚀的超声背散射检测 [J]. 腐蚀科学与防护技术，1994，6（2）：179–183.

[2] 龙会国，龙毅，陈红冬，等. 铝母线焊缝超声波检测工艺参数的选择 [J]. 无损检测，2013（2）：41–47.

[3] 龙会国，邓宏平. 电站锅炉小径管焊缝超声波检测技术 [J]. 锅炉技术. 2012，43（4）：59–62.

[4] 龙会国，谢国胜，龙毅，等. 锅炉水冷壁管氢损伤超声检测与诊断方法 [P]. 中国，发明专利，专利号：ZL201310203188.5，2015.

[5] 龙会国，谢国胜，龙毅. 锅炉水冷壁管氢损伤评估方法 [P]. 中国，发明专利，专利号：ZL201310454706.0，2015.

[6] 邓宏平，唐俊杰，龙会国. 利用超声爬波技术检测锅炉穿墙管母管裂纹 [J]. 无损探伤. 2013，37（5）：39–41.

[7] 强文江，束国刚. 奥氏体不锈钢管内氧化皮磁性无损检测方法 [J]. 仪器仪表学报，2009，30（6）：154–158.

[8] 龙会国. 锅炉用奥氏体不锈钢弯管内部氧化皮检测的新方法 [J]. 动力工程学报. 2010，30（7）：554–558.

[9] 彭啸，李晓红，刘云，等. 高温受热面弯管氧化皮堆积的声振法检测研究 [J]. 中国电机工程学报，2011，31（8）：104–107.

[10] 龙会国，龙毅，陈红冬，等. 一种检测锅炉弯管内氧化皮堆积量的方法 [P]. 中国，发明专利，专利号：ZL 200910226739.3，2011.

[11] 龙会国，龙毅，陈红冬，等. 锅炉奥氏体不锈钢弯管内氧化皮堆积量的提升力检测法 [P]. 中国，发明专利，专利号：ZL 2010101354931.1，2011.

[12] 谢国胜，龙会国，龙毅. 9Cr1MoVNb 钢管蒸汽侧氧化皮形态及其形成机理 [J]. 中国电力，2013，46（1）：46–51.

[13] 龙会国，谢国胜，龙毅，等. TP347H 钢管蒸汽侧氧化皮形态及其形成机制 [J]. 材料热处理学报，2013，34（9）：183–188.

[14] 谢国胜，龙会国，龙毅，等. 基于磁性特征的锅炉弯管内氧化皮堆积检测方法研究 [J]. 锅炉技术，2015，46（9）：54–58.

[15] 贾建民，陈吉刚，唐丽英，等. 12X18H12T 钢管蒸汽侧氧化皮及其剥落物的微观结构与形貌特征 [J]. 中国电机工程学报，2008，28（17）：43–48.

[16] EFFERTZ P H，MEISEL H. Scaling of high temperature steels in high pressure steam after long service[J]. Maschinenschaden，1971，55（44）：14–20.

[17] TAKEO S，TAKASHI I，NOBUO O，et al. High temperature oxidation behavior of SUS321H and SUS347H boiler tubes in long-term exposure to superheated steam[J]. Japan Inst Metal，1995，59（11）：1149–1156.

[18] Allen T R，Sridharan K，Chen Y，et al. Research and development on materials corrosion issues in supercritical water environment[C] //Berlin：ICPWS XV，2008：1–12.

[19] Sun M C，Wu X Q，Zhang Z E，et al. Oxidation of 316 stainless steel in supercritical water[J]. Corrosion Science，2009，51（5）：1069–1072.

[20] Luo X，Tang R，Long C S，et al. Corrosion behavior of austenitic and ferritic steels in supercritical water[J]. Nuclear Engineering and Technology，2008，40（2）：147–154.

[21] Gao X，Wu X Q，Zhang Z E，et al. Characterization of oxide films grown on 316L stainless steel exposed to H_2O_2–containing supercritical water[J]. Journal of Supercritical Fluids，2007，42（1）：157–163.

[22] 黄兴德，周新雅，游喆，等. 超（超）临界锅炉高温受热面蒸汽氧化皮的生长与剥落特性 [J]. 动力工程，2009，29（6）：602–608.

[23] 马强，梁平，杨首恩，等. TP347H 钢高温水蒸气氧化研究 [J]. 材料热处理学报，2009，30（5）：172–176.

[24] 王正品，冯红飞，唐丽英，等. TP304H 和 TP347H 高温水蒸气的氧化动力学行为 [J]. 西安工业大学学报，2010，30（6）：557–559.

[25] 张 波，金用强，王育翔. 加氧运行对超临界锅炉再热器 TP347H 钢管内壁氧化皮增厚速度和剥落的影响 [J]. 锅炉技术，2011，42（6）：45–48.

[26] 龙会国，龙毅，陈红冬. TP304H 奥氏体锅炉管高温运行显微特征 [J]. 腐蚀与防护. 2010，31（8）：627–630.

[27] 李铁藩. 金属的高温氧化和热腐蚀 [M]. 北京：化学工业出版社，2003.

[28] 李美栓. 金属的高温腐蚀 [M]. 北京：冶金工业出版社，2001.

[29] Klein l E，Yaniv A E and Sharon J. The Oxidation Mechanison of Fe–Ni–Co Alloys. Oxidation of Metal. 1981，16（1/2）：99–102.

[30] Juatian S，Long jiam and Liefan Li. High temperature Oxidation of Fe–Cr Alloys in Wet Oxygen. Oxidation of Metal. 1997，33：48–52.

[31] 陈裕忠，黄万启，卢怀钿，等. 1000MW 超超临界机组长周期给水加氧实践效果分析与评价 [J]. 中国电力，2013，46（12）：43–47.

[32] 黄校春，徐洪，赵益民. 超超临界机组实践给水加氧处理的可行性 [J]. 中国电力，2011，44（12）：51–54.

[33] 李志刚，陈成. 火电厂锅炉给水加氧处理技术研究 [J]. 中国电力，2004，37（11）：47–52.

[34] LI Zhigang，HUANG Wanqi，CAO Songyan，et al. Boiler water oxygenated treatment in power plants in china [J]. Power Plant Chemistry，2014，16（5）：294–304.

[35] 庄文军，龙国军，甘超齐，等. 过热器氧化皮催化柠檬酸清洗研究及应用 [J]. 中国电力，2015，48（3）：13–16.

[36] 邓宇强，曹杰玉，张祥金，等. 火电厂过热器化学清洗配方及工艺研究 [J]. 中国电力，2013，46（3）：78–81.

[37] 张祥金，文慧峰，位承君. 电站锅炉化学清洗腐蚀问题探讨 [J]. 热力发电，2018，47（07）：133–138.

[38] 陈超，庄文军，张祥金，等. 过热器管道化学清洗试验研究 [J]. 热力发电，2013，42（01）：67–72.

[39] 张波，金用强，王育翔. 加氧运行对超临界锅炉再热器 TP347H 钢管内壁氧化皮增厚速度和剥落的影响 [J]. 锅炉技术，2011，42（6）：45–48.

[40] 位承君，刘锋，胡杨，等. 某超临界机组过热器典型材质氧化皮化学清洗效果分析 [J]. 热力发电，2015，44（8）：109–112.

[41] 李益民，杨百勋，崔雄华，等. 9%~12% Cr 马氏体耐热钢母材及焊缝的硬度控制 [J]. 热力发电，2010，39（3）：57–60.

[42] 刘树涛，郑坊平，陈吉刚，等. 电站用 12%Cr 耐热钢热处理工艺与组织性能研究 [J]. 热力发电，2010，39（7）：36–46.

[43] 李益民，史志刚. P91 主蒸汽管道高硬度和低硬度焊缝性能研究 [J]. 热力发电，2007，（5）：89–92.

[44] 蔡连元，潘颖平，李慧中，等 . 提高 P91 钢焊接接头冲击性能的研究 [J]. 中国电力，2004，（3）：47–51.

[45] 崔雄华，郑坊平，谢继旭，等. P91 主蒸汽管道硬度偏低问题的试验分析与恢复 [J]. 电力设备，2007，8（12）：31–34.

附录 锅炉承压部件更换一般规定

锅炉承压部件更换原则为经检查承压部件有下列情况之一时应予更换：

（1）管子壁厚减薄大于 30% 或壁厚小于 GB/T 16507.4—2013《水管锅炉 第 4 部分：受压元件强度计算》强度校核最小需要壁厚的，且经采取其他处理措施不能保证安全运行到下一次检修。

（2）碳钢受热面管胀粗量超过公称直径的 3.5%，合金钢受热面管胀粗量超过公称直径的 2.5%。

（3）腐蚀点深度大于壁厚的 30%。

（4）高温过热器管或高温再热器管表面氧化皮厚度超过 0.6mm，而且晶界氧化裂纹深度超过 3~5 个晶粒。

（5）受热面管力学性能低于相关标准的要求，且运行一个小修间隔后的残余计算壁厚已不能满足 GB/T 16507.4—2013《水管锅炉 第 4 部分：受压元件强度计算》强度计算要求。

（6）碳钢、钼钢的石墨化程度达到 4 级以上。

（7）珠光体球化 5 级、贝氏体球化 5 级、奥氏体不锈钢组织老化 5 级。

（8）可见的裂纹，已经产生蠕变裂纹、应力腐蚀裂纹、晶间腐蚀裂纹、氢腐蚀裂纹或疲劳裂纹。

（9）锅炉管内氧化皮堆积量堵塞比大于或等于 50% 时，高风险，即Ⅲ级，需要割管清理。